课堂实录

李宏宇 郝倩 / 编著

# Illustrator CC 2015 课堂实录

清华大学出版社

北京

# 内 容 简 介

　　本书全面、系统地介绍了 Illustrator CC 2015 软件的功能与使用技巧。全书共分 14 章，包括图形与图像基本知识、绘图、图形的编辑方法、钢笔绘图、路径、渐变、渐变网格、图案、图层、蒙版、混合、封套扭曲、效果、外观、图形样式、3D、透视网格、文字、图表、画笔、符号、实时描摹、高级上色和动画等。每章都提供了课堂练习，实例类型丰富，可操作性强，涵盖了插画、包装、海报、平面广告、POP、UI、产品造型、工业设计、字体设计、VI、动漫和动画等设计项目。

　　本书适合作为高等院校相关专业及社会培训班的教材，也可以作为广告设计、平面创意、包装设计、插画设计、网页设计、动画设计人员的学习资料。

图书在版编目（CIP）数据

Illustrator CC 2015 课堂实录 / 李宏宇，郝倩编著 . – 北京 : 清华大学出版社，2018

（课堂实录）

ISBN 978-7-302-49198-9

Ⅰ . ① I… Ⅱ . ① 李… ② 郝… Ⅲ . ① 图形软件 Ⅳ . ① TP391.412

中国版本图书馆 CIP 数据核字 (2017) 第 330878 号

责任编辑：陈绿春
封面设计：潘国文
责任校对：徐俊伟
责任印制：杨　艳

出版发行：清华大学出版社

　　　　　网　　　址：http://www.tup.com.cn，http://www.wqbook.com
　　　　　地　　　址：北京清华大学学研大厦 A 座　　　　邮　　编：100084
　　　　　社 总 机：010-62770175　　　　　　　　　　邮　　购：010-62786544
　　　　　投稿与读者服务：010-62776969，c-service@tup.tsinghua.edu.cn
　　　　　质量反馈：010-62772015，zhiliang@tup.tsinghua.edu.cn

印　刷　者：北京富博印刷有限公司
装 订 者：北京市密云县京文制本装订厂
经　　　销：全国新华书店
开　　　本：188mm×260mm　　　　　印　　张：20　　　　字　　数：694 千字
版　　　次：2018 年 6 月第 1 版　　　　印　　次：2018 年 6 月第 1 次印刷
印　　　数：1 ～ 2500
定　　　价：59.00 元

产品编号：069881-01

Illustrator 是 Adobe 公司推出的矢量图形绘制软件，也是目前使用最广泛的矢量绘画软件之一，深受艺术家、插画家以及计算机美术爱好者的青睐。

Illustrator CC 2015 新增了许多激动人心的功能，如全新的设计资源集合——Creative Cloud Library，用户可以将各种类型的设计资源添加到 Creative Cloud Library 中，通过它来组织、浏览、访问以及与其他用户共享资源。而借助于 Adobe Stock，用户还可以从 Illustrator CC 2015 中寻找、购买和管理高分辨率的免版税图像、插图和矢量图形。此外，Illustrator CC 2015 的性能也有了巨大的提升，比 Illustrator CS6 快了 10 倍，可以让用户体验更加流畅的创作流程。

作为行业标准的矢量图形绘图软件，Illustrator 可以制作适用于印刷、Web、交互、视频和移动设备的徽标、图标、素描、排版规则和复杂的插图。

本书从 Illustrator CC 2015 基本操作入手，采用软件功能讲解与设计实例相结合的方式，循序渐进地介绍了 Illustrator CC 2015 的使用方法和技巧，每一章不仅提供了软件操作实例，更有针对于不同设计领域和设计项目的应用案例。贯穿于全书的"思考与练习"可以帮助读者进行学习测试和学习效果的自我检验。

# 1．本书内容介绍

本书全面系统地介绍了 Illustrator CC 2015 软件功能与使用技巧。全书共分 14 章，除软件知识外，每一章还介绍了设计理论，并提供课堂练习、上机练习和课后习题，从而巩固所学知识。

第 1 章介绍了创意的概念和主要方法以及 Illustrator 在设计行业的应用。在软件功能讲解上，从数字化图形基本知识讲起，介绍了 Illustrator 的工作界面、文档的基本操作、查看图稿、使用辅助工具等。

第 2 章介绍了色彩的基本知识和配置原则。讲解了怎样在 Illustrator 中绘制基本图形以及选择、移动、编组、对齐、分布、填色和描边的操作方法。

第 3 章介绍了图形创意方法以及怎样通过组合对象的方式，将简单的图形组合为复杂的图形。此外，还讲解了图形的旋转、缩放、镜像、倾斜方法以及使用液化类工具扭曲图形。

第 4 章介绍了 VI 设计的具体项目以及钢笔工具与路径，包括使用铅笔工具绘图、使用钢笔工具绘图、使用曲率工具绘图、编辑路径和锚点等。

第 5 章简要介绍了产品设计，重点讲解了渐变颜色的创建和编辑方法，包括"渐变"面板、渐变工具、渐变网格工具等。这一章中的"蘑菇灯"和"不锈钢水杯"实例用到了渐变网格，具有一定的难度。

第 6 章介绍了服装设计的绘画形式、图案的创建与编辑方法。课堂练习包括制作豹纹图案、单独纹样、四方连续图案、潮流女装以及棉布、面纱、牛仔布等面料。

第 7 章介绍了书籍装帧设计和图层方面的知识。图层是 Illustrator 最核心的功能之一，本章

讲解了图层的创建和编辑方法、图层的不透明度与混合模式设置，分析了不透明度蒙版和剪切蒙版的特点、区别、用途和操作技巧。

第 8 章介绍了 POP 广告以及图形的高级变形方法，即通过混合的方法创建变形效果、通过封套扭曲来改变对象的形状。

第 9 章介绍了 UI 设计以及效果、外观与图形样式。效果作为图形外观的一部分，可以创建特效，如为对象添加投影、使对象扭曲、边缘产生羽化、呈现线条状等。本章还讲解了图形外观的编辑方法以及怎样使用图形样式快速改变对象的外观。

第 10 章介绍了包装设计和 3D 效果。讲解了怎样通过挤压、绕转和旋转等方式让二维图形产生三维效果以及怎样调整对象的角度和透视、为 3D 对象添加光源、将符号作为贴图投射到 3D 对象的表面。

第 11 章介绍了字体设计以及 Illustrator 中的文字工具和图表工具。Illustrator 的文字功能非常强大，本章讲解了点文字、段落文字、路径文字、变形文字的创建方法和操作技巧以及文字属性的编辑方法。此外，还讲解了如何创建图表以及替换图表的图例、将不同类型的图表组合在一起等。

第 12 章介绍了插画设计知识、在 Illustrator 中实现绘画效果的主要工具——画笔和"画笔"面板以及定义、使用和编辑符号。

第 13 章介绍了卡通和动漫设计、Illustrator 的网页设计工具、动画制作工具、在 Illustrator 中将位图转换为矢量图的方法以及高级上色工具，包括实时上色、全局色和专色。

第 14 章为综合实例，通过折叠彩条字、圆环特效、插画、UI 图标和写实肖像等具有代表性的实例，全面地展现了 Illustrator 的高级应用技巧，突出了综合使用多种功能进行艺术创作的特点。

## 2. 本书的主要特色

### ■ 构思独特

本书从色彩基础、图形创意、VI 设计、海报设计、包装设计、插画设计等平面设计的诸多领域入手，将设计理论、作品欣赏、软件使用方法、实例操作有机结合，使读者在掌握软件功能的同时，能够轻松应对各种设计工作。

### ■ 系统全面

本书从最基础的 Illustrator CC 2015 软件工作界面开始讲起，以循序渐进的方式详细解读 Illustrator CC 2015 的使用方法，内容涵盖了 Illustrator CC 2015 中的各个重要功能。

### ■ 课堂练习

本书各章都安排了课堂练习，所采用的实例与软件功能结合紧密，制作过程讲解详细，具有较强的实用性，读者通过操作就能够较为全面地掌握 Illustrator 的应用技法和技巧，解决平面设计工作中的各种问题，同时方便教师组织授课内容。

### ■ 思考与练习

每一章的结尾都提供了思考与练习，其中的习题可以用来测试对本章知识的掌握程度，上机练习主要训练读者的独立上机操作能力，亦可作为教师布置的课后作业。

## 3．本书使用对象

    本书从 Illustrator CC 2015 的基本操作入手，全面介绍了 Illustrator CC 2015 的各项功能及其在设计工作中的应用。书中内容丰富、实例精彩，既可作为高等院校相关专业及社会培训班的教材，也可以作为广告设计、平面创意、包装设计、插画设计、网页设计、动画设计人员的学习资料。

    本书的配套素材请扫描封底的二维码进行下载，如果在使用本书的过程中碰到问题，请联系陈老师：联系邮箱：chenlch@tup.tsinghua.edu.cn。

编者

2017 年 10 月

# 目录
CONTENTS

# 第1章

## 超凡创意：Illustrator CC 2015 基本操作

Illustrator 是 Adobe 公司推出的基于矢量图形的绘图软件。最初是 1986 年为苹果公司 Macintosh 计算机开发的，于 1987 年 1 月发布，在此之前它只是 Adobe 内部的字体开发和 PostScript 编辑软件。经过 20 多年的发展，现在的 Illustrator 已经成为最优秀的矢量绘图软件之一，被广泛地应用于插画、包装、印刷出版、书籍排版、动画和网页制作等领域。

# 1.1 创意魔方

广告大师威廉·伯恩巴克曾经说过："当全部人都向左转，而你向右转，那便是创意。"创意离不开创造性思维。思维是人脑对客观事物本质属性和内在联系的概括和间接反映，以新颖、独特的思维活动揭示事物本质及内在联系，并指引人们去获得新的答案，从而产生前所未有的想法称为"创造性思维"。

## 1.1.1 创造性思维

（1）多向思维

多向思维也称"发散思维"，它表现为思维不受点、线、面的限制，不局限于一种模式。例如，如图 1-1 和图 1-2 所示的 Galeria Inno 商场广告。鲜花、金鱼与时尚女郎巧妙融合，创意新颖，令人印象深刻。

图 1-1

图 1-2

（2）侧向思维

侧向思维又称"旁通思维"，是指沿着正向思维旁侧开拓出新思路的一种创造性思维。例如，正向思维遇到问题时从正面去想，而侧向思维则会避开问题的锋芒，在次要的地方做文章。如图 1-3 所示为 LG 洗衣机的广告。有些生活情趣是不方便让外人知道的，LG 洗衣机可以帮忙。不用再使用晾衣绳，自然也不用为生活中的某些情趣感到不好意思了。

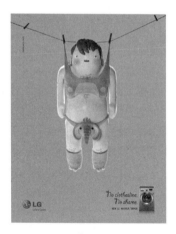

图 1-3

（3）逆向思维

在日常生活中，人们往往会养成一种习惯性思维方式，即只看事物的一方面，而忽视另一方面。如果逆转一下正常的思路，从反向想问题，便能得出创新性的设想。如图 1-4 所示为奔驰 B 级车的出租广告——够宽敞。广告画面中并没有出现宽大的汽车，而是运用逆向思维，展示了出租车的"乘客"——超大个的狗狗和它的主人，用"乘客"来反证奔驰汽车乘坐空间的宽敞和舒适，起到了良好的传播效果。

图 1-4

（4）联想思维

联想思维是指由某一事物联想到与之相关的其他事物的思维过程。如图 1-5 所示为宜家（IKEA）的鞋柜广告，两只套在一起的鞋子让人联想到宜家鞋柜可以节省更多的空间。如图 1-6 所示为 Schick Razors 舒适剃须刀广告。画面中的男士有着婴儿般嫩滑的脸蛋，传递出的信息是：Schick Razors 不仅舒适耐用，还有着神奇般的美容效果。

图 1-5

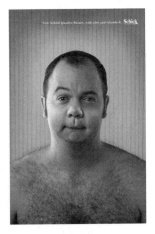

图 1-6

## 1.1.2　创意方法

（1）夸张

夸张是为了表达上的需要，故意言过其实，对客观的人和事物尽力做扩大或缩小的描述。如图 1-7 所示为生命阳光牛初乳广告——不可思议的力量（此广告获戛纳广告节铜狮奖）。

图 1-7

（2）幽默

广告大师波迪斯说过："巧妙地运用幽默，就没有卖不出去的东西。"幽默的创意具有很强的戏剧性、故事性和趣味性，能够带给人会心一笑，让人感到轻松愉快。如图 1-8 所示为 VUEGO SCAN 扫描仪广告；如图 1-9 所示为 Bynolyt 望远镜广告。

图 1-8

图 1-9

（3）悬念

以悬疑的手法或猜谜的方式调动和刺激受众，使其产生疑惑、紧张、渴望、揣测、担忧、期待和欢乐等一系列心理作用，并持续和延伸，以达到释疑而寻根究底的效果。如图 1-10 所示为感冒药广告——没有任何疾病能够威胁到你。

图 1-10

（4）比较

通常情况下，人们在做出决定之前，都会习惯性地进行事物之间的比较，以帮助自己做出正确的判断。通过比较得出的结论往往具有很强的说服力。如图 1-11 所示为 Ziploc 保鲜膜广告。

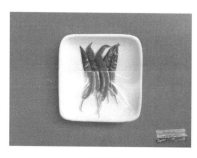

图 1-11

（5）拟人

将自然界的事物进行拟人化处理，赋予其人格和生命力，能够让受众迅速地在心里产生共鸣，如图 1-12 所示。

图 1-12

（6）比喻和象征

比喻和象征属于"婉转曲达"的艺术表现手法，能够带给人以无穷的回味。比喻需要创作者借题发挥、进行延伸和转化。象征可以使抽象的概念形象化，使复杂的事理浅显化，引起人们的联想，提升作品的艺术感染力和审美价值。如图 1-13 所示为 Hall（瑞典）音乐厅海报——一个阉伶的故事。

图 1-13

（7）联想

联想表现法也是一种婉转的艺术表现方法，它通过两个在本质上不同，但在某些方面又有相似性的事物给人以想象的空间，进而产生"由此及彼"的联想效果，意味深远、回味无穷。如图 1-14 所示为消化药广告——快速帮助你的胃消化。

图 1-14

## 1.2 让 Illustrator CC 2015 为创意助力

Adobe 公司的 Illustrator 是目前使用最为广泛的矢量图形绘图软件之一。它功能强大、操作简便，深受艺术家、插画家以及计算机美术爱好者的青睐。

### 1.2.1 强大的绘图工具

Illustrator 提供了钢笔、铅笔、画笔、矩形、椭圆、多边形和极坐标网格等数量众多的专业绘图工具以及标尺、参考线、网格和测量等辅助工具，可以绘制任何图形，表现各种效果，如图 1-15～图 1-17 所示。

图 1-15

图 1-16

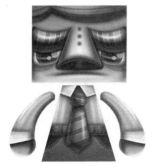

图 1-17

### 提示

Adobe 公司是由乔恩·沃诺克和查理斯·格什克于 1982 年创建的，总部位于美国加州的圣何塞市。其产品遍及图形设计、图像制作、数码视频、电子文档和网页制作等领域。如大名鼎鼎的 Photoshop、动画软件 Flash、专业排版软件 InDesign、影视编辑及特效制作软件 Premiere 和 After Effects 等均出自该公司。

### 1.2.2 完美的插画技术

Illustrator 的图形编辑功能十分强大，例如，绘制基本图形后，可以通过混合功能将图形、路径甚至文字等混合，使其产生从颜色到形状的全面过渡效果；通过剪切蒙版和不透明度蒙版可以遮盖对象，创建合成效果；使用封套扭曲可以让对象按照封套图形的形状产生变形；使用效果可以为图形添加投影、发光等特效，还可以将其转换为 3D 对象。有了这些工具的帮助，用户就可以绘制出不同风格、不同美感的矢量插画，如图 1-18～图 1-20 所示。

图 1-18

图 1-19

图 1-20

### 1.2.3　可打造相片级效果的渐变和网格工具

渐变工具可以创建细腻的颜色过渡效果。渐变网格更加强大，通过对网格点着色，精确控制颜色的混合位置，可以表现出照片级的写实效果。例如，如图 1-21 所示的机器人效果及网格结构图；如图 1-22 所示的玻璃杯和玻璃球的效果及网格结构图。

图 1-21

图 1-22

### 1.2.4　精彩的 3D 和效果

3D 功能可以将二维图形创建为可编辑的三维图形，还可以添加光源、设置贴图。这项功能特别适合制作立体模型，如包装立体效果图。此外，Illustrator 还提供了大量效果，可以创建投影、发光和变形等特效。而"像素化""模糊""画笔描边"等效果则更是与 Photoshop 中相应的滤镜完全相同。如图 1-23 所示为通过旋转路径生成的 3D 可乐瓶；如图 1-24 所示为使用"投影"等效果制作的特效字。

图 1-23

图 1-24

### 1.2.5　灵活的文字和图表

Illustrator 的文字工具可以在一个点、一个图形区域和一条路径上创建文字，而且文字的编辑方法也非常灵活，可以轻松应对排版、装帧和封面设计等任务。如图 1-25 和图 1-26 所示为文字在书籍封面上的应用；如图 1-27 所示为通过路径文字制作的中国结。

图 1-25

图 1-26

图 1-27

Illustrator 提供了 9 种图表工具，可以创建柱形图、堆积柱形图、条形图、堆积条形图、折线图、面积图、散点图、饼图和雷达图等不同类型的图表。此外，还可以用绘制的图形替换图表中的图例，使图表更加美观，如图 1-28 所示。

图 1-28

## 1.2.6 简便而高效的符号

当需要绘制大量相似的图形，如花草、地图上的标记、技术图纸时，可以将一个基本的图形定义为符号，再通过符号来快速、大量地创建类似的对象，这样既省时又省力。当要修改它们时，只需编辑"符号"面板中的符号样本，其他符号实例可以自动更新到与之相同的效果。如图 1-29 和图 1-30 所示为符号在插画和地图上的应用。

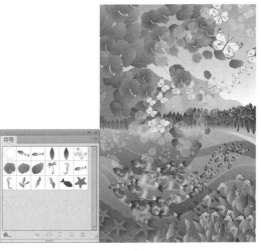

图 1-29

图 1-30

## 1.2.7 丰富的模板和资源库

Illustrator 提供了 200 多个专业设计模版，使用模板中的现成内容，可以快速创建名片、信封、标签、证书、明信片、贺卡和网站等。此外，Illustrator 中还包含数量众多的资源库，如画笔库、符号库、图形样式库和色板库等。这些现成的资源为用户创作提供了极大的方便，如图 1-31 ～图 1-34 所示。

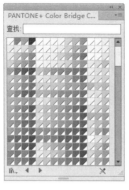
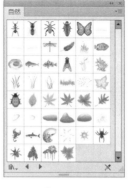
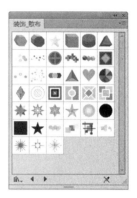

图 1-31          图 1-32          图 1-33          图 1-34

## 1.3    数字化图形

在计算机世界里，图像和图形等都是以数字方式记录、处理和存储的。它们分为两大类，一类是位图，另一类是矢量图。

### 1.3.1    位图与矢量图

位图是由像素组成的，用数码相机拍摄的照片、扫描的图像等都属于位图。位图的优点是可以精确地表现颜色的细微过渡，也可以很容易地在各种软件之间交换；其缺点是占用的存储空间较大，而且会受到分辨率的制约，图像进行缩放时其清晰度会受到影响。例如，如图 1-35 所示为一张照片及放大后的局部细节，可以看到，图像已经变得有些模糊了。

矢量图由数学对象定义的直线和曲线构成，因而占的存储空间非常小，而且与分辨率无关，任意旋转和缩放图形都会保持清晰、光滑，如图 1-36 所示。矢量图的这种特点非常适合制作图标、Logo 等需要按照不同尺寸使用的对象。

图 1-35                               图 1-36

位图软件主要有 Photoshop 和 Painter 等。Illustrator 是矢量图形软件，它也可以处理位图，而且还能够灵活地将位图和矢量图互相转换。矢量图的色彩虽然没有位图细腻，但其独特的美感是位图无法表现的。

---

**提示**

像素是组成位图图像最基本的元素；分辨率是指单位长度内包含的像素的数量，它的单位通常为像素/英寸（ppi）。分辨率越高，包含的像素越多，图像就越清晰。

---

## 1.3.2 颜色模式

颜色模式决定了用于显示和打印所处理的图稿的颜色方法。Illustrator 支持灰度、RGB、HSB、CMYK 和 Web 安全 RGB 模式。执行"窗口 > 颜色"命令，打开"颜色"面板，单击右上角的 按钮打开面板菜单，如图 1-37 所示，在菜单中可以选择需要的颜色模式。

图 1-37

● 灰度模式：只有 256 级灰度颜色，没有彩色信息，如图 1-38 所示。

图 1-38

● RGB模式：由红(Red)、绿(Green)和蓝(Blue)3 种基本颜色组成，每种颜色都有 256 种不同的亮度值，因此可以产生 1 670 余万种颜色（256×256×256），如图 1-39 所示。RGB 模式主要用于屏幕显示，如电视、计算机显示器等都采用这种模式。

图 1-39

● HSB 模式：利用色相（Hue）、饱和度（Saturation）和亮度（Brightness）来表现色彩。其中 H 表示色相；S 表示颜色的纯度；B 表示颜色的明暗度。

● CMYK 模式：由青（Cyan）、品红（Magenta）、黄（Yellow）和黑（Black）4 种基本颜色组成，它是一种印刷模式，被广泛应用在印刷的分色处理上。

● Web 安全 RGB 模式：Web 安全色是指能在不同操作系统和不同浏览器之中安全显示的 216 种 RGB 颜色。在进行网页设计时，需要在该模式下调色。

**小技巧：设置和转换文档的颜色模式**

执行"文件 > 新建"命令创建文档时，可以在打开的对话框中为文档设置颜色模式。如果要修改一个现有文档的颜色模式，可以使用"文件 > 文档颜色模式"子菜单中的命令进行转换。标题栏的文件名称旁会显示文档所使用的颜色模式。

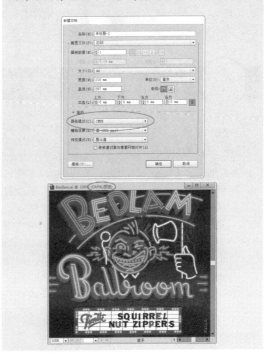

## 1.3.3 文件格式

文件格式决定了图稿的存储内容和存储方式以及其是否能够与其他应用程序兼容。在 Illustrator 中编辑图稿后，可以执行"文件 > 存储"命令，将图稿存储为 4 种基本格式：AI、PDF、EPS 和 SVG，如图 1-40 所示。这些格式可以保留所有的 Illustrator 数据，它们是 Illustrator 的本机格式。如果要以其他文件格式导出图稿，以便在其他程序中使用，可以执行"文件 > 导出"命令并选择文件格式，如图 1-41 所示。

图 1-40

图 1-41

**小技巧：文件格式选择技巧**

如果文件用于其他矢量软件，可以保存为 AI 或 EPS 格式，它们能够保留 Illustrator 创建的所有图形元素；如果要在 Photoshop 中对文件进行处理，可以保存为 PSD 格式，这样，将文件导入到 Photoshop 中后，图层、文字、蒙版等都可以继续编辑。此外，PDF 格式主要用于网络出版；TIFF 是一种通用的文件格式，几乎所有的扫描仪和绘图软件都支持；JPEG 用于存储图像，可以压缩文件（有损压缩）；GIF 是一种无损压缩格式，可应用在网页文档中；SWF 是基于矢量的格式，被广泛地应用在 Flash 中。

# 1.4 Illustrator CC 2015 新增功能

Illustrator CC 2015 的性能比 Illustrator CS6 快了 10 倍，可以让用户体验更加流畅的创作流程。Illustrator CC 2015 的新增功能主要包含以下几项。

- Creative Cloud Libraries：在 Illustrator 中，资源包括颜色、颜色主题、画笔、字符样式和图形几种类型。Creative Cloud Library 是一个包含多种设计资源的集合，用户可以将各种类型的设计资源添加到 Creative Cloud Library 中，通过它来组织、浏览和访问资源，也可以与其他用户共享。Creative Cloud Libraries 中的资源是链接的，当修改它们时，用户和相关团队成员可以选择在任何使用它们的 Illustrator CC、Photoshop CC 或 InDesign CC 项目中进行更新。

- Adobe Stock：借助全新的 Adobe Stock，用户可以从 Illustrator CC 2015 中寻找、购买和管理高分辨率的免版税图像、插图和矢量图形，如图 1-42 所示。

- 缩放、平移和滚动速度加快 10 倍：Mercury Performance System 增强功能为 Mac 和 Windows 带来 GPU 加速。在 Illustrator CC 2015 中，平移、缩放和滚动等操作的速度比以往加快了 10 倍。

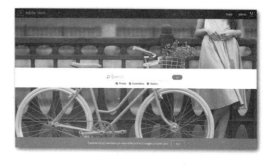

图 1-42

- 缩放比例增加 10 倍：Illustrator CC 2015 将缩放级别提高了 10 倍，缩放文档窗口时，可以将图稿放大至 64000% 来观察，以便让用户更精准地创作和编辑。

- 恢复文件中的数据：如果在存储文件之前发生不正常的关机，例如 Illustrator 崩溃、操作系统错误或断电等，只要重新启动 Illustrator，就会从快照中自动恢复文件。

- 曲率工具 增强：现在使用曲率工具 时，可以在未选择路径的情况下连接和编辑路径。

- 铅笔工具✐增强：使用铅笔工具✐时，用户可以自由设定是否封闭路径。

- 复制粘贴十六进制值：当用户从其他应用程序复制十六进制值时，可能连"#"符号也一起复制过来。以前版本的"颜色"面板中的"十六进制"文本框只接受纯粹的十六进制值，现在可以自动删除多余的"#"符号，如图 1-43 所示。

- 渐变色标中使用的色板：如果渐变色标的颜色是从"色板"面板中获取的，则双击该色标时，"色板"面板中会突出显示所使用的色板，如图 1-44 所示。

图 1-43

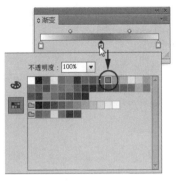

图 1-44

## 1.5　Illustrator CC 2015 工作界面

Illustrator CC 2015 的工作界面由文档窗口、工具面板、控制面板、面板、菜单栏和状态栏等组件组成。

### 1.5.1　文档窗口

文档窗口包含画板和暂存区，如图 1-45 所示。黑色矩形框内部是画板，画板是绘图区域，也是可以打印的区域。画板外部为暂存区，暂存区也可以绘图，但这里的图稿打印时不显示。执行"视图 > 显示 / 隐藏画板"命令，可以显示或隐藏画板。

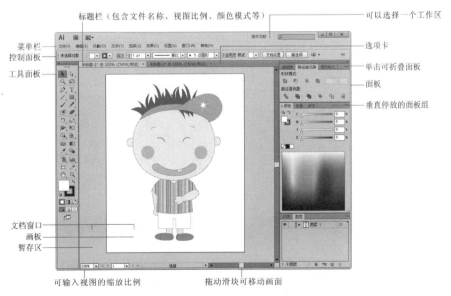

图 1-45

如果同时打开多个文档，就会创建多个文档窗口，它们停放在选项卡中。单击一个文件的名称，可将其设置为当前窗口，如图 1-46 所示。按 Ctrl+Tab 快捷键，可以循环切换各个窗口。将一个窗口从选项卡中拖出，它便成为可以任意移动位置的浮动窗口（拖曳标题栏可以移动），如图 1-47 所示。也可以将其拖回到选项卡中。如果要关闭一个窗口，可以单击其右上角的 ✕ 按钮；如果要关闭所有窗口，可以在选项卡上右击，在弹出的快捷菜单中选择"关闭全部"命令。

图 1-46

图 1-47

**提示**

执行"编辑 > 首选项 > 用户界面"命令，打开"首选项"对话框，在"亮度"选项中可以调整界面亮度（从黑色到浅灰色共分 4 种）。

## 1.5.2　工具面板

Illustrator 的工具面板中包含用于创建和编辑图形、图像和页面元素的各种工具，如图 1-48 所示。单击工具面板顶部的双箭头按钮 ◀◀，可将其切换为单排或双排显示。

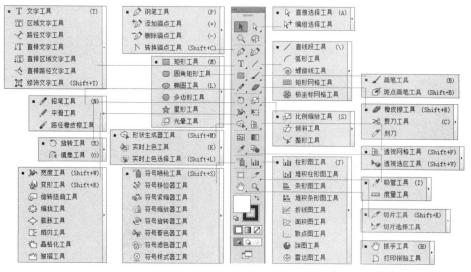
图 1-48

单击一个工具即可选择该工具，如图 1-49 所示。右下角带有三角形图标的工具表示这是一个工具组，在这样的工具上按住鼠标左键，可以显示隐藏的工具，如图 1-50 所示；将光标移动到其中的一个工具上，即可选择该工具，如图 1-51 所示。

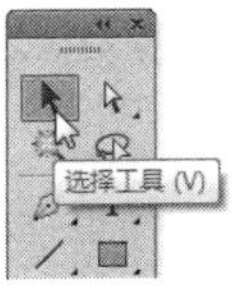

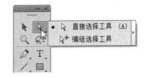

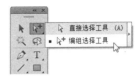

图 1-49　　　　　　　　　　图 1-50　　　　　　　　　　图 1-51

　　如果单击工具右侧的拖出按钮，如图 1-52 所示，则会弹出一个独立的工具组面板，如图 1-53 所示。将光标放在面板的标题栏上，单击并向工具面板边界处拖曳，可以将其与工具面板停放在一起，如图 1-54 所示。

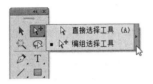

图 1-52 　　　　　　　　　　图 1-53 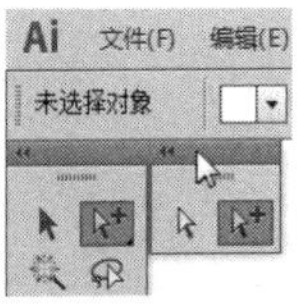　　　　　　　　　　图 1-54

　　在 Illustrator 中，用户还可以通过快捷键来选择工具。例如，按 P 键，可以选择钢笔工具 🖋 。如果要了解工具的快捷键，可以将光标放在相应的工具上，停留片刻就会显示工具名称和快捷键信息。此外，使用"编辑 > 键盘快捷键"命令还可以自定义快捷键。

**小技巧：将常用的工具放在一个面板中**

如果经常使用某些工具，可以将它们整合到一个新的工具面板中，以方便使用。操作方法很简单，只需执行"窗口 > 工具 > 新建工具面板"命令，在打开的对话框中单击"确定"按钮，创建一个工具面板，然后将所需工具拖曳到该面板中的"+"标记处即可。

单击"确定"按钮创建工具面板 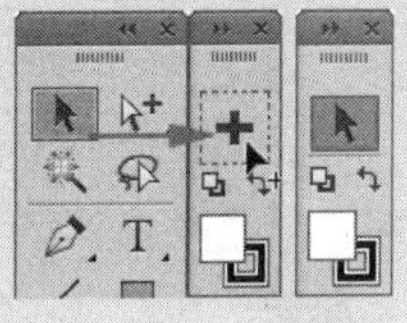　　　　　将工具拖入新面板

### 1.5.3　控制面板

　　位于窗口顶部的控制面板集成了"画笔""描边""图形样式"等常用面板，如图 1-55 所示。用户不必打开这些面板就可以在控制面板中完成相应的操作，而且控制面板还会随着当前工具和所选对象的不同而变换选项内容。

图 1-55

　　单击带有下画线的蓝色文字，可以显示相关的面板或对话框，如图 1-56 所示。单击箭头按钮 ▼ ，可以打开下拉菜单或下拉面板，如图 1-57 所示。

图 1-56 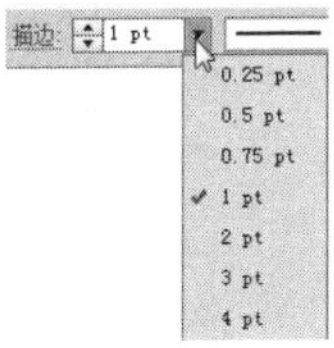　　　　　　　　　　　　　　图 1-57

## 1.5.4　其他面板

在 Illustrator 中，大量的编辑操作需要借助相应的面板才能完成。执行"窗口"菜单中的命令可以打开需要的面板。在默认情况下，面板都是成组停放在窗口右侧的，如图 1-58 所示。

图 1-58

● 折叠和展开面板：单击面板右上角的 ◀◀ 按钮，可以将面板折叠成图标状，如图 1-59 所示。单击一个图标，可以展开相应的面板，如图 1-60 所示。

图 1-59　　　　图 1-60

● 分离与组合面板：将面板组中的一个面板向外侧拖曳，如图 1-61 所示，可将其从组中分离出来，成为浮动面板。在一个面板的标题栏上单击并将其拖曳到另一个面板的标题栏上，当出现蓝线时释放鼠标，可以将面板组合在一起，如图 1-62 和图 1-63 所示。

图 1-61　　　　图 1-62

图 1-63

● 单击面板中的 ◇ 按钮，可以逐级隐藏／显示面板选项，如图 1-64 ～图 1-66 所示。

图 1-64

图 1-65　　　　　　图 1-66

● 拉伸面板：将光标放在面板底部或右下角，单击并拖曳鼠标可以将面板拉长或拉宽，如图 1-67 和图 1-68 所示。

图 1-67　　　　图 1-68

● 打开面板菜单：单击面板右上角的 ≡ 按钮，可以打开面板菜单，如图 1-69 所示。

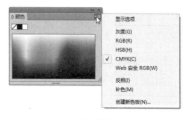

图 1-69

● 关闭面板：如果要关闭浮动面板，可以单击其右上角的 ✖ 按钮；如果要关闭面板组中的面板，可以在其上面右击，在弹出的快捷菜单中选择"关闭"命令。

**提示**

按 Tab 键，可以隐藏工具面板、控制面板和其他面板；按 Shift+Tab 快捷键，可以单独隐藏面板。再次按相应的按键，可以重新显示被隐藏的组件。

## 1.5.5 菜单命令

Illustrator 共有 9 个主菜单，如图 1-70 所示，每个菜单中都包含着不同类型的命令。例如，"文字"菜单中包含的是与文字处理有关的命令，"效果"菜单中包含的是制作特效的各种效果。

Ai  文件(F) 编辑(E) 对象(O) 文字(T) 选择(S) 效果(C) 视图(V) 窗口(W) 帮助(H)

图 1-70

单击一个菜单的名称可以打开该菜单，带有黑色三角标记的命令还包含下一级的子菜单，如图 1-71 所示。选择菜单中的一个命令即可执行该命令。如果命令后面有快捷键，如图 1-72 所示，则可以通过按快捷键来执行命令。例如，按 Ctrl+G 快捷键，可以执行"对象 > 编组"命令。此外，在窗口的空白处、在对象上或面板的标题栏上右击，可以显示快捷菜单，如图 1-73 所示，它显示的是与当前工具或操作相关的命令，可以节省操作时间。

图 1-71

图 1-72

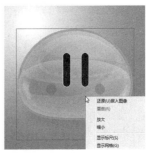

图 1-73

**提示**

在菜单中，有些命令右侧只有一些字母，这表示它们也可以通过快捷方式执行。操作方法是按 Alt 键 + 主菜单的字母，打开主菜单，再按该命令的字母，执行该命令。例如，按 Alt+S+I 快捷键，可以执行"选择 > 反向"命令。如果命令右侧有"…"，则表示执行该命令时会弹出对话框。

## 1.6 Illustrator CC 2015 基本操作方法

在 Illustrator 中，用户可以从一个全新的空白文件开始创作，也可以编辑现有的文件。在编辑图稿的过程中，如果出现了失误，或对创建的效果不满意，可以进行还原操作。

### 1.6.1 新建空白文档

执行"文件 > 新建"命令，或按 Ctrl+N 快捷键，打开"新建文档"对话框，如图 1-74 所示，输入文件的名称，设置大小和颜色模式等属性后，单击"确定"按钮，即可创建一个空白文档。如果需要制作名片、小册子、标签、证书、明信片和贺卡等，可以执行"文件 > 从模板新建"命令，打开"从模板新建"对话框，如图 1-75 所示，选择 Illustrator 提供的模板文件后，该模板中的字体、段落、样式、符号、裁剪标记和参考线等都会加载到新建的文档中，这样可以节省创作时间，提高工作效率。

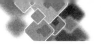

图 1-74

图 1-75

## 1.6.2 打开文件

如果要打开一个文件，可以执行"文件 > 打开"命令，或按 Ctrl+O 快捷键，在弹出的"打开"对话框中选择文件，如图 1-76 所示，单击"打开"按钮或按 Enter 键即可将其打开。

图 1-76

## 1.6.3 保存文件

用 Illustrator 绘图时，应该养成随时保存文件的好习惯，以免因断电、死机等意外而丢失文件。

- 保存文件：在编辑过程中，可以随时执行"文件 > 存储"命令，或按 Ctrl+S 快捷键，保存对文件所做的修改。如果这是一个新建的文档，则会弹出"存储为"对话框，如图 1-77 所示，在该对话框中可以为文件命名、选择文件格式并设置保存位置。

图 1-77

- 另存文件：如果要将当前文档以另外一个名称、另一种格式保存，或者保存在其他位置，可以执行"文件 > 存储为"命令来另存文件。

- 存储副本：如果不想保存对当前文档所做的修改，可以执行"文件 > 存储副本"命令，基于当前编辑效果保存一个副本文件，再将原文档关闭。

- 保存为模板：执行"文件 > 存储为模板"命令，可以将当前文档保存为模板。文档中设定的尺寸、颜色模式、辅助线、网格、字符与段落属性、画笔、符号、透明度和外观等都可以存储在模板中。

## 1.6.4 打包文件

使用"文件 > 打包"命令可以将文档中的图形、字体（汉语、韩语和日语除外）、链接图形和打包报告等相关内容自动保存到一个文件夹中。有了这项功能，设计人员就可以从文件中自动提取文字和图稿资源，免除了手动分离和转存工作的麻烦，并可以实现轻松传送文件的目的。

编辑好图稿后，如图 1-78 所示，执行"文件 > 打包"命令，打开如图 1-79 所示的对话框，设置选项后单击"打包"按钮，弹出如图 1-80 所示的对话框，再单击"确定"按钮，即可将内容打包到文件夹中，如图 1-81 所示。

图 1-78

图 1-79

图 1-80

图 1-81

## 1.6.5 使用缩放工具查看图稿

绘图或编辑对象时，为了更好地观察和处理对象的细节，需要经常放大或缩小视图、调整对象在窗口中的显示位置。

打开一个文件，如图 1-82 所示，使用缩放工具 在画面中单击，可以放大视图的显示比例，如图 1-83 所示；单击并拖出一个矩形框，如图 1-84

所示，则可以将矩形框内的图稿放大至整个窗口，如图 1-85 所示；如果要缩小窗口的显示比例，可以按住 Alt 键并单击。

图 1-82

图 1-83

图 1-84

图 1-85

## 1.6.6 使用抓手工具查看图稿

放大或缩小视图比例后，使用抓手工具 在窗口单击并拖曳可以移动画面，让对象的不同区域显示在画面的中心，如图 1-86 所示。

图 1-86

> **提示**
>
> 使用绝大多数工具时，按住键盘中的空格键都可以切换为抓手工具 。

## 1.6.7 使用导航器面板查看图稿

编辑对象的细节时，"导航器"面板可以帮助用户快速定位画面位置，操作方法非常简单，只需在该面板的对象缩览图上单击，即可将单击点定位

为画面的中心，如图 1-87 所示。此外，移动面板中的三角滑块，或在数值栏中输入数值并按 Enter 键，可以对视图进行缩放。

图 1-87

用于切换屏幕模式的命令

图 1-88

正常屏幕模式

图 1-89

**提示**

"视图"菜单中包含窗口缩放命令，其中，"画板适合窗口大小"命令可以将画板缩放至适合窗口显示的大小；"实际大小"命令可将画面显示为实际的大小，即缩放比例为 100%。这些命令都有快捷键，可以通过快捷键来操作，这要比直接使用缩放工具和抓手工具更加方便。例如，可以按 Ctrl++ 或 Ctrl+ － 快捷键调整窗口比例，然后按住空格键移动画面。此外，编辑图稿的细节时，如果想要同时观察整体效果，可以执行"窗口 > 新建窗口"命令，复制一个窗口，再单击窗口顶部的排列文档按钮打开菜单，选择"平铺"选项，让这两个窗口平铺排列，并为每个窗口设置不同的显示比例，这样就可以一边编辑图形，一边观察整体效果了。

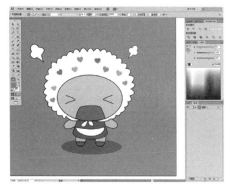

带有菜单栏的全屏模式

图 1-90

### 1.6.8　切换屏幕模式

　　单击工具面板底部的  按钮，可以显示一组用于切换屏幕模式的命令，如图 1-88 所示。如图 1-89 ～图 1-91 所示为屏幕效果，也可以按 F 键，在各个屏幕模式之间循环切换。

全屏模式

图 1-91

### 1.6.9　还原与重做

　　在编辑图稿的过程中，如果操作出现了失误，或对创建的效果不满意，可以执行"编辑 > 还原"

命令，或按 Ctrl+Z 快捷键，撤销最后一步操作。连续按 Ctrl+Z 快捷键，可以连续撤销操作。如果要恢复被撤销的操作，可以执行"编辑 > 重做"命令，或按 Shift+Ctrl+Z 快捷键。

## 1.6.10  标尺

标尺、参考线和网格都是 Illustrator 提供的辅助工具，在进行精确绘图时，可以借助这些工具准确定位和对齐对象，或进行测量操作。其中，标尺可以帮助用户精确定位或测量画板中的对象。

执行"视图 > 显示标尺"命令，窗口顶部和左侧会显示标尺，如图 1-92 所示。标尺上的 0 点位置称为"原点"。在原点单击并拖曳可以拖出十字线，如图 1-93 所示，将其拖放在需要的位置，即可将该处设置为标尺的新原点，如图 1-94 所示。如果要将原点恢复到默认位置，可以在窗口左上角水平标尺与垂直标尺的相交处双击。

  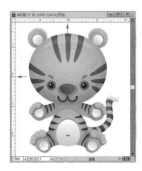

图 1-92      图 1-93      图 1-94

**提示**

在标尺上右击，打开快捷菜单，在其中可以选择标尺的单位，如英寸、毫米、厘米和像素等。

## 1.6.11  参考线

参考线可以帮助用户对齐文本和图形。按 Ctrl+R 快捷键显示标尺后，如图 1-95 所示，将光标放在水平或垂直标尺上，单击并向画面中拖曳，即可拖出水平或垂直参考线，如图 1-96 所示。如果按住 Shift 键拖曳鼠标，则可以使参考线与标尺上的刻度对齐。此外，在标尺上双击，可以在标尺的特定位置创建一条参考线；如果按住 Shift 键双击，则在该处创建的参考线会自动与标尺上最接近的刻度线对齐。

执行"视图 > 智能参考线"命令，可以启用智能参考线，此后，当进行移动、旋转、缩放等操作时，自动参考线会自动出现，并显示变换操作的相关数据，如图 1-97 所示。

图 1-95      图 1-96      图 1-97

## 1.6.12  网格

在对称布置图形时，网格非常有用。打开一个文件，如图 1-98 所示，执行"视图 > 显示网格"命令，可以在图形后面显示网格，如图 1-99 所示。显示网格后，可以执行"视图 > 对齐网格"命令启用对齐功能，此后创建图形或进行移动、旋转、缩放等操作时，对象的边界会自动对齐到网格点上。

如果要查看对象是否包含透明区域以及透明程度如何，可以执行"视图 > 显示透明度网格"命令，将对象放在透明度网格上观察，如图 1-100 所示。

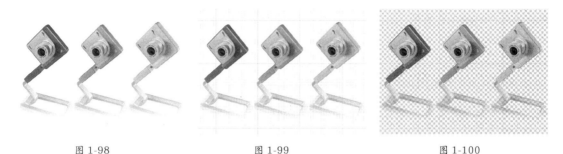

图 1-98                    图 1-99                    图 1-100

---

**提示**

按 Ctrl+R 快捷键，可以显示或隐藏标尺；按 Ctrl+; 快捷键，可以显示或隐藏参考线；按 Alt+Ctrl+; 快捷键，可以锁定或解除锁定参考线；按 Ctrl+U 快捷键，可以显示或隐藏智能参考线；按 Ctrl+"快捷键，可以显示或隐藏网格。

---

## 1.7  思考与练习

### 一、问答题

1. 请描述矢量图与位图的特点和主要用途。

2. 什么是 Illustrator 本机格式？有哪几种？

3. 图稿保存为哪种文件格式方便以后修改？与 Photoshop 交换文件时，哪几种格式最常用？

4. 使用"文件 > 新建"命令创建文档时，怎样根据文档的用途选择配置文件（"配置文件"选项）？

5. "视图 > 新建视图"命令与"窗口 > 新建窗口"命令有何区别？

### 二、上机练习

#### 1. 创建自定义的工作区

编辑图稿时，如果经常使用某些面板，可以使用"窗口 > 工作区 > 新建工作区"命令，将这些面板的大小和位置存储为一个工作区，如图 1-101 和图 1-102 所示。存储工作区后，即使移动或关闭了面板，也可以恢复过来。下面请创建一个自定义的工作区。

#### 2. 打开和编辑 Photoshop 文件

使用"打开""置入"和"粘贴"命令以及拖放功能都可以将 PSD 文件从 Photoshop 引入 Illustrator。PSD 是分层文件格式，可以包含图层复合、图层、文本和路径，Illustrator 支持大部分的 Photoshop 数据，因此，在这两个软件之间交换文件时，可以保留和继续编辑上述内容。请在 Photoshop 中创建一个文件并输入文字，将其保存，然后用 Illustrator 修改该文件中的文字颜色，如图 1-103 和图 1-104 所示。

图 1-101

图 1-102

图 1-103

图 1-104

## 1.8 测试题

1. 矢量图形是由数学对象定义的（　　　）构成的。

    A. 直线　　　　　　　B. 曲线　　　　　　　C. 锚点　　　　　　　D. 路径

2. 按（　　　）快捷键，可以将所有面板（工具箱面板、选项栏和控制面板）隐藏。

    A. Tab　　　　　　　B. Shift+Tab　　　　　　C. Ctrl+Tab　　　　　　D. F1

3. 如果要将当前文档以另外一个名称、另一种格式保存，或者保存到其他位置，可以使用（　　　）命令来存储文件。

    A. 文件 > 存储　　　　　　　　　　　　B. 文件 > 存储为

    C. 文件 > 存储为副本　　　　　　　　　D. 文件 > 存储为模板

4. 按（　　　）快捷键，可以显示 / 隐藏标尺。

    A. Ctrl+"　　　　　　B. Ctrl+;　　　　　　C. Ctrl+R　　　　　　D. Alt+Ctrl+R

5. 下列是 Illustrator 中关于颜色定义的描述，其中正确的是（　　　）。

A. HSB 颜色模型用色相（Hue）、饱和度（Saturation）和亮度（Bright）3 种特征来描述颜色

B. 在"颜色"面板中，可以通过灰度、HSB、RGB、CMYK、Web 安全 RGB 等不同的色彩模型来定义颜色

C. 灰度模型就是采用不同浓淡的黑色来表现层次

D. 专色是预先混合好的油墨，由印刷业使用一个标准的颜色匹配系统配置，如印刷中常用的烫金就是专色应用的例子

6. Illustrator 和 Photoshop 之间的文件可以共享，但两种软件有本质的不同。下列叙述中正确的是（　　）。

A. Illustrator 是以处理矢量图形为主的图形绘制软件，而 Photoshop 是以处理位图为主的图像处理软件

B. Illustrator 文件可以存储为 EPS 格式，而 Photoshop 不可以

C. Illustrator 可以打开 PDF 格式的文件，而 Photoshop 不可以

D. Illustrator 也可以对图形进行像素化处理，但同样的文件存储为 EPS 格式后，Photoshop 存储的文件要小很多，原因是它们描述信息的方式不同

7. 下列中（　　）是矢量软件。

A. Illustrator　　　　　　　B. Photoshop　　　　　　C. CorelDRAW　　　　　　D. FreeHand

8. 在 Illustrator 中置入 Photoshop 图像后，继续绘制了矢量图形，以下说法正确的是（　　）。

A. Illustrator 支持 Photoshop 分层图像，并可以支持背景透明的位图

B. Illustrator 置入分层的 PSD 文件时，会自动将图层合并

C. Illustrator 中不能置入分层的 PSD 文件

D. Illustrator 不支持带背景透明的位图

9. 在"首选项"的单位设置中，将"常规"项中的单位设置为像素，关于标尺和其他 3 个面板中的参数显示，以下说法中正确的是（　　）。

A. 标尺的单位会随之变成像素

B. "信息"面板的单位随之变成像素

C. 变换的长度单位随之变成像素

D. "字符"面板中的字体大小的单位随之变成像素

# 第2章

## 色彩基础：绘图与上色

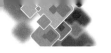

在我们的生活中，任何复杂的图形都可以简化为最基本的几何形状，Illustrator 中的矩形、椭圆、多边形、直线段和网格等工具都是绘制这些基本几何图形的工具。这些看似简单的几何图形通过一些操作便可以组合出复杂的图形，因此，不要忽视，也不要小看最基本的绘图工具。

## 2.1 色彩的属性

现代色彩学按照全面、系统的观点，将色彩分为有彩色和无彩色两大类。有彩色是指红、橙、黄、绿、蓝、紫这 6 种最基本的色相以及由它们混合所得到的所有色彩；无彩色是指黑色、白色和各种纯度的灰色。无彩色只有明度变化，但在色彩学中，无彩色也是一种色彩。

### 2.1.1 色相

色相是指色彩的相貌。不同波长的光给人的感觉是不同的，将这些感受赋予名称，也就有了红色、黄色、蓝色……光谱中的红、橙、黄、绿、蓝、紫为基本色相。色彩学家将它们以环行排列，再加上光谱中没有的红紫色，形成一个封闭的圆环，就构成了色相环。色相环一般以 5、6、8 个主要色相为基础，求出中间色，分别可做出 10、12、16、18、24 色色相环。如图 2-1 所示为 10 色色相环。

图 2-1

色相环虽然建立了色彩在色相关系上的表示方法，但二维的平面无法同时表达色相、明度和彩度这三种属性，于是色彩学家发明了色立体，它构成了三维立体色彩体系。如图 2-2 所示为蒙塞尔色立体。蒙塞尔色立体是由美国教育家、色彩学家、美术家蒙塞尔创立的色彩表示法，它是一个三维的、类似球体的空间模型。

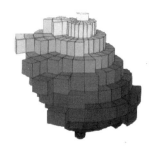

图 2-2

### 2.1.2 明度

明度是指色彩的明暗程度，也可以称作色彩的亮度或深浅。无彩色中明度最高的是白色，明度最低的是黑色。有彩色中，黄色明度最高，它处于光谱中心，紫色明度最低，处于光谱边缘。有彩色加入白色时，会提高明度，加入黑色则降低明度。即便是一个色相，也有自己的明度变化，如深绿、中绿、浅绿等。如图 2-3 和图 2-4 所示为有彩色的明度色阶。

图 2-3

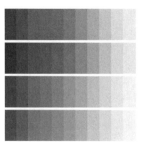

图 2-4

### 2.1.3 彩度

彩度是指色彩的鲜艳程度，也称为"饱和度"。

人类眼睛能够辨认的有色相的色彩都具有一定的鲜艳度。例如绿色，当它混入白色时，它的鲜艳程度就会降低，但明度提高了，成为淡绿色；当它混入黑色时，鲜艳度降低了，明度也变暗了，成为暗绿色；当混入与绿色明度相似的中性灰色时，它的明度没有改变，但鲜艳度降低了，成为灰绿色。如图2-5和图2-6所示为有彩色的彩度色阶。有彩色中，红、橙、黄、绿、蓝、紫等基本色相的饱和度最高。无彩色没有色相，因此彩度为0。

图 2-5

图 2-6

## 2.2 色彩的配置原则

德国心理学家费希纳提出，色彩"美是复杂中的秩序"；古希腊哲学家柏拉图认为，色彩"美是变化中表现的统一"。由此可见，色彩配置应强调色与色之间的对比和协调关系。

### 2.2.1 对比的色彩搭配

色彩对比是指两种或多种颜色并置时，因其性质等的不同而呈现出的一种色彩差别现象。它包括明度对比、纯度对比、色相对比和面积对比几种方式。

因色彩三要素中的明度差异而呈现出的色彩对比效果为明度对比。

因色彩三要素中的纯度（饱和度）差异而呈现出的色彩对比效果为纯度对比。

因色彩三要素中的色相差异而呈现出的色彩对比效果为色相对比。色相对比的强弱取决于色相在色相环上的位置。以24色或12色色相环做对比参照，任取一色作为基色，则色相对比可以分为同类色对比、邻近色对比、对比色对比、互补色对比等基调。如图2-7所示为12色色相环；如图2-8所示为色相环对比基调示意图；如图2-9～图2-12所示为各种色相对比效果。

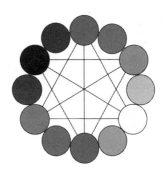

图 2-7

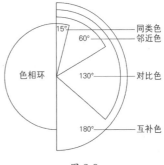

图 2-8

同类色对比

图 2-9

邻近色对比

图 2-10

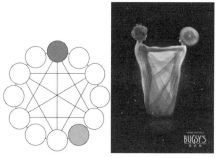

对比色对比

图 2-11

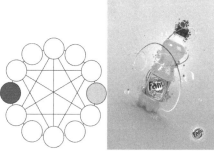

互补色对比

图 2-12

面积对比是指色域之间大小或多少的对比现象。色彩面积的大小对色彩对比关系的影响非常大。

如果画面中两块或更多的颜色在面积上保持近似大小，会让人感觉呆板，缺少变化。色彩面积改变以后，就会给人的心理遐想和审美观感带来截然不同的感受。

### 2.2.2 调和的色彩搭配

色彩调和是指两种或多种颜色秩序而协调地组合在一起，使人产生愉悦、舒适感觉的色彩搭配关系。色彩调和的常见方法是选定一组邻近色或同类色，通过调整纯度和明度来协调色彩效果，保持画面的秩序感和条理性，如图 2-13 ～图 2-15 所示。

图 2-13

图 2-14

图 2-15

## 2.3 绘制基本图形

直线段工具、矩形工具、椭圆工具等是 Illustrator 中最基本的绘图工具，它们的使用方法非常简单，选择一个工具后，只需在画板中单击并拖曳鼠标即可绘制出相应的图形。如果想要按照指定的参数绘制图形，可以在画板中单击，然后在弹出的对话框中进行设定。

### 2.3.1 直线

直线段工具 ✏ 用于创建直线。在绘制的过程中按住 Shift 键，可以创建水平、垂直或以 45°角方向为增量角度的直线，如图 2-16 所示；按住 Alt 键，直线会以单击点为中心向两侧延伸绘制。

图 2-16

在画板中单击，可以打开"直线段工具选项"对话框，在其中设置直线的长度和角度，如图 2-17 所示。

图 2-17

### 2.3.2 弧线

弧形工具 ✏ 用于创建弧线。在绘制的过程中按 X 键，可以切换弧线的凹凸方向，如图 2-18 所示；按 C 键，可以在开放式图形与闭合图形之间切换，如图 2-19 所示为创建的闭合图形；按住 Shift 键，可以保持固定的角度；按↑、↓、←、→键，可以调整弧线的斜率。

按 X 键切换方向

图 2-18

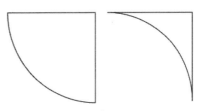

按 C 键创建闭合图形

图 2-19

如果要创建更为精确的弧线，可以在画板中单击，在打开的对话框中设置参数，如图 2-20 所示。

图 2-20

### 2.3.3 螺旋线

螺旋线工具 ◎ 用于创建螺旋线，如图 2-21 所示。在绘制的过程中按 R 键，可以调整螺旋线的方向；按住 Ctrl 键，可以调整螺旋线的紧密程度；按↑或↓键，可以增加或减少螺旋；移动光标，可以旋转螺旋线。

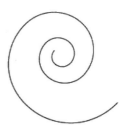

图 2-21

如果要更加精确地绘制图形，可以在画板中单击，打开"螺旋线"对话框并设置参数，如图 2-22 所示。其中，"衰减"用来指定螺旋线的每一螺旋相对于上一螺旋应减少的量，该值越小，螺旋的间距越小；"段数"决定了螺旋线路径段的数量，如

图 2-23 和图 2-24 所示是分别设置该值为 5 和 10 时创建的螺旋线。

图 2-22

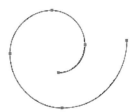

图 2-23

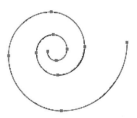

图 2-24

### 2.3.4 矩形

　　矩形工具 ▇ 用于创建矩形或正方形。选择该工具后，单击并拖曳可以创建任意大小的矩形；按住 Alt 键（光标变为 ✥ 状），可以以单击点为中心向外绘制矩形；按住 Shift 键，可以创建正方形；按 Shift+Alt 键，可以以单击点为中心向外创建正方形。如果要自定义图形的大小，可以在画板中单击，打开"矩形"对话框并设置参数，如图 2-25 和图 2-26 所示。

图 2-25

图 2-26

### 2.3.5 圆角矩形

　　圆角矩形工具 ▇ 用于创建圆角矩形，其使用方法与矩形工具基本相同。不同之处在于，绘制图形的过程中按 ↑ 键，可以增加圆角半径直至成为圆形，如图 2-27 所示；按 ↓ 键，则减少圆角半径直至成为方形；按 ← 或 → 键，可以在方形与圆形之间切换。如果要自定义图形参数，可以在画板单击，打开"圆角矩形"对话框并进行设置，如图 2-28 所示。

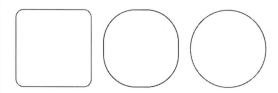

图 2-27

图 2-28

### 2.3.6 椭圆形和圆形

　　椭圆工具 ▇ 用于创建椭圆形或圆形。选择该工具后，单击并拖曳可以绘制任意大小的椭圆形，如图 2-29 所示；按住 Shift 键，可以创建圆形，如图 2-30 所示；按住 Alt 键，可以以单击点为中心向外绘制椭圆形；按 Shift+Alt 键，则以单击点为中心向外绘制圆形。如果要自定义图形大小，可以在画板中单击，打开"椭圆"对话框并设置参数，如图 2-31 所示。

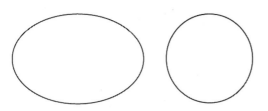

图 2-29　　　　　图 2-30

图 2-31

## 2.3.7　多边形

多边形工具 ⬡ 用于创建三边和三边以上的多边形，如图 2-32 所示。在绘制的过程中，按↑键或↓键，可以增加或减少边数；移动光标，可以旋转多边形；按住 Shift 键操作，可以锁定一个不变的角度。如果要自定义多边形的边数，可以在画板中单击，打开"多边形"对话框并进行设置，如图 2-33 所示。

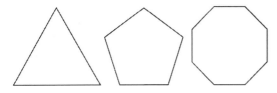

图 2-32

图 2-33

## 2.3.8　星形

星形工具 ⭐ 用于创建各种形状的星形，如图 2-34～图 2-37 所示。在绘制的过程中，按↑和↓键，可以增加和减少星形的角点数；拖曳鼠标，可以旋转星形；按住 Shift 键，可以锁定图形的角度；按 Shift+Alt 键，可以调整星形拐角的角度。如果要自定义星形的大小和角点数，可以在希望作为星形

中心的位置单击，打开"星形"对话框并进行设置。

按↑键增加边数

图 2-34

按↓键减少边数

图 2-35

按住 Shift 键锁定角度

图 2-36

按 Shift+Alt 键调整拐角的角度

图 2-37

## 2.3.9　矩形网格

矩形网格工具 ▦ 用于创建网格状矩形。在绘制的过程中，按住 Shift 键可以创建正方形网格；按住 Alt 键，会以单击点为中心向外绘制网格；按 F 键，

水平网格线间距由下至上以 10% 的倍数递减；按 V 键，水平网格线的间距由上至下以 10% 的倍数递减；按 X 键，垂直网格线的间距由左至右以 10% 的倍数递减；按 C 键，垂直网格线的间距由右至左以 10% 的倍数递减；按↑键或↓键，可以增加或减少网格中直线的数量；按→键或←键，可以增加或减少垂线的数量。

如果要创建精确的网格图形，可以在画板中单击，打开"矩形网格工具选项"对话框并设置参数，如图 2-38 和图 2-39 所示。选择"填色网格"选项后，可以使用工具面板中的当前颜色填充网格，如图 2-40 所示。

图 2-38

图 2-39

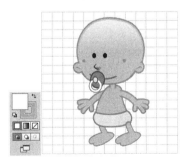

图 2-40

## 2.3.10 极坐标网格

极坐标网格工具 用于创建带有分隔线的同心圆。在绘制的过程中，按住 Shift 键，可以创建圆形网格；按住 Alt 键，会以单击点为中心向外绘制极坐标网格；按↑键或↓键，可以增加或减少同心圆的数量；按→键或←键，可以增加或减少分隔线的数量；按 X 键，同心圆会向网格中心聚拢；按 C 键，同心圆会向边缘聚拢；按 V 键，分隔线会沿顺时针方向聚拢；按 F 键，分隔线会沿逆时针方向聚拢。

如果要自定义极坐标网格的大小、同心圆和分隔线的数量，可以在画板中单击，打开"极坐标网格工具选项"对话框并进行设置，如图 2-41 和图 2-42 所示。

图 2-41

图 2-42

**提示**

"同心圆分隔线"选项中的"倾斜"数值为 0% 时，同心圆的间距相等；该值大于 0%，同心圆向边缘聚拢；小于 0%，同心圆向中心聚拢。当"径向分隔线"选项中"倾斜"的数值为 0% 时，分隔线的间距相等；该值大于 0%，分隔线会逐渐向逆时针方向聚拢；小于 0%，分隔线会逐渐向顺时针方向聚拢。

### 2.3.11 绘制光晕图形

光晕工具 ◎ 可以创建由射线、光晕、闪光中心和环形等组件组成的光晕图形，如图 2-43 所示。光晕图形中还包含中央手柄和末端手柄，手柄可以定位光晕和光环，中央手柄是光晕的明亮中心，光晕路径从该点开始。

光晕的创建方法是：首先在画面中单击，放置光晕中央手柄，然后拖曳鼠标设置中心的大小和光晕的大小，并旋转射线角度（按↑或↓键，可以添加或减少射线）；释放鼠标按键，在画面的另一处再次单击并拖曳，添加光环并放置末端手柄（按↑或↓键，可以添加或减少光环）；最后释放鼠标按键，即可创建光晕图形，如图 2-44 和图 2-45 所示。

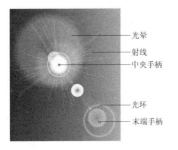

图 2-43

图 2-44

图 2-45

> **提示**
>
> 使用选择工具 ▶ 选择光晕图形，再选择光晕工具 ◎，拖曳中央手柄或末端手柄，可以调整光晕方向和长度。如果双击光晕工具 ◎，则可打开"光晕工具选项"对话框从而修改光晕参数。

## 2.4 对象的基本操作方法

在 Illustrator 中创建图形对象后，可以对它们进行移动位置、调整堆叠顺序、编组以及进行对齐和分布等操作。

### 2.4.1 选择与移动

（1）选择对象

矢量图形由锚点、路径或成组的路径构成，编辑这些对象前，需要先将其准确选择。Illustrator 针对不同的对象提供了相应的选择工具。

● 选择工具 ▶：将光标放在对象上方（光标变为 ▶◦ 状），如图 2-46 所示，单击即可将其选中，所选对象周围会出现一个定界框，如图 2-47 所示。如果单击并拖出一个矩形选框，则可以选择矩形框内的所有对象，如图 2-48 所示。如果要取消选择，可以在远离对象的空白区域单击。

图 2-46

图 2-47

图 2-48

● 魔棒工具 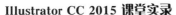：在一个对象上单击，即可选择与其具有相同属性的所有对象，具体属性可以在"魔棒"面板中设置。例如，选中"混合模式"选项后，如图2-49所示，在一个图形上单击，如图2-50所示，可同时选择与该图形混合模式相同的所有对象，如图2-51所示。

图 2-49

图 2-50

图 2-51

**提示**

"容差"值决定了选择范围的大小，该值越高，对图形相似性的要求程度越低，因此，选择范围就越广。

● 编组选择工具 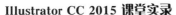：当图形数量较多时，通常会将多个对象编到一个组中，以便于选择和编辑。如果要选择组中的一个图形，可以使用编组选择工具 单击；双击，则可选择对象所在的组。

● "选择"命令："选择 > 对象"子菜单中包含各种选择命令，可以选择文档中特定类型的对象。例如，可以同时选择同一图层中的所有对象、所有文本对象等。

● 用于选择锚点和路径的工具：套索工具 和直接选择工具 可以选择锚点和路径。在"4.6.1 选择与移动锚点和路径"一节中会对这两个工具进行详细介绍。

**小技巧：选择多个对象**

使用选择工具 、魔棒工具 、编组选择工具 选择对象后，如果要添加选择其他对象，可以按住 Shift 键并分别单击它们；如果要取消某些对象的选择，也是按住 Shift 键分别单击它们。此外，选中对象后，按 Delete 键可将其删除。

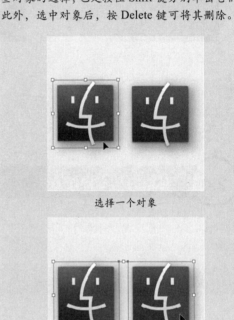

选择一个对象

按住 Shift 键单击其他对象

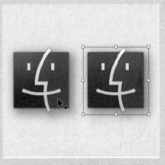

按住 Shift 键单击选中的对象

（2）移动对象

使用选择工具 ▶ 在对象上单击并拖曳即可移动对象，如图 2-52 和图 2-53 所示；按住 Shift 键拖曳鼠标，可以沿水平、垂直或对角线方向移动。选择对象后，按→、←、↑、↓键，可以将所选对象朝相应方向轻微移动 1 个点的距离；如果按住 Shift 键再按方向键，则可以移动 10 个点的距离。按住 Alt 键（光标变为▶状）拖曳，可以复制对象；如图 2-54 所示。

图 2-52

图 2-53

图 2-54

## 2.4.2　调整图形的堆叠顺序

用 Illustrator 绘图时，最先创建的图形被放置在底层，以后创建的对象会依次堆叠在其上方，如图 2-55 所示。如果要调整堆叠顺序，可以选择图形，如图 2-56 所示，然后使用"对象 > 排列"子菜单中的命令进行调整操作，如图 2-57 所示。如图 2-58 所示为执行"置于顶层"命令后的排列效果。

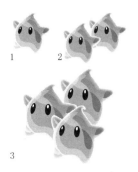

图 2-55

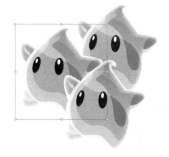

图 2-56

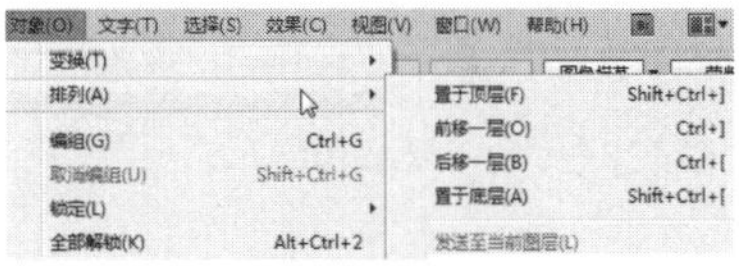

图 2-57

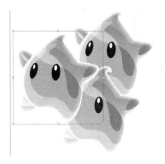

图 2-58

## 2.4.3　编组

复杂的图稿往往由许多个图形组成，如图 2-59 所示。为了便于选择和管理，可以选择多个对象，如图 2-60 所示，执行"对象 > 编组"命令（快捷键为 Ctrl+G），将它们编为一组。在进行移动和变换操作时，组中的对象会一同变化。例如，如图 2-61 所示是将牛头翻转后的效果。编组后的对象还可以与其他对象再次编组，这样的组被称为有嵌套结构的组。

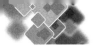

图 2-59

图 2-60

图 2-61

如果要移动组中的对象，可以使用编组选择工具 ▶︎ 在对象上单击并拖曳。如果要取消编组，可以选择组对象，执行"对象 > 取消编组"命令（快捷键为 Shift+Ctrl+G）。对于包含多个组的编组对象，则需要多次执行该命令才能解散所有的组。

**提示**

> 编组有时会改变图形的堆叠顺序。例如，将位于不同图层上的对象编为一个组时，这些图形会调整到同一个图层中。

**小技巧：在隔离模式下编辑图形**

使用选择工具 ▶︎ 双击编组的对象，可以进入隔离模式。在隔离状态下，当前对象（称为"隔离对象"）以全色显示，其他对象变暗，此时可以轻松选择和编辑组中的对象，而不受其他图形的干扰，也不会选择到其他对象。如果要退出隔离模式，可以单击文档窗口左上角的 ◀︎ 按钮。

使用选择工具 ▶︎ 双击编组的对象

进入隔离模式

## 2.4.4 对齐与分布

如果要对齐多个图形，或者让它们按照一定的规则分布，可先将其选中，再单击"对齐"面板中的按钮，如图 2-62 所示。这些按钮分别是：水平左对齐 ▤、水平居中对齐 ▥、水平右对齐 ▤、垂直顶对齐 ▤、垂直居中对齐 ▥、垂直底对齐 ▥、垂直顶分布 ▤、垂直居中分布 ▤、垂直底分布 ▤、水平左分布 ▥、水平居中分布 ▥、水平右分布 ▥。如图 2-63 和图 2-64 所示分别为图形的对齐和分布效果。

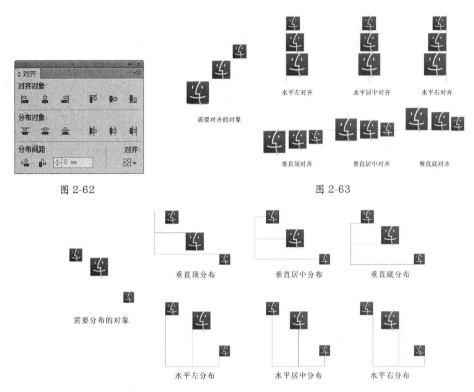

图 2-62

图 2-63

图 2-64

**小技巧：按照设定的距离分布对象**

选择多个对象后，单击其中的一个图形，在"分布间距"文本框中输入数值，然后单击垂直分布间距按钮或水平分布间距按钮，即可让所选图形按照设定的数值均匀分布。

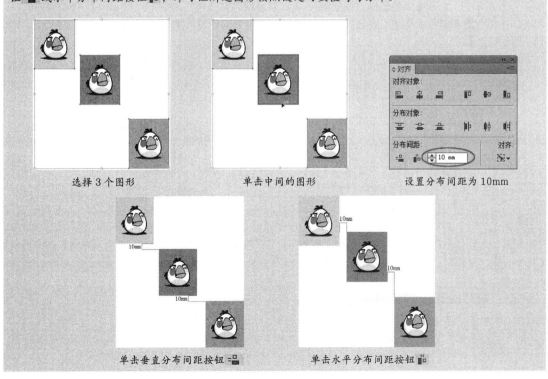

选择 3 个图形　　　　单击中间的图形　　　　设置分布间距为 10mm

单击垂直分布间距按钮　　　　单击水平分布间距按钮

**2.5　填色与描边**

填色是指在图形内部填充颜色、渐变或图案；描边则是指将路径设置为可见的轮廓，使其呈现不同的外观。

**2.5.1　填色与描边设置方法**

要为对象设置填色或描边，首先应选择对象，然后单击工具面板底部的填色或描边图标，将其中的一项设置为当前编辑状态，此后便可在"色板""渐变"和"描边"等面板中设置填色和描边内容，如图 2-65 所示。

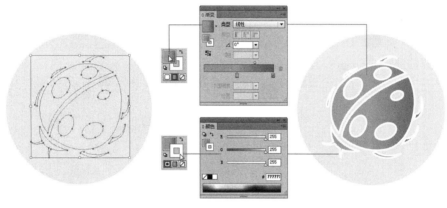

图 2-65

单击默认填色和描边按钮 ⬚，可以将填色和描边颜色设置为默认的颜色（黑色描边、填充白色），如图 2-66 所示；单击互换填色和描边按钮 ↰，可以互换填色和描边，如图 2-67 所示；单击颜色按钮 ▢，可以使用单色进行填色或描边；单击渐变按钮 ▣，可以用渐变色进行填色或描边；单击无按钮 ⬚，可以删除填色或描边。

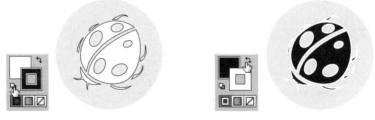

图 2-66　　　　　　　　　　　图 2-67

---

**提示**

按 X 键，可以将工具面板中的填色或描边切换为当前编辑状态；按 Shift+X 键，可以互换填色和描边。例如，填色为白色，描边为黑色，则按 Shift+X 键后，填色变为黑色，描边变为白色。

---

**小技巧：拾取其他图形的填色和描边**

选择一个对象，使用吸管工具 ✐ 在另外一个对象上单击，可以拾取该对象的填色和描边属性并将其应用到所选对象上。如果没有选择任何对象，则使用吸管工具 ✐ 在一个对象上单击（拾取填色和描边属性），然后按住 Alt 键单击其他对象，可以将拾取的属性应用到该对象中。

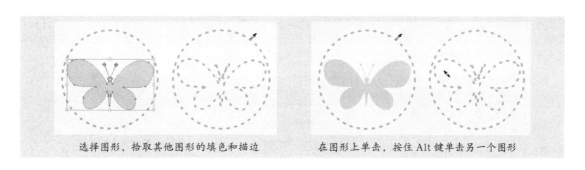

选择图形，拾取其他图形的填色和描边　　　　　在图形上单击，按住 Alt 键单击另一个图形

## 2.5.2　色板面板

　　"色板"面板中包含了 Illustrator 预置的颜色、渐变和图案色板，如图 2-68 所示。选择对象后，单击一个色板，即可将其应用到所选对象的填色或描边中。操作者调出的颜色、渐变或绘制的图案也可以保存到该面板中。例如，想要将一个图形创建为图案，如图 2-69 所示，将其选中后，单击新建色板按钮 🔳，或直接将其拖曳到"色板"面板中即可，如图 2-70 所示。

图 2-68　　　　　　　　　　　　　　图 2-69　　　　　　　　图 2-70

　　为了方便用户使用，Illustrator 还提供了大量的色板库、渐变库和图案库。单击"色板"面板底部的 🔣 按钮，打开下拉菜单即可找到它们，如图 2-71 所示。其中，"色标簿"下拉菜单中包含了印刷中常用的 PANTONE 颜色，如图 2-72 所示。打开一个色板库后，单击面板底部的 ◀ 或 ▶ 按钮，可以切换到相邻的色板库中，如图 2-73 和图 2-74 所示。

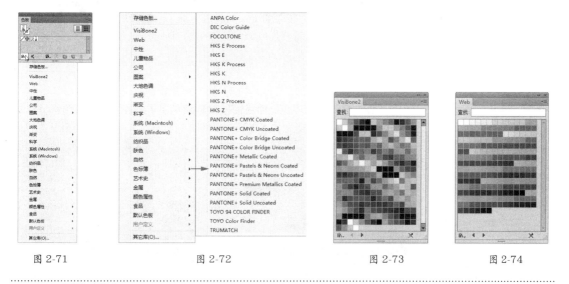

图 2-71　　　　　　　　图 2-72　　　　　　　　图 2-73　　　　　　图 2-74

## 2.5.3　颜色面板

　　在"颜色"面板中，单击填色或描边图标，将其设置为当前编辑状态，如图 2-75 所示，然后拖曳滑

块即可调整颜色，如图 2-76 所示。如果知道颜色的数值，则可以在文本框中输入颜色值并按 Enter 键来精确定义颜色。如果要将颜色调深或调浅，可以按住 Shift 键拖曳一个颜色滑块，此时其他滑块会同时移动，颜色便会变深或变浅，如图 2-77 所示。

图 2-75

图 2-76

图 2-77

拖曳面板底部可将面板拉长，如图 2-78 所示。在色谱上（光标变为 状）单击可以拾取颜色，如图 2-79 所示。如果要取消填色或描边，可以单击面板左下角的□图标。

调整颜色时，如果出现溢色警告⚠，如图 2-80 所示，表示当前颜色超出了 CMYK 色域范围，不能被准确打印。单击警告图标右侧的颜色块，Illustrator 会使用与其最为接近的 CMYK 颜色来替换溢色；如果出现超出 Web 颜色警告图标⬡，则表示当前颜色超出了 Web 安全色的颜色范围，有可能不能在网页上准确显示，单击其右侧的颜色块，Illustrator 会使用与其最为接近的 Web 安全色来替换溢色。

图 2-78

图 2-79

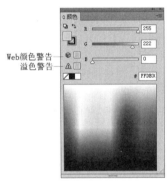
图 2-80

### 2.5.4 颜色参考面板

在"色板"面板中选择一个色板，或使用"颜色"面板调出一种颜色后，"颜色参考"面板会自动生成一系列与之协调的颜色方案，可以作为激发颜色灵感的工具。例如，如图 2-81 所示当前设置的颜色，单击"颜色参考"面板右上角的 按钮，打开下拉菜单，选择"单色"命令，即可生成包含所有相同色相，但饱和度级别不同的颜色组，如图 2-82 所示；选择"高对比色"选项，则可生成一个包含对比色、视觉效果更加强烈的颜色组，如图 2-83 所示。

图 2-81

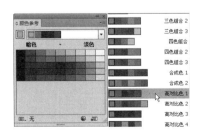
图 2-82

图 2-83

## 2.5.5 描边面板

对图形应用描边后，可以在"描边"面板中设置路径的宽度（粗细）、端点类型和斜角样式等属性，如图 2-84 所示。

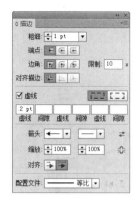

图 2-84

（1）基本选项

● 粗细：用来设置描边线条的宽度，该值越高，描边越粗。

● 端点：可以设置开放式路径两个端点的形状。单击平头端点按钮 ，路径会在终端锚点处结束，如图 2-85 所示，如果要准确对齐路径，该选项非常有用；单击圆头端点按钮 ，路径末端会呈现半圆形的圆滑效果，如图 2-86 所示；单击方头端点按钮 ，会向外延长到描边"粗细"值50%的距离结束描边，如图 2-87 所示。

图 2-85          图 2-86          图 2-87

● 边角：用来设置直线路径中边角处的连接方式，包括斜接连接 、圆角连接 和斜角连接 ，如图 2-88 所示。

斜接连接          圆角连接          斜角连接

图 2-88

● 限制：用来设置斜角的大小，范围为 1～500。

● 对齐描边：如果对象是封闭的路径，可以单击相应的按钮来设置描边与路径的对齐方式，包括使描边居中对齐 、使描边内侧对齐 和使描边外侧对齐 ，如图 2-89 所示。

使描边居中对齐     使描边内侧对齐     使描边外侧对齐

图 2-89

（2）用虚线描边

- 虚线：选择图形，如图2-90所示，勾选"虚线"选项，在"虚线"文本框中设置虚线线段的长度，在"间隙"文本框中设置虚线线段的间距，即可用虚线描边路径，如图2-91和图2-92所示。

图 2-90　　　　　　　　　　图 2-91　　　　　　　　　　图 2-92

- 单击 ▭ 按钮，可以保留虚线和间隙的精确长度，如图2-93所示；单击 ▭ 按钮，可以使虚线与边角和路径终端对齐，并调整到适合的长度，如图2-94所示。

图 2-93　　　　　　　　　　　　　图 2-94

**小技巧：修改虚线样式**

方形端点　　　　　　　　　　圆形端点　　　　　　　　　　扩展虚线端点

（3）为路径的起点和终点添加箭头

- 在"箭头"选项中可以为路径的起点和终点添加箭头，如图2-95和图2-96所示。单击 ⇄ 按钮，可以互换起点和终端箭头。如果要删除箭头，可以在"箭头"下拉列表中选择"无"选项。

- 在"缩放"选项中可以调整箭头的缩放比例。单击 ▨ 按钮，可以同时调整起点和终点箭头的缩放比例。

- 单击 ➵ 按钮，箭头会超过路径的末端，如图2-97所示；单击 ➵ 按钮，可以将箭头放置于路径的终点处，如图2-98所示。

图 2-95

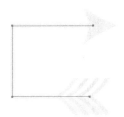

图 2-96

图 2-97

图 2-98

● 配置文件：选择一个配置文件，可以让描边的宽度发生变化。单击  按钮，可以进行纵向翻转；单击 按钮，可以进行横向翻转。

## 2.6 课堂练习：用宽度工具调整描边宽度

使用宽度工具 可以自由调整描边的宽度，让描边呈现粗细变化。下面使用宽度工具、椭圆工具和"描边"面板绘制一个梳妆镜。

**01** 按 Ctrl+N 快捷键，新建一个文档。选择直线段工具 ，按住 Shift 键（可以锁定垂直方向）创建一条竖线，设置描边粗细为 20pt，无填色。单击"描边"面板中的圆头端点按钮 ，如图 2-99 和图 2-100 所示。

**02** 保持路径的选中状态。选择宽度工具 ，将光标放在路径上，如图 2-101 所示，单击并向右侧拖曳，将路径拉宽，如图 2-102 所示。

图 2-99

图 2-100

图 2-101

图 2-102

**03** 在路径的上半段单击并向左侧拖曳，将路径调窄，如图 2-103 和图 2-104 所示。

**04** 继续调整路径的宽度，如图 2-105 ～图 2-107 所示。

图 2-103

图 2-104

图 2-105

图 2-106

图 2-107

**05** 调整路径宽度后，会生成新的控制点，拖曳路径外侧的控制点，可以重新调整路径的宽度，如图 2-108 和图 2-109 所示。拖曳路径上的控制点，可以移动控制点，如图 2-110 和图 2-111 所示。

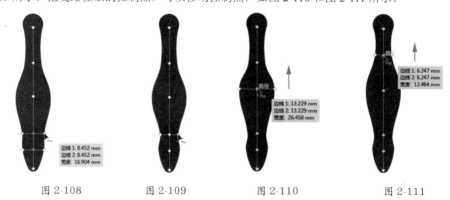

图 2-108　　　　图 2-109　　　　图 2-110　　　　图 2-111

**06** 使用椭圆工具 创建一个椭圆形，设置描边为 40pt，无填色，如图 2-112 所示。保持图形的选中状态，按 Ctrl+C 快捷键复制，按 Ctrl+F 快捷键粘贴到前面。设置描边颜色为白色，描边宽度为 12pt，勾选"描边"面板中的"虚线"选项，并设置"虚线"为 1pt，"间隙"为 20pt，如图 2-113 和图 2-114 所示。

图 2-112　　　　　　　图 2-113　　　　　　　图 2-114

## 2.7　课堂练习：12 星座邮票

**01** 按 Ctrl+O 快捷键，弹出"打开"对话框，选择相关素材文件并将其打开，如图 2-115 所示。单击"图层"面板底部的 按钮，新建"图层 2"，如图 2-116 所示。将光标放在该图层上，单击并向下拖曳，将其移动到"图层 1"下方，如图 2-117 所示。

图 2-115

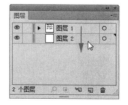

图 2-116　　　　　　　图 2-117

**02** 使用矩形工具  创建一个矩形，填充白色，无描边，如图 2-118 和图 2-119 所示。按 Ctrl+C 快捷键复制，按 Ctrl+B 快捷键，将图形粘贴在后方，设置填充颜色为米黄色，描边颜色为白色，如图 2-120 所示。按住 Shift+Alt 键并拖曳控制点，将图形放大，如图 2-121 所示。

图 2-118      图 2-119      图 2-120      图 2-121

**03** 在"描边"面板中设置描边"粗细"为 2.5pt，勾选"虚线"选项，设置"虚线"为 0.2pt，"间隙"为 4pt，生成邮票齿孔效果，如图 2-122 和图 2-123 所示。

**04** 使用选择工具  按住 Shift 键并单击先前创建的白色矩形，将其与齿孔矩形一同选中，如图 2-124 所示，按 Ctrl+G 快捷键编组。按住 Alt 键并沿水平方向拖曳鼠标，将其复制到另一个图形的下方，然后修改齿孔图形的填充颜色，如图 2-125 所示。采用相同的方法为每一个星座图形都复制一个邮票背景。

图 2-122      图 2-123      图 2-124      图 2-125

## **2.8** 思考与练习

### 一、问答题

1. 通过什么方法可以绘制出具有精确尺寸的直线、矩形、椭圆、圆形和星形？

2. 绘图时可以使用哪些工具对齐图稿？

3. 用 Illustrator 绘图时，图形按照怎样的先后顺序排列？怎样调整堆叠顺序？

4. 什么是隔离模式？怎样进入隔离模式？

5. 使用"颜色"面板调整颜色时，当出现 ⚠ 状和 🎲 状图标时，分别代表了什么？

### 二、上机练习

#### 1. 为照片添加光晕效果

使用光晕工具 🔍 为照片添加漂亮的光晕，如图 2-126 所示。

#### 2. 制作有机玻璃效果图标

打开相关素材，如图 2-127 所示。这些图形都是用最基本的绘图工具绘制的。执行"窗口 > 图形样式库 > 照亮样式"命令，打开该样式库，使用选择工具 🔍 选择一个图形，然后单击面板中的样式，为图形添加样式。采用相同的方法为所有图形都添加样式，即可快速制作出具有真实质感的有机玻璃效果图标，如图 2-128 所示。

图 2-126

图 2-127

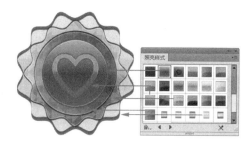

图 2-128

## 2.9 测试题

1.使用弧形工具 时，按（ ）键，可以在开放式图形与闭合图形之间切换。

    A. X                B. C                C. Shift                D. 方向

2.使用"拾色器"和"颜色"面板等设置颜色后，（ ）会自动生成与之协调的颜色方案。

    A."重新着色图稿"对话框                B."色板"面板

    C."颜色"面板                        D."颜色参考"面板

3.使用（ ）可以调整描边的宽度，让描边呈现粗细变化。

    A.形状生成器工具                B.直接选择工具

    C.变形工具                        D.宽度工具

4.当选择工具 移动到未选中的对象或组上方时，光标会变为（ ）状。

    A.                B.                C.                D.

5. 下列关于选择类工具的正确描述是（　　　）。

　　A. 使用选择工具 ▶ 在路径上任何处单击，都可以选中整个图形或整个路径

　　B. 使用直接选择工具 ▷ 可以选择路径上的单个锚点及部分路径，并且可以显示锚点上的方向线

　　C. 使用编组选择工具 ▷⁺ 可以选择成组对象中任何路径上的单个锚点，并且可以显示锚点上的方向线

　　D. 使用选择工具 ▶ 可以选择路径上的单个锚点或部分路径，并且可以显示锚点上的方向线

6. 选择图形并执行"编辑 > 复制"命令后，使用"编辑 > 粘贴"命令粘贴时，下列描述正确的是（　　　）。

　　A. 可以将图形粘贴到原图形的上面，并与原图形重叠

　　B. 可以将图形粘贴到原图形的后面，并与原图形重叠

　　C. 可以将图形粘贴到当前文档窗口的中央

　　D. 可以在所有画板上粘贴图形

7. 填色是指在路径或矢量图形内部填充（　　　）。

　　A. 颜色　　　　　　B. 渐变　　　　　　C. 纹理　　　　　　D. 图案

8. 下列关于描边的描述，哪些是正确的（　　　）。

　　A. 执行"对象 > 路径 > 轮廓化描边"命令，可以将描边转换为路径

　　B. 描边可以填充颜色、渐变和图案

　　C. 虚线描边是描边的一种样式

　　D. "描边"面板中的"端点"选项用来设置开放式路径两个端点的形状

# 第3章

## 图形基础：图形编辑方法

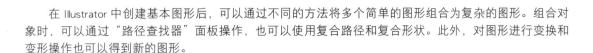

在 Illustrator 中创建基本图形后，可以通过不同的方法将多个简单的图形组合为复杂的图形。组合对象时，可以通过"路径查找器"面板操作，也可以使用复合路径和复合形状。此外，对图形进行变换和变形操作也可以得到新的图形。

## 3.1　图形创意方法

图形（Graphics）是一种说明性的视觉符号，是介于文字和绘画艺术之间的视觉语言形式。人们常把图形喻为"世界语"，因为它能普遍地被人们所看懂。其原因在于，图形比文字更形象、更具体、更直接，它超越了地域和国家，无须翻译，便能实现广泛的传播效应。

### 3.1.1　同构图形

所谓同构图形，指的是两个或两个以上的图形组合在一起，共同构成一个新图形，这个新图形并不是原图形的简单相加，而是一种超越或突变，如图 3-1～图 3-4 所示。

西班牙剪影海报

图 3-1

日本 JAPENGO 餐厅广告

图 3-2

Wella 美发连锁店广告

图 3-3

BIMBO Mizup 方便面广告

图 3-4

### 3.1.2　异影同构图形

客观物体在光的作用下，会产生与之对应的投影，如果投影产生异常的变化，呈现出与原物不同的对应物就叫作异影图形，如图 3-5 所示。

乐高玩具广告

图 3-5

### 3.1.3　肖形同构图形

所谓"肖"即为相像、相似的意思。肖形同构是以一种或几种物形的形态去模拟另一种物形的形态。它既可以是二维平面的物形组成的肖形图形，也可以是三维立体的肖形图形，即由生活中现成的对象组成的图形，如图 3-6 所示。

网站广告

图 3-6

### 3.1.4　置换同构图形

置换同构是将对象的某一特定元素与另一种本不属于其物质的元素进行非现实的构造（偷梁换

柱），产生一种具有新意的、奇特的图形，如图 3-7 所示。这种对物形元素的置换会破坏事物正常的逻辑关系。

Evian 矿泉水广告

图 3-7

### 3.1.5　解构图形

解构图形是指将物象分割、拆解，使其化整为零，再进行重新排列组合，产生新的图形，如图 3-8 所示。解构并不添加新的视觉内容，而是仅以原形元素的重复或重构组合来创造图形。

Scrabble 拼字游戏

图 3-8

### 3.1.6　减缺图形

减缺图形是指用单一的视觉形象去创作简化的图形，使图形在减缺形态下，仍能充分体现其造型特点，并利用图形的缺失、不完整，来强化想要突出的特征，如图 3-9 所示。

Blue Soft Drink 蓝色软饮广告

图 3-9

### 3.1.7　正负图形

正负图形是指正形与负形相互借用，造成在一个大图形结构中隐含着其他小图形的情况，如图 3-10 所示。

插画师 Tang Yau Hoong 的作品

图 3-10

### 3.1.8　双关图形

双关图形是指一个图形可以解读为两种不同的物形，并通过这两种物形直接的联系产生意义，传递高度简化的视觉信息，如图 3-11 所示。

双关图形：男人、女人

图 3-11

### 3.1.9　文字图形

文字图形是指分析文字的结构，进行形态的重组与变化，以点、线、面的方式让文字构成抽象或具象的有某种意义的图形，使其产生新的含义，如图 3-12 所示。

澳大利亚邮政局广告

图 3-12

### 3.1.10 叠加图形

将两个或多个图形以不同的形式进行叠加处理，产生不同效果的手法称为叠加，如图 3-13 所示。经过叠合后的图形能彻底打破现实视觉与想象图形间的沟通障碍，让人们在对图形的理性辨识中去理解图形所要表现的含义。

德国 Beate Uhse 电视台广告

图 3-13

### 3.1.11 矛盾空间图形

矛盾空间是创作者刻意违背透视原理，利用平面的局限性及视觉的错觉，制造出的实际空间中无法存在的空间形式。在矛盾空间中出现的同视觉空间毫不相干的矛盾图形，称为矛盾空间图形，如图 3-14 ～图 3-16 所示。

相对性（埃舍尔）

图 3-14

大众汽车广告　　　　松屋百货招贴（福田繁雄）

图 3-15　　　　　　　图 3-16

### 3.1.12 有趣的错视现象

在视觉活动中，常常会出现看到的对象与客观事物不一致的现象，这种知觉称为错视。错视一般分为由图像本身构造而导致的几何学错视、由感觉器官引起的生理错视以及心理原因导致的认知错视。如图 3-17 所示为几何学错视——弗雷泽图形，它是一个产生角度、方向错视的图形，被称作错视之王，漩涡状图形实际是同心圆；如图 3-18 所示为生理错视——赫曼方格，单看这是一个个黑色的方块，而整张图一起看，则会发现方格与方格之间的对角出现了灰色的小点；如图 3-19 所示为认知错视——鸭兔错觉，它既可以看作是一只鸭子的头，也可以看作是一只兔子的头。

 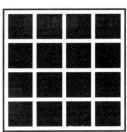

弗雷泽图形　　　　　赫曼方格

图 3-17　　　　　　　图 3-18

鸭兔错觉

图 3-19

## 3.2 组合图形

在 Illustrator 中，很多看似复杂的图稿，往往是由多个简单的图形组合而成的，这要比直接绘制复杂对象简单得多。选择两个或更多的图形后，单击"路径查找器"面板中的按钮，即可组合对象，如图 3-20 所示。

图 3-20

### 3.2.1 路径查找器面板

- 联集 : 将选中的多个图形合并为一个图形。合并后，轮廓线及其重叠的部分融合在一起，最前面对象的颜色决定了合并后的对象颜色，如图 3-21 和图 3-22 所示。

图 3-21　　　　图 3-22

- 减去顶层 : 用最后面的图形减去其前面的所有图形，保留后面图形的填色和描边，如图 3-23 和图 3-24 所示。

图 3-23　　　　图 3-24

- 交集 : 只保留图形的重叠部分，删除其他部分，重叠部分显示为最前面图形的填色和描边，如图 3-25 和图 3-26 所示。

图 3-25　　　　　　图 3-26

- 差集 : 只保留图形的非重叠部分，重叠部分被挖空，最终的图形显示为最前面图形的填色和描边，如图 3-27 和图 3-28 所示。

图 3-27

图 3-28

- 分割 : 对图形的重叠区域进行分割，使之成为单独的图形，分割后的图形可以保留原图形的填色和描边，并自动编组。如图 3-29 所示为在图形上创建的多条路径；如图 3-30 所示为对图形进行分割后填充不同颜色的效果。

图 3-29　　　　　　　　图 3-30

- 修边 ：将后面图形与前面图形重叠的部分删除，保留对象的填色，无描边，如图3-31和图3-32所示。

图 3-31

图 3-32

- 合并 ：不同颜色的图形合并后，最前面的图形保持形状不变，与后面图形重叠的部分将被删除。如图3-33所示为原图形；如图3-34所示为合并后将图形移开的效果。

图 3-33

图 3-34

- 裁剪 ：只保留图形的重叠部分，最终的图形无描边，并显示为最后面图形的颜色，如图3-35和图3-36所示。

图 3-35　　　　　　　　图 3-36

- 轮廓 ：只保留图形的轮廓，轮廓的颜色为它自身的填色，如图3-37和图3-38所示。

图 3-37　　　　　　　　图 3-38

- 减去后方对象 ：用最前面的图形减去其后面的所有图形，保留最前面图形的非重叠部分及描边和填色，如图3-39和图3-40所示。

图 3-39

图 3-40

## 3.2.2 复合形状

在"路径查找器"面板中，最上面一排是"形状模式"按钮。打开一个文件，如图3-41所示，

选择画板中的图形后，单击这些按钮，即可组合对象并改变图形的结构。例如，单击联集按钮 ，如图 3-42 所示，这两个图形会合并为一个图形，如图 3-43 所示。

图 3-41　　　　　　　　图 3-42

图 3-43

如果按住 Alt 键并单击联集按钮 ，则可以创建复合形状。复合形状能够保留原图形各自的轮廓，因而对图形的处理是非破坏性的，如图 3-44 所示。可以看到，图形的外观虽然变为一个整体，但两个图形的轮廓完好无损。

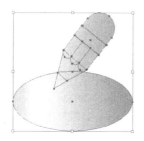

图 3-44

创建复合形状后，单击扩展按钮，可以删除多余的路径。如果要释放复合形状，即将原有图形重新分离出来，可以选择对象，打开"路径查找器"面板菜单，选择其中的"释放复合形状"命令即可。

**提示**

"效果"菜单中包含各种"路径查找器"效果，使用它们组合对象后，也可以选择和编辑原始对象，并且可通过"外观"面板修改或删除效果。但这些效果只能应用于组、图层和文本对象。

### 3.2.3　复合路径

复合路径是由一条或多条简单的路径组合而成的图形，可以产生挖空效果，即路径的重叠处会呈现孔洞。如图 3-45 所示为两个图形，将它们选中，执行"对象 > 复合路径 > 建立"命令，即可创建复合路径，它们会自动编组，并应用最后面对象的填充内容和样式，如图 3-46 所示。

图 3-45　　　　　　　　图 3-46

使用直接选择工具 ▶ 或编组选择工具 ▶ 选择部分对象并进行移动时，复合路径的孔洞也会随之变化，如图 3-47 所示。如果要释放复合路径，可以选中对象，执行"对象 > 复合路径 > 释放"命令。

图 3-47

**提示**

创建复合路径时，所有对象都使用最后面对象的填充内容和样式，此时不能改变单独一个对象的外观属性、图形样式和效果，也无法在"图层"面板中单独处理对象。

### 3.2.4　形状生成器工具

形状生成器工具 ⬚ 可以合并或删除图形。

选择多个图形，如图 3-48 所示，使用形状生成器工具 ⬚ 在一个图形上方单击，然后向另一个图形拖曳鼠标，即可将这两个图形合并，如图 3-49 和图 3-50 所示。按住 Alt 键并单击一个图形，则可将其删除，如图 3-51 所示。

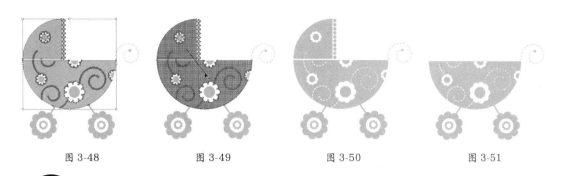

| 图 3-48 | 图 3-49 | 图 3-50 | 图 3-51 |

## 3.3 变换操作

变换操作是指对图形进行移动、旋转、缩放、镜像和倾斜等操作。如果要进行自由变换，拖曳对象的定界框即可；如果要精确变换，则可以通过各种变换工具的选项对话框或"变换"面板来完成。

### 3.3.1 中心点和参考点

使用选择工具 ▶ 单击对象时，其周围会出现一个定界框，如图 3-52 所示。定界框四周的小方块是控制点，中央的 ▪ 状图标是中心点，拖曳控制点时，对象会以中心点为基准进行旋转或缩放，如图 3-53 所示为旋转效果。

使用旋转工具 ↻、镜像工具 ◁、比例缩放工具 ▱ 和倾斜工具 ⬚ 时，在窗口中单击并拖曳，会基于中心点变换对象。如果要让对象围绕其他参考点变换，可以在画板中的任意一点单击，重新定义参考点（◈ 状图标）的位置，如图 3-54 所示，然后再拖曳鼠标进行相应的变换操作，如图 3-55 所示。此外，如果按住 Alt 键并单击，则会弹出一个对话框，在该对话框中可以设置缩放比例、旋转角度等选项，从而实现精确变换。如果要将参考点重新恢复到对象的中心，可以双击旋转等变换工具，在打开的对话框中单击"取消"按钮。

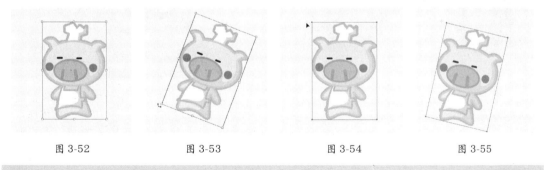

| 图 3-52 | 图 3-53 | 图 3-54 | 图 3-55 |

---

**提示**

在 Illustrator 中，定界框可以为红色、黄色和蓝色等不同颜色，这取决于图形所在图层的颜色。因此，修改图层的颜色时，定界框的颜色也会随之改变。关于图层颜色的设置方法，请参阅"7.2.1 图层面板"一节。如果要隐藏定界框，可以执行"视图 > 隐藏定界框"命令。

---

### 3.3.2 移动对象

使用选择工具 ▶ 在对象上方单击并拖曳即可移动对象，如图 3-56 和图 3-57 所示。按住 Shift 键可沿水平、垂直或对角线方向移动。如果要精确定义移动距离，可以先选择对象，然后双击选择工具 ▶，打开"移动"对话框设置参数，如图 3-58 所示。

图 3-56　　　　　　图 3-57

图 3-58

### 3.3.3　旋转对象

（1）使用选择工具操作

使用选择工具 选择对象，如图 3-59 所示，将光标放在定界框外，当光标变为 状时，单击并拖曳即可旋转对象，如图 3-60 所示。

图 3-59　　　　　　图 3-60

（2）使用旋转工具操作

选择对象后，使用旋转工具 在窗口中单击并拖曳即可旋转对象。如果要精确定义旋转角度，可以双击该工具，打开"旋转"对话框并进行设置，如图 3-61 所示。

图 3-61

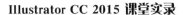

进行旋转操作后，对象的定界框也会发生旋转。如果要复位定界框，即将其恢复为水平状，可以执行"对象＞变换＞重置定界框"命令。

### 3.3.4　缩放对象

（1）使用选择工具操作

使用选择工具 选中对象，如图 3-62 所示，将光标放在定界框边角的控制点上，当光标变为 、 、 、 状时，单击并拖曳可以拉伸对象；按住 Shift 键操作可实现等比缩放，如图 3-63 所示。

图 3-62

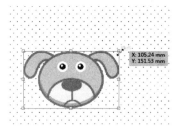

图 3-63

（2）使用比例缩放工具操作

选择对象后，使用比例缩放工具 在窗口中单击并拖曳可以拉伸对象，按住 Shift 键操作可进行等比缩放。如果要精确定义缩放比例，可以双击该工具，打开"比例缩放"对话框并设置参数，如图 3-64 所示。

图 3-64

### 3.3.5 镜像对象

（1）使用选择工具操作

使用选择工具 选中对象后，将光标放在定界框中央的控制点上，单击并向图形另一侧拖曳可以翻转对象。

（2）使用镜像工具操作

选择对象后，使用镜像工具 在窗口中单击，指定镜像轴上的一点（不可见），如图 3-65 所示，释放鼠标按键，在另一处位置单击，确定镜像轴的第二个点，此时所选对象便会基于定义的轴进行翻转；按住 Alt 键操作可以复制对象，制作出倒影效果，如图 3-66 所示；按住 Shift 键并拖曳鼠标，可以将角度限制为 90°。如果要准确定义镜像轴或旋转角度，可以双击该工具，打开"镜像"对话框并设置参数，如图 3-67 所示。

图 3-65 图 3-66

图 3-67

### 3.3.6 倾斜对象

选中对象，如图 3-68 所示，使用倾斜工具 在窗口中单击，随后向左、右拖曳鼠标（按住 Shift 键可保持其原始高度）可以沿水平轴倾斜对象，如图 3-69 所示；上、下拖曳鼠标（按住 Shift 键可保持其原始宽度）可以沿垂直轴倾斜对象，如图 3-70 所示；按住 Alt 键操作可以复制对象，这种方法特别适合制作投影效果，如图 3-71 所示。如

果要精确定义倾斜方向和角度，可以双击该工具，打开"倾斜"对话框并设置参数，如图 3-72 所示。

图 3-68 图 3-69

图 3-70 图 3-71

图 3-72

**小技巧：使用自由变换工具进行变换操作**

自由变换工具 可以灵活地对所选对象进行变换操作。进行移动、旋转和缩放操作，与通过定界框操作完全相同。该工具的特别之处是可以进行斜切、扭曲和透视变换。

● 斜切：在边角的控制点上单击，然后按 Ctrl+Alt 快捷键并拖曳鼠标即可进行斜切操作。

● 扭曲：在边角的控制点上单击，然后按住 Ctrl 键并拖曳鼠标即可进行扭曲操作。

● 透视扭曲：在边角的控制点上单击，然后按 Shift+Alt+Ctrl 快捷键并拖曳鼠标即可进行透视扭曲。

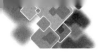

**小技巧：单独变换图形、图案、描边和效果**

如果对象设置了描边、填充了图案或添加了效果，则可以在"移动""旋转""比例缩放"和"镜像"
对话框中通过设置选项，单独对描边、图案和效果应用变换，而不影响图形，也可以单独变换图形，
或者同时变换所有内容。

圆形添加了图案和描边　　　　　　"比例缩放"对话框

● 比例缩放描边和效果：选择该选项后，描边和效果会与对象一同变换；取消选择时，仅变换对象。

● 变换对象 / 变换图案：选择"变换对象"选项时，仅变换对象，图案保持不变；选择"变换图案"
选项时，仅变换图案，对象保持不变；两项都选择，则对象和图案会同时变换。

仅缩放圆形图形　　　　　　　缩放描边和图案　　　　　　　同时缩放所有内容

### 3.3.7　变换面板

"变换"面板可以进行精确的变换操作，如图 3-73 所示。选择对象后，只需在面板的选项中输入数
值并按 Enter 键，即可进行变换处理。此外，使用菜单中的命令可以对图案和描边等单独应用变换，如图 3-74
所示。

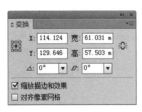

图 3-73　　　　　　　　　　　　　　　　图 3-74

● 参考点定位器　：进行移动、旋转和缩放操作时，对象以参考点为基准进行变换。在默认情况下，
参考点位于对象的中心，如果要改变它的位置，可以单击参考点定位器上的空心小方块。

● X/Y：分别代表了对象在水平和垂直方向上的位置，在这两个选项中输入数值可精确定位对象在
文档窗口中的位置。

- 宽/高：分别代表了对象的宽度和高度，在这两个文本框中输入数值可以将对象缩放到指定的宽度和高度。如果单击选项右侧的 <img> 按钮，则可进行等比缩放。

- 旋转 <img>：可以输入对象的旋转角度。

- 倾斜 <img>：可以输入对象的倾斜角度。

- 缩放描边和效果：对描边和效果应用变换。

- 对齐像素网格：将对象对齐到像素网格上，使对齐效果更加精准。在进行网页设计时，该选项十分有用。

## 3.4 变形操作

Illustrator 的工具面板中有 7 种液化类工具，可以进行变形操作，如图 3-75 所示。使用这些工具时，在对象上方单击或单击并拖曳涂抹，即可按照特定的方式扭曲对象，如图 3-76 所示。

液化类工具

图 3-75

选择一个图形

用变形工具处理

用旋转扭曲工具处理

用缩拢工具处理

用膨胀工具处理

用扇贝工具处理

用晶格化工具处理

用皱褶工具处理

图 3-76

- 变形工具 <img>：可以自由扭曲对象。

- 旋转扭曲工具 <img>：可以产生漩涡状的变形效果。

- 缩拢工具 <img>：可以使对象产生向内的收缩效果。

- 膨胀工具 ◇：可以使对象产生向外的膨胀效果。

- 扇贝工具 ⌇：可以向对象的轮廓添加随机弯曲的细节，创建类似贝壳表面的纹路效果。

- 晶格化工具 ⌇：可以向对象的轮廓添加随机锥化的细节。该工具与扇贝工具的作用相反，扇贝工具产生向内的弯曲，而晶格化工具产生向外的尖锐凸起。

- 皱褶工具 ⌒：可以向对象的轮廓添加类似于皱褶的细节，使其产生不规则的起伏。

**提示**

- 使用液化类工具时，不必选中对象便可直接进行处理，如果要将扭曲限定为一个或者多个对象，可以先选中这些对象，然后再对其进行扭曲。

- 在文档窗口中按住 Alt 键并拖曳鼠标，可以调整工具的大小。

- 使用除变形工具 ⌇ 以外的其他工具时，在对象上方单击时，按住鼠标按键的时间越长，扭曲效果越强烈。

- 液化类工具不能扭曲链接的文件或包含文本、图形以及符号对象。

## 3.5 课堂练习：爱心图形

**01** 按 Ctrl+N 快捷键，新建一个文档。使用椭圆工具 ◯ 按住 Shift 键创建一个正圆形，填充粉色，无描边，如图 3-77 所示。使用选择工具 ▶，按住 Alt+Shift 快捷键并沿水平方向拖曳鼠标，复制图形，如图 3-78 所示。

图 3-77　　　　　　　　　　　　　　　图 3-78

**02** 使用选择工具 ▶ 拖出一个选框，选取这两个图形，如图 3-79 所示，单击"路径查找器"面板中的 ⌇ 按钮，将它们合并，如图 3-80 和图 3-81 所示。

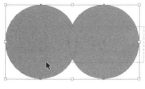

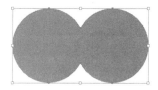

图 3-79　　　　　　　　　　图 3-80　　　　　　　　　　图 3-81

**03** 选择钢笔工具 ✎，将光标放在如图 3-82 所示的锚点上单击，删除该锚点，如图 3-83 所示。将另一个锚点也删除，如图 3-84 和图 3-85 所示。

图 3-82　　　　　　图 3-83　　　　　　图 3-84　　　　　　图 3-85

**04** 选择转换锚点工具 ▷，将光标放在如图 3-86 所示的锚点上单击，将锚点的方向线删除，如图 3-87 所示。使用直接选择工具 ▷，将光标放在锚点上，如图 3-88 所示，单击并按住 Shift 键向下方拖曳，移动锚点，如图 3-89 所示。

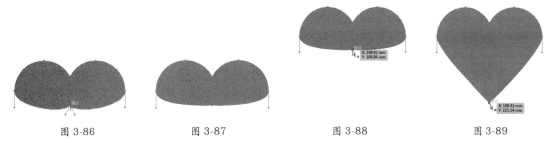

图 3-86 　　　　　　　 图 3-87 　　　　　　　 图 3-88 　　　　　　　 图 3-89

**05** 将光标放在方向点上，如图 3-90 所示，单击并按住 Shift 键向下拖曳，移动方向点，如图 3-91 所示。采用相同的方法拖曳另一侧的方向点，如图 3-92 和图 3-93 所示。

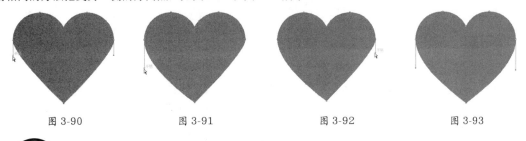

图 3-90 　　　　　　　 图 3-91 　　　　　　　 图 3-92 　　　　　　　 图 3-93

## 3.6 课堂练习：眼镜图形

**01** 按 Ctrl+O 快捷键，打开上一个实例的效果文件。用选择工具 ▷ 选取心形，如图 3-94 所示，将其填充颜色设置为黄色，如图 3-95 和图 3-96 所示。

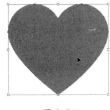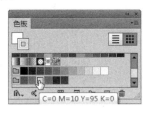

图 3-94 　　　　　　　 图 3-95 　　　　　　　 图 3-96

**02** 按 Ctrl+C 快捷键复制，按 Ctrl+F 快捷键粘贴到前面。执行"窗口 > 色板库 > 图案 > 基本图形 > 基本图形 _ 点"命令，打开该面板。单击如图 3-97 所示的图案，为图形填充该图案，如图 3-98 所示。

**03** 双击比例缩放工具 ▣，打开"比例缩放"对话框，设置缩放数值并勾选"变换图案"选项，将图案放大，如图 3-99 和图 3-100 所示。

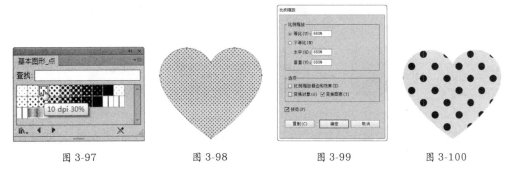

图 3-97 　　　　　　　 图 3-98 　　　　　　　 图 3-99 　　　　　　　 图 3-100

**04** 使用圆角矩形工具  创建一个圆角矩形，如图 3-101 所示。在其旁边创建一个大一些的圆角矩形，如图 3-102 所示。使用选择工具 选取这两个图形，单击"路径查找器"面板中的 按钮将它们合并，如图 3-103 和图 3-104 所示。

| 图 3-101 | 图 3-102 | 图 3-103 | 图 3-104 |

**05** 再创建一个圆角矩形，如图 3-105 所示，按 Ctrl+C 快捷键复制。用选择工具 选取图形，如图 3-106 所示，单击"路径查找器"面板中的 按钮，进行相减运算，如图 3-107 和图 3-108 所示。

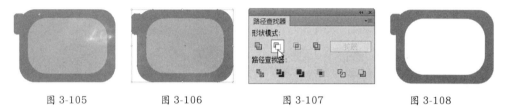

| 图 3-105 | 图 3-106 | 图 3-107 | 图 3-108 |

**06** 按 Ctrl+F 快捷键粘贴图形，如图 3-109 所示。用选择工具 选取图形，选择镜像工具 将光标放在如图 3-110 所示的位置，按住 Alt 键并单击，弹出"镜像"对话框并选择"垂直"选项，如图 3-111 所示，单击"复制"按钮复制图形，如图 3-112 所示。

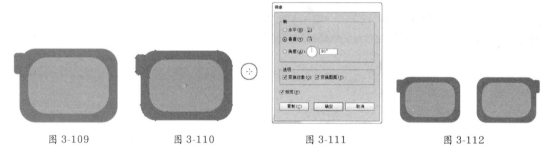

| 图 3-109 | 图 3-110 | 图 3-111 | 图 3-112 |

**07** 使用直线段工具 按住 Shift 键创建一条直线，如图 3-113 所示。选择宽度工具 ，将光标放在直线中央，如图 3-114 所示，单击并拖曳将直线中央的宽度调窄，如图 3-115 所示。

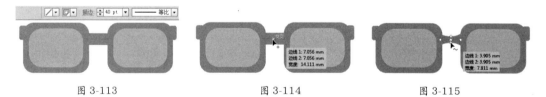

| 图 3-113 | 图 3-114 | 图 3-115 |

**08** 执行"对象 > 路径 > 轮廓化描边"命令，将路径转换为轮廓，如图 3-116 所示。使用选择工具 按住 Shift 键并单击两个眼镜框图形，将这两个图形与横梁同时选取，如图 3-117 所示，单击"路径查找器"面板中的 按钮，将它们合并，如图 3-118 所示。

| 图 3-116 | 图 3-117 | 图 3-118 |

**09** 选取眼镜片图形，如图 3-119 所示，在"透明度"面板中设置不透明度为 40%，如图 3-120 所示。最后将眼镜拖曳到心形图形上，如图 3-121 所示。

图 3-119　　　　　　　　　　图 3-120　　　　　　　　　　图 3-121

## 3.7　课堂练习：太极图

**01** 使用椭圆工具 ⬭ 按住 Shift 键创建一个圆形，如图 3-122 所示。使用选择工具 ▶，按住 Alt+Shift 键单击并拖曳图形，进行复制，如图 3-123 所示。

**02** 在这两个圆形的外侧创建一个大圆，如图 3-124 所示。按 Shift+Ctrl+[ 快捷键，将大圆移动到底层，如图 3-125 所示。

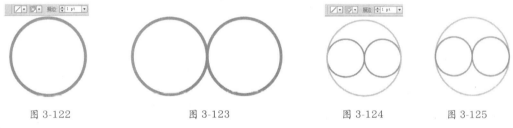

图 3-122　　　　　　　图 3-123　　　　　　　图 3-124　　　　　　　图 3-125

**03** 执行"视图 > 智能参考线"命令，启用智能参考线。使用直接选择工具 ▷，将光标放在路径上捕捉锚点，如图 3-126 所示，单击选取锚点，如图 3-127 所示，按 Delete 键将其删除，如图 3-128 所示。选取另一个圆形的锚点并删除，如图 3-129 和图 3-130 所示。

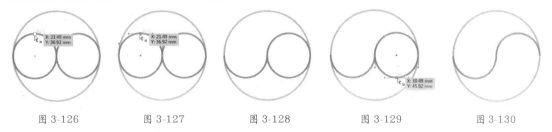

图 3-126　　　　　图 3-127　　　　　图 3-128　　　　　图 3-129　　　　　图 3-130

**04** 使用选择工具 ▶，按住 Shift 键并单击这两个半圆图形，将它们选中，如图 3-131 所示，按 Ctrl+J 快捷键，将路径连接在一起。按住 Shift 键并单击外侧的大圆，将它们同时选取，如图 3-132 所示，单击"路径查找器"面板中的 ⬚ 按钮，如图 3-133 所示，用线条分割圆形，如图 3-134 所示。

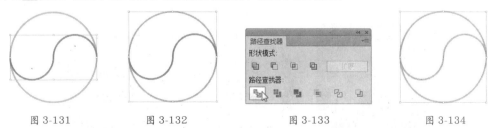

图 3-131　　　　　　图 3-132　　　　　　图 3-133　　　　　　图 3-134

**05** 使用编组选择工具 ▶⁺，单击下方的图形将其选中，如图 3-135 所示，修改其填充颜色，如图 3-136 和图 3-137 所示。最后，将前一小节制作心形图形拖放到该文档中，完成太极图形的制作，如图 3-138 所示。

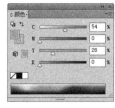

图 3-135　　　　　　图 3-136　　　　　　图 3-137　　　　　　图 3-138

## 3.8　课堂练习：制作小徽标

**01** 按 Ctrl+N 快捷键，创建一个文档。选择星形工具 ⭐，在画板中心单击，弹出"星形"对话框并设置参数，如图 3-139 所示。创建一个星形，设置填充颜色为黄色，描边宽度为 5pt，如图 3-140 所示。

**02** 保持图形的选中状态。按 Ctrl+C 快捷键复制，按 Ctrl+B 快捷键粘贴在原图形后面。按住 Alt+Shift 键并拖曳控制点，将图形等比例放大，如图 3-141 所示，再进行旋转，如图 3-142 所示。

图 3-139　　　　　　图 3-140　　　　　　图 3-141　　　　　　图 3-142

**03** 将图形的填充颜色设置为蓝色，如图 3-143 所示。采用相同的方法再复制一个图形（即按 Ctrl+C 快捷键复制图形，按 Ctrl+B 快捷键贴在原图形后面，再放大并旋转），设置填充颜色为红色，如图 3-144 所示。

**04** 使用椭圆工具 ⬭ 按住 Shift 键创建一个圆形，设置描边颜色为红色，宽度为 4pt，无填色，如图 3-145 所示。勾选"描边"面板中的"虚线"选项并设置参数，创建虚线描边，如图 3-146 和图 3-147 所示。

图 3-143　　　　　　图 3-144　　　　　　图 3-145　　　　　　图 3-146　　　　　　图 3-147

**05** 按 Ctrl+A 快捷键，选中所有图形，单击"对齐"面板中的水平居中对齐 🎮 和垂直居中对齐 ⬛ 按钮，将图形对齐。最后，可以使用矩形工具 ⬛ 创建一个矩形作为背景，再打开相关素材，将装饰图形加入画面中，效果如图 3-148 所示。

图 3-148

## 3.9 课堂练习：制作蝴蝶

**01** 执行"窗口>符号库>花朵"命令，打开"花朵"面板，将玫瑰符号样本拖曳到画板中，如图 3-149 和图 3-150 所示。

**02** 选择符号着色器工具 🖋，将填充颜色设置为粉色，在符号上单击，改变符号的颜色，如图 3-151 所示。

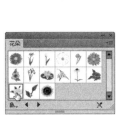

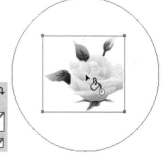

图 3-149　　　　　　　　　　图 3-150　　　　　　　　　　图 3-151

**03** 选择旋转工具 ⟳，将光标放在如图 3-152 所示的位置，按住 Alt 键并单击，在弹出的对话框中设置旋转角度为 –10°，如图 3-153 所示，单击"复制"按钮复制图形，如图 3-154 所示。

图 3-152　　　　　　　　　　图 3-153　　　　　　　　　　图 3-154

**04** 保持对象的选中状态，连续按 Ctrl+D 快捷键（一共按 11 次），旋转并复制出新的图形，如图 3-155 所示。按 Ctrl+A 快捷键全选，按 Ctrl+G 快捷键编组，再用旋转工具 ⟳ 将对象逆时针旋转，如图 3-156 所示。

**05** 选择镜像工具 🪞，按住 Alt 键并在如图 3-157 所示的位置单击，在弹出的对话框中选择"垂直"选项，如图 3-158 所示，单击"复制"按钮复制图形，如图 3-159 所示。按 Ctrl+A 快捷键全选，按 Ctrl+G 快捷键编组。

图 3-155　　　　　图 3-156　　　　　图 3-157　　　　　图 3-158　　　　　图 3-159

**06** 使用矩形工具 ▭ 绘制一个矩形。选择旋转扭曲工具 ⟳，将光标放在如图 3-160 所示的位置，按住鼠标按键，在图形发生旋转时迅速向下拖曳（鼠标轨迹为一个小的弧线），扭曲图形，如图 3-161 所示。

图 3-160             图 3-161

**07** 将图形放到花纹图案上，如图 3-162 所示。选择镜像工具 ，按住 Alt 键并在图案的中心单击，在弹出的对话框中选择"垂直"选项，单击"复制"按钮进行复制，如图 3-163 所示。选择这两个花纹图案，按 Ctrl+G 快捷键编组，按 Ctrl+C 快捷键复制，按 Ctrl+F 快捷键将其粘贴在前面，将图形的颜色改为粉色。按住 Shift 键并拖曳定界框上的控制点，将花纹等比缩小，如图 3-164 所示。

图 3-162             图 3-163             图 3-164

**08** 选择镜像工具 ，按住 Shift 键并拖曳粉色的花纹图案，将其垂直镜像，按住 Ctrl 键将该图案向下拖曳，如图 3-165 所示。再次按 Ctrl+F 快捷键粘贴花纹图案，将图形的颜色改为浅粉色，如图 3-166 所示。

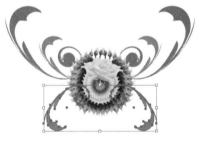

图 3-165                         图 3-166

**09** 选择花纹图案，按 Ctrl+G 快捷键编组，按 Ctrl+[ 快捷键将其向后移动，如图 3-167 所示。最后可以为蝴蝶添加一些文字和背景图案，如图 3-168 所示。

图 3-167                     图 3-168

- 变形工具：可以自由扭曲对象。

- 旋转扭曲工具：可以产生漩涡状的变形效果。

- 缩拢工具：可以使对象产生向内的收缩效果。

- 膨胀工具：可以使对象产生向外的膨胀效果。

- 扇贝工具：可以向对象的轮廓添加随机弯曲的细节，创建类似贝壳表面的纹路效果。

- 晶格化工具：可以向对象的轮廓添加随机的锥化细节。该工具与扇贝工具的作用相反，扇贝工具产生向内的弯曲，而晶格化工具产生向外的尖锐凸起。

- 皱褶工具：可以向对象的轮廓添加类似于皱褶的细节，使其产生不规则的起伏。

**提示**

- 使用液化类工具时，不必选择对象便可以直接进行处理，如果要将扭曲限定为一个或者多个对象，可以先选择这些对象，然后再对其进行扭曲。

- 在文档窗口中按住 Alt 键并拖曳鼠标，可以调整工具的大小。

- 使用除变形工具以外的其他工具时，在对象上方单击时，按住鼠标按键的时间越长，扭曲效果越强烈。

- 液化类工具不能扭曲链接的文件或包含文本、图形以及符号的对象。

## 3.10 思考与练习

### 一、问答题

1. 使用"路径查找器"面板合并图形与创建复合形状有何区别？

2. 当需要单独变换（如旋转）对象的填色图案或描边图案时，可以采取哪些方法？

3. 与选择工具 ▶ 相比，自由变换工具 ﹡ 除了可以移动、旋转和缩放，还能进行哪些变换操作？

4. 在默认情况下，定界框的颜色是蓝色，如果要将其修改为红色，应该怎样操作？

5. 在"变换"面板中，X 和 Y 分别代表了什么？有什么用途？

### 二、上机练习

#### 1.制作纸钞纹样

使用极坐标网格工具 ⊕ 在画板中单击，弹出"极坐标网格工具选项"对话框，设置参数创建网格图形，如图 3-169 所示。选择旋转工具 ↻ ，将光标放在网格图形的底边上，如图 3-170 所示。按住 Alt 键并单击，弹出"旋转"对话框，设置"角度"为 45°，单击"复制"按钮复制图形，关闭对话框后，连续按 Ctrl+D 快捷键变换并复制图形，即可制作出纸钞纹样，如图 3-171 所示。

使用椭圆工具 ◯ 创建一个圆形，在"透明度"面板中调整它的不透明度和混合模式，如图 3-172 所示。采用相同的方法复制图形，当图形堆叠在一起时，会呈现特殊的花纹效果，如图 3-173 所示。花朵也可以进行颜色变化。

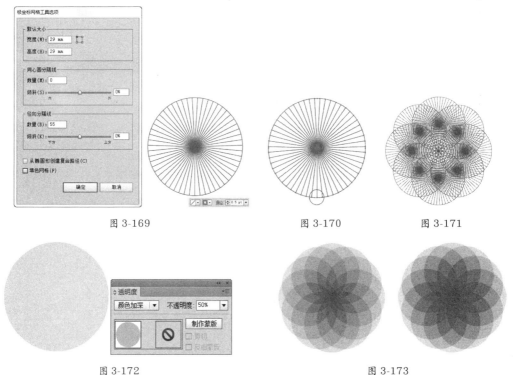

图 3-169            图 3-170            图 3-171

图 3-172                    图 3-173

### 2. 妙手生花

打开相关素材中的图形素材，将其选中，通过"对象 > 变换 > 分别变换"命令，将图形旋转并缩小，然后连续按 Ctrl+D 快捷键，即可得到一个完整的花朵图形，如图 3-174 ～图 3-176 所示。对其应用效果还可以制作出更多类型的花朵。

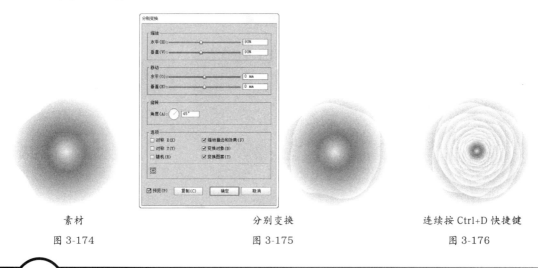

素材                       分别变换                  连续按 Ctrl+D 快捷键
图 3-174                    图 3-175                      图 3-176

## 3.11  测试题

1. 使用镜像工具 时，按住（　　）键拖曳鼠标，可以复制出对象的镜像副本。

　　A. Alt　　　　　　　B. Ctrl　　　　　　　C. Shift　　　　　　　D.Ctrl+Shift

2. 在进行移动、缩放、旋转、镜像和倾斜操作后，保持对象的选中状态，使用（　　）命令可以重复前一个变换。

    A. 编辑 > 重做　　　　　　　　　　B. 对象 > 变换 > 再次变换

    C. 对象 > 变换 > 分别变换　　　　　D. 效果 > 应用上一个效果

3. 下列（　　）工具可以用于组合对象。

    A. "路径查找器"面板　　　　　　　B. 形状生成器

    C. 复合路径　　　　　　　　　　　D. 复合形状

4. 选择两个重叠的图形后，单击"路径查找器"面板中的（　　）按钮，可以只保留图形的重叠部分，删除其他部分。

    A. 联集 ▣　　　　　　　　　　　　B. 减去顶层 ▢

    C. 交集 ▣　　　　　　　　　　　　D. 差集 ▣

5. 使用选择工具 ▶ 可以进行（　　）变换操作。

    A. 移动　　　　　B. 旋转　　　　　C. 缩放　　　　　D. 倾斜

6. 下列有关比例缩放工具 ▣ 的叙述不正确的是（　　）。

    A. 比例缩放工具只可以对矢量图形进行缩放，不能缩放 Illustrator 中置入的位图

    B. 比例缩放工具和旋转工具不同的是，旋转工具需要先确定参考点，缩放工具不需要确定参考点

    C. 比例缩放工具和旋转工具都需要先确定参考点，并且参考点的位置可以任意移动

    D. 如果想调出"缩放"对话框，按住 Alt 键的同时单击即可，单击点将成为缩放的基准点

7. 下列有关倾斜工具 ⤢ 的叙述不正确的是（　　）。

    A. 利用倾斜工具使图形发生倾斜前，应先确定倾斜的参考点

    B. 在用鼠标拖曳一个矩形进行倾斜的过程中，按住 Alt 键操作，可以使原来的矩形保持位置不变，新复制的矩形相对于原来的矩形倾斜了一定角度

    C. 在倾斜工具的对话框中，"倾斜角度"和"轴"中的"角度"选项定义的角度必须完全相同

    D. 如果需要精确定义倾斜的角度，则应该打开倾斜工具对话框，设定"倾斜角度"及倾斜"轴"的角度

# 第4章

## VI 设计: 钢笔工具与路径

钢笔工具可以绘制直线或任何形状的平滑曲线。想要精通 Illustrator，首先要学好钢笔工具的使用，因为它是 Illustrator 中最强大、最重要的绘图工具。灵活、熟练地使用钢笔工具，是每一个 Illustrator 用户必须掌握的基本技能。

## 4.1　VI 设计

V I（企业视觉识别系统）是 CIS（企业识别系统）的重要组成部分，它以标志、标准字和标准色为核心，将企业理念、企业文化、服务内容和企业规范等抽象概念转化为具体符号，从而塑造出独特的企业形象。

### 4.1.1　标志

VI 由基础设计系统和应用设计系统两部分组成。基础设计系统包括标志、企业机构简称、标准字体、标准色彩、辅助图形、象征造型符号和宣传标语口号等基础设计要素。

标志是具有象征意义的符号。从表现形式上分为文字标志和图形标志两类。文字标志是以文字或字母构成的标志，传达信息一目了然，如图 4-1 所示。图形标志是以图形构成的标志，构成形式多种多样，可以是具象图形也可以是抽象图形，如图 4-2 所示。

图 4-1

图 4-2

### 4.1.2　企业简称及标准字体

企业简称可以准确传达其主要的信息特征，易于识别和记忆，而字体的个性化视觉处理本身就具有造型形象的识别性，因此，企业的简称、名称的字体、品牌字体、广告字体等规范化处理是重要的基础内容，如图 4-3 所示。

图 4-3

企业的简称主要与标志组合使用，通常会使用专用的标准字体。企业的全称字体应端庄、清晰，不宜有较多的变化，简称字体则可以做较大的变化处理，以增强符号效果。在设计时可以在字库中选择字体，也可以设计开发专用的字体，一方面应具有可读性和识别性，另一方面要适合标志，与标志的风格相协调。

### 4.1.3　标准色

标准色的配色方案应符合企业和组织机构形象的行业特征，视觉效果应突出，并易于识别，如图 4-4 所示。企业形象机构的标准色处理分为单色和复色两种处理方式，单色简洁、清晰，但容易产生雷同；复色易于区别，但颜色的数量不宜过多。在标准色的应用上，通常会设定标准的色彩数值并提供色样。

图 4-4

### 4.1.4　辅助图形

辅助图形是企业识别系统中的辅助性视觉要素，它包括企业造型、象征图案和版面编排 3 个方面的设计。辅助图形的作用是提升基础设计系统的表现力，使意义的表达更为充分、完整，从而达到强化组织形象的目的。

### 4.1.5　应用设计系统的开发

应用设计系统是基础设计系统在所有视觉项目中的应用设计开发，主要包括办公事务用品、产品、包装、标识、环境、交通运输工具、广告、公关礼品、制服和展示陈列设计等。

## 4.2　认识锚点和路径

矢量图形是由称作矢量的数学对象定义的直线和曲线构成的，每一段直线和曲线都是一段路径，所有的路径通过锚点连接。

### 4.2.1　锚点和路径

路径可以是直线，也可以是曲线，如图 4-5 所示；可以是开放式的路径段，如图 4-6 所示，也可以是闭合式的矢量图形，如图 4-7 所示；可以是一条单独的路径段，也可以包含多个路径段。

| 锚点和路径构成矢量图形 | 开放式路径 | 闭合式路径 |
| 图 4-5 | 图 4-6 | 图 4-7 |

路径的形状由锚点控制。锚点分为两种，一种是平滑点，另一种是角点。平滑的曲线由平滑点连接而成，如图 4-8 所示；直线和转角曲线由角点连接而成，如图 4-9 和图 4-10 所示。

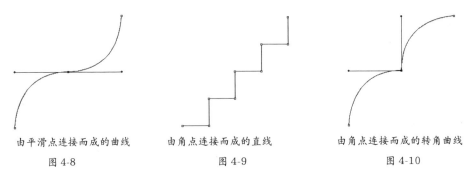

| 由平滑点连接而成的曲线 | 由角点连接而成的直线 | 由角点连接而成的转角曲线 |
| 图 4-8 | 图 4-9 | 图 4-10 |

## 4.2.2　贝塞尔曲线

Illustrator 中的曲线也称作贝塞尔曲线，它是由法国工程师皮埃尔·贝塞尔于 1962 年开发的。这种曲线的锚点上有一到两根方向线，方向线的端点处是方向点（也称手柄），如图 4-11 所示，拖曳方向点可以调整方向线的角度和长度，从而改变曲线的形状，如图 4-12 和图 4-13 所示。

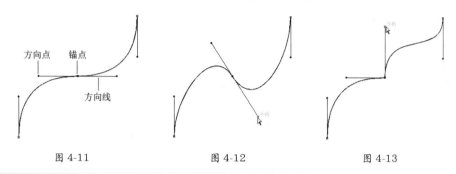

图 4-11　　　　　　　图 4-12　　　　　　　图 4-13

**提示**

贝塞尔曲线是计算机图形学中重要的参数曲线，它使得无论是直线还是曲线都能够在数学上予以描述，从而奠定了矢量图形学的基础。贝塞尔曲线具有精确和易于修改的特点，被广泛地应用在计算机图形领域。例如 Photoshop、CorelDRAW、Flash、3ds Max 等软件中都有可以绘制贝塞尔曲线的工具。

## 4.3　使用铅笔工具绘图

铅笔工具可以徒手绘制路径，就像用铅笔在纸上绘画一样。它适合绘制比较随意的路径，不能创建平滑的曲线。

### 4.3.1　用铅笔工具徒手绘制路径

选择铅笔工具，在画板中单击并拖曳即可绘制路径，如图 4-14 所示；如果拖曳到路径的起点处释放鼠标，则可闭合路径，如图 4-15 所示。拖曳鼠标时按住 Alt 键，可以绘制出直线或以 45°角为增量的斜线。

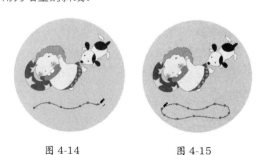

图 4-14　　　　　　图 4-15

### 4.3.2　用铅笔工具编辑路径

双击铅笔工具，打开"铅笔工具选项"对

话框，选择"编辑所选路径"选项，如图 4-16 所示，此后便可使用铅笔工具修改路径。

图 4-16

● 改变路径形状：选择一条开放式路径，将铅笔工具放在路径上（光标右侧的"*"消失时，表示工具与路径非常接近），如图 4-17 所示，单击并拖曳，可以改变路径的形状，如图 4-18 和图 4-19 所示。

图 4-17

图 4-18

图 4-19

- 延长与封闭路径：在路径的端点上单击并拖曳，可以延长该段路径，如图 4-20 和图 4-21 所示；如果拖至路径的另一个端点上，则可以封闭路径。

- 连接路径：选择两条开放式路径，使用铅笔工具在一条路径的端点上单击，如图 4-22 所示，按住鼠标按键并移动到另一条路径的端点上，即可将两条路径连接在一起，如图 4-23 所示。

图 4-20

图 4-21

图 4-22

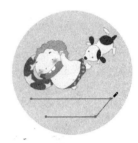
图 4-23

**小技巧：改变光标形态**

使用铅笔、画笔、钢笔等绘图工具时，大部分工具的光标在画板中都有两种显示状态，一种是显示为工具的形状，另一种是显示为"×"状。按 Caps Lock 键，可以在这两种显示状态之间切换。

工具状光标　　　　　　　　"×"状光标

## 4.4　使用钢笔工具绘图

钢笔工具 是 Illustrator 最为核心的工具，它可以绘制直线、曲线和各种形状的图形。尽管初学者开始学习时会遇到一些困难，但能够灵活、熟练地使用钢笔工具绘图，是每一个 Illustrator 用户必须掌握的技能。

### 4.4.1　绘制直线

选择钢笔工具 ，在画板中单击创建锚点，如图 4-24 所示；将光标移至其他位置单击，即可创建由角点连接的直线路径，如图 4-25 所示；按住 Shift 键并单击，可以绘制出水平、垂直或以 45°角为增量的直线，如图 4-26 所示。

如果要结束开放式路径的绘制，可以按住 Ctrl 键（切换为直接选择工具 ）并在远离对象的位置单击，或者选择工具面板中的其他工具；如果要封闭路径，可以将光标放在第一个锚点上（光标变为 状），如图 4-27 所示，单击闭合路径，如图 4-28 所示。

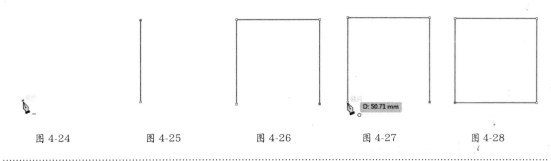

图 4-24　　　　　图 4-25　　　　　图 4-26　　　　　图 4-27　　　　　图 4-28

## 4.4.2　绘制曲线

使用钢笔工具 ✐ 单击并拖曳创建平滑点，如图 4-29 所示；在另一处单击并拖曳即可创建曲线，在拖曳的同时还可以调整曲线的斜度。如果向前一条方向线的相反方向拖曳，可以创建"C"形曲线，如图 4-30 所示；如果按照与前一条方向线相同的方向拖曳，则可以创建"S"形曲线，如图 4-31 所示。绘制曲线时需要注意，锚点越少，曲线越平滑，也更容易控制。

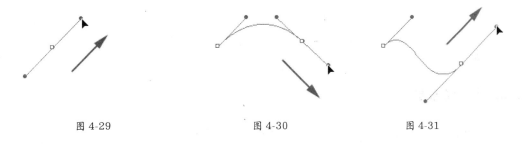

图 4-29　　　　　　　　图 4-30　　　　　　　　图 4-31

## 4.4.3　绘制转角曲线

如果要绘制与上一段曲线之间出现转折的曲线（即转角曲线），就需要在创建新的锚点前改变方向线的方向。

使用钢笔工具 ✐ 绘制一段曲线，将光标放在方向点上，单击并按住 Alt 键向相反的方向拖曳，如图 4-32 和图 4-33 所示，这样操作是通过拆分方向线的方式将平滑点转换成角点（方向线的长度决定了下一条曲线的斜度）；释放 Alt 键和鼠标按键，在其他位置单击并拖曳创建一个新的平滑点，即可绘制出转角曲线，如图 4-34 所示。

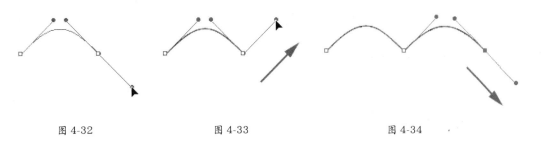

图 4-32　　　　　　　　图 4-33　　　　　　　　图 4-34

## 4.4.4　在直线后面绘制曲线

使用钢笔工具 ✐ 绘制一段直线路径，将光标放在最后一个锚点上（光标会变为 ✎ 状），如图 4-35 所示，单击并拖出一条方向线，如图 4-36 所示。在其他位置单击并拖曳，即可在直线后面绘制曲线，如图 4-37 和图 4-38 所示。

| 图 4-35 | 图 4-36 | 图 4-37 | 图 4-38 |

## 4.4.5 在曲线后面绘制直线

使用钢笔工具 🖊 绘制一段曲线路径，将光标放在最后一个锚点上（光标会变为 💧 状），如图 4-39 所示，单击将该平滑点转换为角点，如图 4-40 所示。在其他位置单击（不要拖曳），即可在曲线后面绘制直线，如图 4-41 所示。

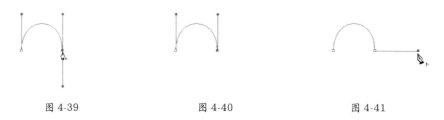

| 图 4-39 | 图 4-40 | 图 4-41 |

## 4.4.6 关注光标形态

使用钢笔工具 🖊 绘图时，光标在画板、路径和锚点上会显示不同的状态，通过对光标的观察可以判断钢笔工具此时具有何种功能。

- 光标为 💧 状：选择钢笔工具后，光标在画板中会显示为 💧 状，此时单击可以创建一个角点，单击并拖曳可以创建一个平滑点。

- 光标为 💧₊ / 💧₋ 状：选择一条路径后，将光标放在路径上，光标会变为 💧₊ 状，此时单击可以添加锚点。如果将光标放在锚点上，则光标会变为 💧₋ 状，此时单击可以删除锚点。

- 光标为 💧ₒ 状：在绘制路径的过程中，将光标放在起始位置的锚点上，光标变为 💧ₒ 状时单击可以闭合路径。

- 光标为 💧ₒ 状：在绘制路径的过程中，将光标放在另外一条开放式路径的端点上，光标会变为 💧ₒ 状，如图 4-42 所示，此时单击可以连接这两条路径，如图 4-43 所示。

- 光标为 💧ᵢ 状：将光标放在一条开放式路径的端点上，光标会变为 💧ᵢ 状，如图 4-44 所示，单击并继续绘制该路径，如图 4-45 所示。

| 图 4-42 | 图 4-43 | 图 4-44 | 图 4-45 |

## 4.4.7 钢笔工具的常用快捷键

使用钢笔工具 🖊 时，可以通过快捷键切换为转换锚点工具 ⌐ 或直接选择工具 ▷ ，以便在绘制路径的同时能够编辑路径。释放快捷键后，还可以恢复为钢笔工具 🖊 ，继续绘制图形。

- 按住 Alt 键可以切换为转换锚点工具 ⌐，此时在平滑点上单击，可将其转换为角点，如图 4-46 和图 4-47 所示；在角点上单击并拖曳，可将其转换为平滑点，如图 4-48 和图 4-49 所示。

| 图 4-46 | 图 4-47 | 图 4-48 | 图 4-49 |

- 按住 Alt 键（切换为转换锚点工具 ⌐）并拖曳曲线的方向点，可以调整方向线一侧曲线的形状，如图 4-50 所示；按住 Ctrl 键（切换为直接选择工具 ▷）并拖曳方向点，则可同时调整方向线两侧的曲线，如图 4-51 所示。

- 将光标放在路径段上，按住 Alt 键（光标变为 ▶ 状）单击并拖曳，可以将直线路径转换为曲线路径，如图 4-52 所示，或者调整曲线的形状，如图 4-53 所示。

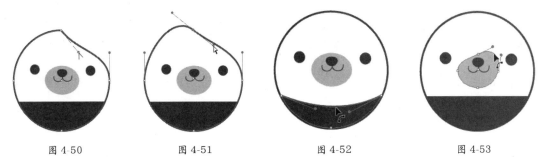

| 图 4-50 | 图 4-51 | 图 4-52 | 图 4-53 |

- 按住 Ctrl 键（切换为直接选择工具 ▷）并单击锚点可以选择锚点；按住 Ctrl 键，单击并拖曳锚点可以移动其位置。

- 绘制直线时，可以按住 Shift 键创建水平、垂直或以 45° 角为增量的直线。

- 选择一条开放式路径，使用钢笔工具 ⌀ 在其两个端点上单击，可以封闭路径。

- 如果要结束开放式路径的绘制，可以按住 Ctrl 键（切换为直接选择工具 ▷）并在远离对象处单击。

**小技巧：创建锚点的同时移动锚点**

使用钢笔工具在画板上单击后，按住鼠标按键，然后按住空格键并同时拖曳，可以移动锚点，进行重新定位。

## 4.5 使用曲率工具绘图

曲率工具可以创建、切换、编辑、添加和删除平滑点或角点，从而简化路径的创建方法，使绘图变得更加简单、直观。

- 绘制平滑点：在画板的不同区域单击，创建两个锚点，在移动光标时会出现橡皮筋预览，如图 4-54 所示，此时单击，即可根据预览生成曲线，如图 4-55 所示。

- 绘制角点：绘制路径时双击或按住 Alt 键并单击，可以创建角点。

- 转换角点和平滑点：双击一个角点，可以将其转换为平滑点；双击一个平滑点，则可将其转换为角点。

- 添加锚点：在路径上单击可以添加锚点。

- 删除锚点：单击一个锚点后，按 Delete 键可将其删除，此时曲线不会断开。

- 移动锚点：将光标放在一个锚点上，如图 4-56 所示，单击并拖曳可将其移动，如图 4-57 所示。

图 4-54          图 4-55          图 4-56          图 4-57

- 结束绘制：如果要结束路径的绘制，可以按 Esc 键。

# 4.6   编辑路径

使用椭圆、矩形、铅笔、钢笔等工具绘制图形和路径后，可以随时对锚点和路径形状进行编辑和修改。

## 4.6.1   选择与移动锚点和路径

（1）选择与移动锚点

直接选择工具 ▷ 用于选择锚点。将该工具放在锚点上方时，光标会变为 ▷₀ 状，如图 4-58 所示，此时单击可以选择锚点（选中的锚点为实心方块，未选中的为空心方块），如图 4-59 所示；单击并拖出一个矩形选框，则可以将选框内的所有锚点选中。在锚点上单击后，按住鼠标按键拖曳，可以移动锚点，如图 4-60 所示。

如果需要选中的锚点不在一个矩形区域内，则可以使用套索工具 ▷ 单击并拖曳出一个不规则选框，将选框内的锚点选中，如图 4-61 所示。

图 4-58          图 4-59          图 4-60          图 4-61

**提示**

使用直接选择工具 ▷ 和套索工具 ▷ 时，如果要添加其他锚点，可以按住 Shift 键并单击它们（套索工具 ▷ 为绘制选框）。按住 Shift 键并单击（套索工具 ▷ 为绘制选框）选中的锚点，则可以取消对它们的选择。

（2）选择与移动路径段

使用直接选择工具 ▷ 在路径上单击，可以选择路径段，如图 4-62 所示。单击路径段并拖曳，可以移动路径，如图 4-63 所示。

图 4-62　　　　　　　　　　　　图 4-63

> **提示**
>
> 如果路径进行了填充，使用直接选择工具 ▷ 在路径内部单击，可以选中所有锚点。选择锚点或路径后，按→、←、↑、↓键，可以轻移所选对象；如果同时按上述方向键和 Shift 键，则会以原来的 10 倍距离轻移对象；按 Delete 键，可以将其删除。

> **小技巧：用整形工具移动锚点**
>
> 使用直接选择工具 ▷ 选择锚点后，用整形工具 ▷ 调整锚点的位置，可以最大限度地保持路径的原有形状。
>
>
>
>
>
> 选择锚点　　　　　　　用整形工具移动锚点　　　　用直接选择工具移动锚点
>
> 调整曲线路径时，整形工具 ▷ 与直接选择工具 ▷ 也有很大的区别。例如，用直接选择工具 ▷ 移动曲线的端点时，只影响该锚点一侧的路径段。如果使用选择工具 ▷ 选择图形，然后再用整形工具 ▷ 移动锚点，则可以动态拉伸曲线。
>
>
>
>
>
> 原图形　　　　　　　用整形工具移动锚点　　　　用直接选择工具移动锚点

## 4.6.2　添加与删除锚点

选择一条路径，如图 4-64 所示，使用钢笔工具 ▷ 在路径上单击，可以添加一个锚点。如果这是一段直线路径，添加的锚点是角点，如图 4-65 所示；如果是曲线路径，则添加的是平滑点，如图 4-66 所示。使用钢笔工具 ▷ 单击锚点，可以删除锚点。

图 4-64　　　　　　　　　　图 4-65　　　　　　　　　　图 4-66

**提示**

使用添加锚点工具 在路径上单击，可以添加锚点；使用删除锚点工具 单击锚点，则可以删除锚点。如果要在所有路径段的中间位置添加锚点，可以将其选中，然后执行"对象 > 路径 > 添加锚点"命令。

**小技巧：清除游离点**

在绘图时，由于操作不当会产生一些没有用的独立锚点，这样的锚点称为游离点。例如，使用钢笔工具在画板中单击，然后又切换为其他工具，就会生成单个锚点。此外，在删除路径和锚点时，没有完全删除对象，也会残留一些锚点。游离点很难选中，也会影响对图形的编辑，执行"对象 > 路径 > 清理"命令，可以将它们清除。

画面中存在游离点　　　　　　"清理"对话框　　　　　　清除游离点后

### 4.6.3　平均分布锚点

选择多个锚点，如图 4-67 所示，执行"对象 > 路径 > 平均"命令，打开"平均"对话框，如图 4-68 所示。

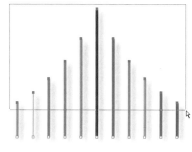

图 4-67　　　　　　　　　　　　　　图 4-68

- 水平：让锚点沿同一水平轴均匀分布，如图 4-69 所示。
- 垂直：让锚点沿同一垂直轴均匀分布，如图 4-70 所示。
- 两者兼有：让锚点集中到同一个点上，如图 4-71 所示。

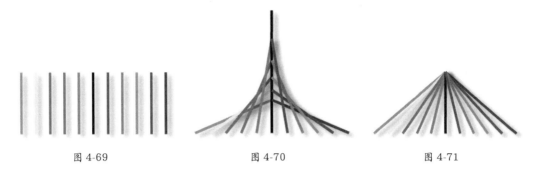

图 4-69          图 4-70          图 4-71

### 4.6.4 改变路径形状

选择曲线上的锚点时，会显示方向线和方向点，拖曳方向点可以调整方向线的方向和长度。方向线的方向决定了曲线的形状，如图 4-72 和图 4-73 所示；方向线的长度则决定了曲线的弧度。当方向线较短时，曲线的弧度较小，如图 4-74 所示；方向线越长，曲线的弧度越大，如图 4-75 所示。

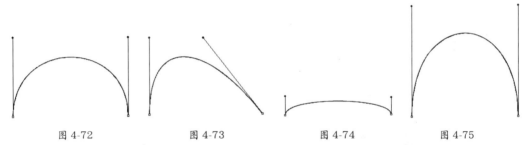

图 4-72          图 4-73          图 4-74          图 4-75

使用直接选择工具 移动平滑点中的一条方向线时，会同时调整该点两侧的路径段，如图 4-76 和图 4-77 所示；使用转换锚点工具 移动方向线时，只调整与该方向线同侧的路径段，如图 4-78 所示。

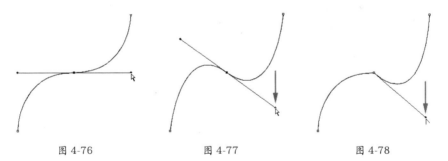

图 4-76          图 4-77          图 4-78

平滑点始终有两条方向线，而角点可以有两条、一条或者没有方向线，具体取决于它分别连接两条、一条还是没有连接曲线段。角点的方向线无论是用直接选择工具 还是转换锚点工具 调整，都只影响与该方向线同侧的路径段，如图 4-79 ～图 4-81 所示。

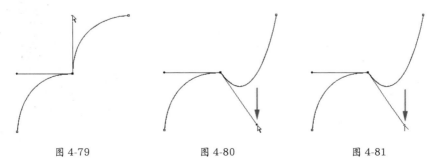

图 4-79          图 4-80          图 4-81

### 4.6.5 偏移路径

选择一条路径，执行"对象 > 路径 > 偏移路径"命令，可以偏移出一条新的路径。当要创建同心圆或制作相互之间保持固定间距的多个对象时，偏移路径特别有用。

如图 4-82 所示为"偏移路径"对话框，"连接"选项用来设置拐角的连接方式，如图 4-83 ～图 4-85所示；"尖角限度"用来设置拐角的变化范围。

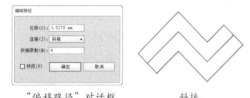

| "偏移路径"对话框 | 斜接 | 圆角 | 斜角 |
|---|---|---|---|
| 图 4-82 | 图 4-83 | 图 4-84 | 图 4-85 |

### 4.6.6 平滑路径

选择一条路径，使用平滑工具 在路径上单击并反复拖曳，可以对路径进行平滑处理，Illustrator 会删除部分锚点，并尽可能地保持路径原有的形状，如图 4-86 和图 4-87 所示。

双击平滑工具 ，可以打开"平滑工具选项"对话框，如图 4-88 所示。"保真度"滑块越靠近"平滑"一端，平滑效果越明显，但路径形状的改变也就越大。

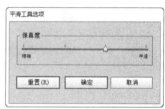

| 图 4-86 | 图 4-87 | 图 4-88 |
|---|---|---|

### 4.6.7 简化路径

当锚点数量过多时，曲线会变得不够光滑，这也给选择与编辑带来不便。如果遇到这种情况，可以选择路径，如图 4-89 所示，执行"对象 > 路径 > 简化"命令，打开"简化"对话框，调整"曲线精度"值，对锚点进行简化，如图 4-90 和图 4-91 所示。调整时，可以勾选"显示原路径"选项，在简化的路径背后显示原始路径，以便观察图形的变化程度。

| 图 4-89 | 图 4-90 | 图 4-91 |
|---|---|---|

### 4.6.8 裁剪路径

使用剪刀工具 ✂ 在路径上单击，可以剪断路径，如图 4-92 所示。剪断后，可以使用直接选择工具 ▷ 将锚点移开，观察到路径的分割效果，如图 4-93 所示。

使用刻刀工具 ✐ 在图形上单击并拖曳，可以将图形裁切开。如果是开放式的路径，裁切后会成为闭合式路径，如图 4-94 和图 4-95 所示。

图 4-92      图 4-93      图 4-94      图 4-95

**小技巧：在所选锚点处剪切路径**

使用直接选择工具 ▷ 选择锚点后，单击控制面板中的 ✂ 按钮，可以在当前锚点处剪断路径，原锚点会变为两个，其中的一个位于另一个的正上方。

### 4.6.9 分割下方对象

选择一个图形，如图 4-96 所示，执行"对象 > 路径 > 分割下方对象"命令，可以用该图形分割它下方的图形，如图 4-97 所示。这种方法与刻刀工具 ✐ 产生的效果相同，但要比刻刀工具 ✐ 更容易控制形状。

图 4-96                图 4-97

**小技巧：将图形分割为网格**

选择一个图形，执行"对象 > 路径 > 分割为网格"命令，打开"分割为网格"对话框，设置矩形网格的大小和间距参数，即可将其分割为网格。

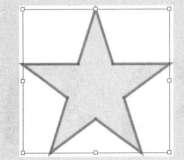

### 4.6.10 擦除路径

选择一个图形，如图 4-98 所示，使用路径橡皮擦工具 ✏️ 在路径上拖曳，可以擦除路径，如图 4-99 和图 4-100 所示。如果要将擦除的部分限定为一个路径段，可以先选中该路径段，然后再使用路径橡皮擦工具 ✏️ 擦除。

图 4-98              图 4-99              图 4-100

使用橡皮擦工具 ✏️ 在图形上拖曳可以擦除对象，如图 4-101 所示；按住 Shift 键操作，可以将擦除方向限制为水平、垂直或对角线方向；按住 Alt 键操作，可以绘制一个矩形区域，并擦除该区域内的图形，如图 4-102 和图 4-103 所示。

图 4-101            图 4-102            图 4-103

## 4.7    课堂练习：带围脖的小企鹅

**01** 选择钢笔工具 ✏️，在画板中单击并拖曳，绘制一个闭合式路径图形，填充黑色，无描边，如图 4-104 所示。按住 Ctrl 键在并空白处单击，取消选择。再绘制 3 个图形，填充白色，如图 4-105 所示。

**02** 使用钢笔工具 ✏️ 和椭圆工具 ⬭ 绘制小企鹅的眼睛，如图 4-106 所示。

**03** 按住 Ctrl 键并单击企鹅的身体图形，将其选中，使用钢笔工具 ✏️ 在如图 4-107 所示的路径上单击，添加锚点。使用直接选择工具 ▷ 向左侧拖曳锚点，改变路径的形状，如图 4-108 所示。

图 4-104        图 4-105        图 4-106        图 4-107        图 4-108

**04** 选择铅笔工具 🖉，在如图4-109所示的路径上单击并拖曳，改变原路径的形状，通过这种方法绘制出小企鹅的头发，如图4-110所示。在释放鼠标按键前，一定要沿小企鹅身体的路径拖曳鼠标，使新绘制的路径与原路径重合，以便路径能更好地对接在一起，效果如图4-111所示。

**05** 绘制一条路径，设置描边颜色为白色，无填充，如图4-112所示。绘制一个图形作为围巾，如图4-113所示。

图 4-109　　　　图 4-110　　　　图 4-111　　　　图 4-112　　　　图 4-113

**06** 执行"窗口 > 色板库 > 图案 > 自然 > 自然_动物皮"命令，打开该色板库，单击如图4-114所示的图案，为围巾填充图案，如图4-115所示。使用椭圆工具 ⬭ 绘制两个椭圆形，填充浅灰色作为投影。将这两个椭圆形选中，按 Shift+Ctrl+[ 快捷键，将它们移动到企鹅的后面，如图4-116所示。

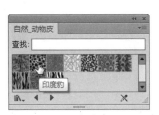

图 4-114　　　　　　　图 4-115　　　　　　　图 4-116

## 4.8　课堂练习：艺术台词框

**01** 按 Ctrl+N 快捷键，打开"新建文档"对话框，在"大小"下拉列表中选择 A4 选项，单击"取向"选项中的按钮，如图4-117所示，创建一个 A4 大小（即海报尺寸）的文档。使用矩形工具 ▢ 创建一个与画板大小相同的矩形，填充米黄色，如图4-118所示。

**02** 使用椭圆工具 ⬭，按住 Shift 键创建一个正圆形，如图4-119所示。选择添加锚点工具 🖉，将光标放在路径上，如图4-120所示，单击添加一个锚点，如图4-121所示。

图 4-117　　　　图 4-118　　　　图 4-119　　　　图 4-120　　　　图 4-121

**03** 使用直接选择工具 ▷ 移动锚点，如图4-122所示。拖曳方向点调整路径形状，如图4-123所示。按 Ctrl+C 快捷键复制图形。在"图层 1"前方单击，将该图层锁定，如图4-124所示。单击"图层"面板底部的 🗔 按钮，新建一个图层，如图4-125所示。

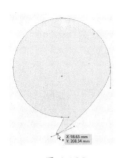
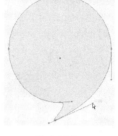

图 4-122　　　　　　图 4-123　　　　　　图 4-124　　　　　　图 4-125

**04** 按 Ctrl+V 快捷键粘贴图形，按住 Shift+Alt 键并拖曳控制点将图形缩小，然后修改填充颜色，如图 4-126 所示。使用选择工具 ▶，按住 Alt 键并拖曳图形进行复制，如图 4-127 所示。拖曳定界框上的控制点，将图形压扁，如图 4-128 所示。将填充颜色设置为洋红色，使用直接选择工具 ▷ 移动锚点，如图 4-129 所示。

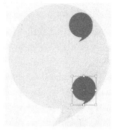
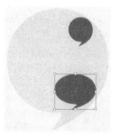
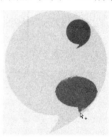

图 4-126　　　　　　图 4-127　　　　　　图 4-128　　　　　　图 4-129

**05** 复制出一个蓝色的图形，如图 4-130 所示。将光标放在定界框外，单击并拖曳旋转图形，如图 4-131 所示。将图形缩小并修改填充颜色，如图 4-132 所示。使用直接选择工具 ▷ 移动最上方的锚点，如图 4-133 所示。

图 4-130　　　　　　图 4-131　　　　　　图 4-132　　　　　　图 4-133

**06** 继续复制图形，修改填充颜色，调整大小并适当旋转，以"图层 1"中的大逗号图形为基准，在整个图形范围内铺满小逗号图形，如图 4-134 所示。在"图层 1"的锁状图标 🔒 上单击，解除图层的锁定，如图 4-135 所示。在大逗号的眼睛图标 👁 上单击，将该图形隐藏，如图 4-136 和图 4-137 所示。

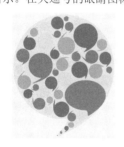

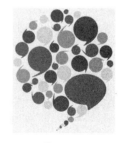

图 4-134　　　　　　图 4-135　　　　　　图 4-136　　　　　　图 4-137

**07** 使用文字工具 T 输入几行文字，如图 4-138 和图 4-139 所示。

图 4-138　　　　　　　　　　　　　图 4-139

## 4.9　课堂练习：设计小鸟Logo

**01** 下面先来制作小鸟的眼睛。使用椭圆工具 按住 Shift 键并创建 3 个正圆形，如图 4-140 所示。按 Ctrl+A 快捷键，选择所有图形，单击"对齐"面板中的 和 按钮，将图形对齐，如图 4-141 所示。

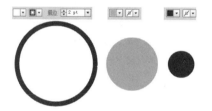

图 4-140　　　　　　　　　　　　图 4-141

**02** 绘制一个白色的圆形作为小鸟的瞳孔，如图 4-142 所示。按 Ctrl+A 快捷键，选中所有图形，按 Ctrl+G 快捷键编组。使用选择工具 ，按住 Alt+Shift 键并拖曳，沿水平方向复制图形，如图 4-143 所示。

图 4-142　　　　　　　　　　　　图 4-143

**03** 创建一个椭圆形，填充橙色，无描边，如图 4-144 所示。使用转换锚点工具 将光标放在椭圆上方捕捉锚点，如图 4-145 所示，单击将其转换为角点，如图 4-146 所示。

图 4-144　　　　　　　图 4-145　　　　　　　图 4-146

**04** 捕捉下方锚点，如图 4-147 所示，通过单击将其转换为角点，如图 4-148 所示。

图 4-147        图 4-148

**05** 选择刻刀工具 ✐ ，在图形上单击并拖曳，将其分割为两块，如图 4-149 所示。使用选择工具 ▶ 单击下面的图形，如图 4-150 所示，修改它的填充颜色，如图 4-151 所示。

图 4-149        图 4-150        图 4-151

**06** 使用圆角矩形工具 ▢ 创建圆角矩形，如图 4-152 所示。按 Shift+Ctrl+[ 快捷键，将其移动到底层，如图 4-153 所示。

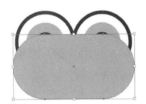

图 4-152        图 4-153

**07** 使用钢笔工具 ✐ 绘制一个柳叶状图形。选择旋转工具 ↻ ，在图形底部单击，将参考点定位在此处，如图 4-154 所示，在其他位置单击并拖曳，旋转图形，如图 4-155 所示。再将参考点定位在图形底部，如图 4-156 所示，将光标移开，按住 Alt 键单击并拖曳，复制出一个图形，如图 4-157 所示。采用相同的方法再复制出一个图形，如图 4-158 所示。

图 4-154     图 4-155     图 4-156     图 4-157     图 4-158

**08** 分别选中复制的两个图形，调整它们的填充颜色，如图 4-159 所示。按住 Shift 键并拖曳控制点，将它们放大，如图 4-160 所示。将这组图形放在小鸟头上，完成制作，如图 4-161 所示。如图 4-162 和图 4-163 所示为将小鸟 Logo 应用在不同商品上的效果。

图 4-159        图 4-160        图 4-161

图 4-162

图 4-163

## 4.10 思考与练习

### 一、问答题

1. 分别使用直接选择工具 和锚点工具 移动平滑点中的一条方向线时，会出现怎样的情况？

2. 怎样关闭钢笔工具 和曲率工具 的橡皮筋预览？

3. 通过哪些方法可以将角点转换为平滑点？

4. 调整曲线路径的形状时，整形工具 与直接选择工具 有怎样的区别？

5. 当需要移动平滑点中的一条方向线时，使用直接选择工具 与使用转换锚点工具 会有怎样的区别？

### 二、上机练习

#### 1. 基于网格绘制图形

使用钢笔工具 绘制一个心形图形，如图 4-164 所示，并为其填充图案，如图 4-165 和图 4-166 所示。

图 4-164

图 4-165

图 4-166

绘制心形时，为了使图形左、右两侧能够对称，可以执行"视图 > 智能参考线"命令和"视图 > 显示网格"命令，以网格线为参考进行绘制，当光标靠近网格线时，智能参考线会帮助用户将锚点定位到网格点上。如图 4-167 为网格上的图形，如图 4-168 为它的锚点及方向线状态。

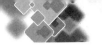

图 4-167

图 4-168

### 2. 制作玻璃裂痕

使用刻刀工具 ✍ 裁剪填充了渐变颜色的对象时，如果渐变的角度为 0°，则每裁切一次，Illustrator 就会自动调整渐变角度，使之始终保持 0°，因此，裁切后对象的颜色会发生变化。通过这种方法可以生成碎玻璃效果，如图 4-169～图 4-172 所示。

图形素材

图 4-169

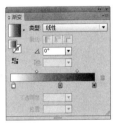

渐变角度为 0°

图 4-170

裁剪图形

图 4-171

裁剪效果

图 4-172

## 4.11  测试题

1. 路径段与路径段之间通过（    ）连接。

    A. 直线　　　　　　　B. 曲线　　　　　　　C. 中心点　　　　　　　　D. 锚点

2. 在默认情况下，使用铅笔、画笔和钢笔等绘图工具时，光标在画板中显示为相应的工具状，按（    ）键，可以让光标变为"×"状。

    A. Tab　　　　　　　B. Esc　　　　　　　C. Enter　　　　　　　　D. Caps Lock

3. 矢量图形的基本组成元素是（    ）。

    A. 像素　　　　　　　B. 路径　　　　　　　C. 锚点　　　　　　　　D. 曲线

4. 下面关于开放路径和闭合路径的描述，不正确的是（    ）。

    A. 开放路径不可以进行填充

    B. 开放路径可以填充颜色，但不能填充图案和渐变色

    C. 开放路径和闭合路径都可以填充颜色、图案和渐变色

    D. 虽然开放路径和闭合路径一样可进行各种填充，但最后输出成胶片的时候会有问题，所以通常不建议对开放路径进行填充

5. 如果要将开放式路径转换成闭合的路径，应使用（    ）命令。

    A. "对象 > 路径 > 偏移路径"　　　　　　　　　　B. "对象 > 扩展"

    C. "对象 > 路径 > 轮廓化描边"　　　　　　　　D. "对象 > 扩展外观"

6. 下列关于钢笔工具 ✍ 的描述，不正确的是（    ）。

    A. 使用钢笔工具绘制直线路径时，确定起始点需要单击并拖曳出一个方向线后，再确定下一个点

    B. 将钢笔工具放在窗口中，钢笔工具右下角显示"×"号，表示将开始绘制新路径

    C. 当用钢笔工具绘制曲线时，曲线上锚点的方向线和方向点的位置确定了曲线段的形状

    D. 在使用钢笔工具绘制直线的过程中，按住 Shift 键，可以得到 0°、45°或 45°的整数倍方向的直线

7. 下列关于铅笔工具  的描述，正确的是（　　　）。

    A. 在使用铅笔工具绘制任意路径的过程中，无法控制锚点的位置，但可以在路径绘制完成后进行编辑，如添加或删除锚点

    B. 在使用铅笔工具绘制的路径上，锚点的数量是由路径的长度、复杂程度以及"铅笔工具首选项"对话框中"保真度"和"平滑度"的数值决定的

    C. 当使用铅笔工具绘制完路径后，根据默认的设定，路径将保持选中状态

    D. 铅笔工具不可以绘制封闭的路径

8. 在路径的绘制中，可以添加锚点、删除及转换锚点，下列关于锚点编辑的描述，不正确的是（　　　）。

    A. 使用添加锚点工具在路径上任意位置单击，即可增加一个锚点，但是只可以在闭合路径上使用

    B. 使用钢笔工具在锚点上单击，可以删除该锚点

    C. 如果要在路径上均匀地增加锚点，可以执行"对象 > 路径 > 添加锚点"命令，原有的两个锚点中间可以增加一个锚点

    D. 转换锚点工具可以将角点转换成平滑点，也可以将平滑点转换为角点

# 第5章

## 工业概念：渐变与渐变网格

在 Illustrator 中，渐变可以生成两种或多种颜色平滑过渡的填色效果。渐变网格则是灵活度更高、可控性更强的渐变颜色生成工具，无论是复杂的人物、汽车、电器，还是简单的水果、杯子、鼠标，都可以使用渐变网格惟妙惟肖地表现出来，其真实程度甚至可以与照片媲美。

## 5.1 关于产品设计

工业设计（Industrial Design）起源于包豪斯，它是指以工学、美学、经济学为基础，对工业产品进行设计，分为产品设计、环境设计、传播设计和设计管理 4 类。产品设计即工业产品的艺术设计，通过产品造型的设计可以将功能、结构、材料和生成手段、使用方式等统一起来，实现具有较高质量和审美的产品的目的，如图 5-1～图 5-4 所示。

| 怪兽洗脸盆 | 米奇灯 |
| 图 5-1 | 图 5-2 |

Tad Carpenter 玩具公仔设计　　　　　　大众 Nils 电动概念车

图 5-3　　　　　　　　　　　　　　　图 5-4

产品的功能、造型和产品生产的物质基础条件是产品设计的基本要素。在这三个要素中，功能起着决定性的作用，它决定了产品的结构和形式，体现了产品与人之间的关系；造型是功能的体现媒介，并具有一定的多样性；物质条件则是实现功能与造型的根本条件，是构成产品功能与造型的媒介。

## 5.2 渐变

渐变是一种填色方法，可以生成两种或多种颜色之间平滑过渡的填色效果，各种颜色之间衔接自然、流畅。

## 5.2.1 渐变面板

选择一个图形对象,单击工具面板底部的渐变按钮,即可为其填充默认的黑白线性渐变,如图 5-5 所示,同时还会弹出"渐变"面板,如图 5-6 所示。

图 5-5

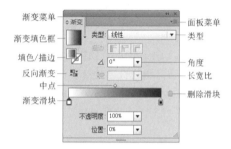

图 5-6

● 渐变填色框:显示了当前渐变的颜色,单击该按钮可以用渐变填充当前选中的图形对象。

● 渐变菜单:单击 按钮,可以打开下拉列表,选择一个预设的渐变。

● 类型:在该选项的下拉列表中可以选择渐变类型,包括线性渐变(如图 5-5 所示)和"径向"渐变,如图 5-7 所示。

● 反向渐变 :单击该按钮,可以反转渐变颜色的填充顺序,如图 5-8 所示。

图 5-7

图 5-8

● 描边:如果使用渐变色对路径进行了描边,则单击 按钮,可以在描边中应用渐变,如图 5-9 所示;单击 按钮,可以沿描边应用渐变,如图 5-10 所示;单击 按钮,可以跨描边应用渐变,如图 5-11 所示。

图 5-9                图 5-10                图 5-11

● 角度 :用来设置线性渐变的角度,如图 5-12 所示。

● 长宽比 :填充径向渐变时,可以在该文本框中输入数值,创建椭圆渐变,如图 5-13 所示,也可以修改椭圆渐变的角度使其倾斜。

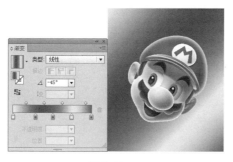
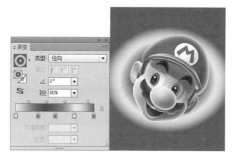

图 5-12 图 5-13

- 中点／渐变滑块／删除滑块：渐变滑块用来设置渐变颜色和颜色的位置；中点用来定义两个滑块中颜色的混合位置。如果要删除滑块，可以选中它，然后单击 🗑 按钮。

- 不透明度：单击一个渐变滑块后，调整不透明度值，可以使颜色呈现透明效果。

- 位置：选择中点或渐变滑块后，可以在该文本框中输入 0 ～ 100 的数值来定位。

## 5.2.2 调整渐变颜色

在线性渐变中，渐变颜色条最左侧的颜色为渐变色的起始颜色，最右侧的颜色为终止颜色。在径向渐变中，最左侧的渐变滑块定义了颜色填充的中心点，它呈辐射状向外逐渐过渡到最右侧的渐变滑块颜色。

- 用"颜色"面板调整渐变颜色：单击一个渐变滑块将其选中，如图 5-14 所示，拖曳"颜色"面板中的滑块即可调整其颜色，如图 5-15 和图 5-16 所示。

图 5-14 图 5-15 图 5-16

- 用"色板"面板调整渐变颜色：选择一个渐变滑块，按住 Alt 键并单击"色板"面板中的色板，可以将色板颜色应用到所选滑块上，如图 5-17 所示；也可以直接将一个色板拖曳到滑块上来改变它的颜色，如图 5-18 所示。

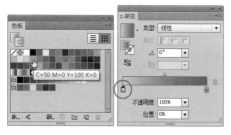
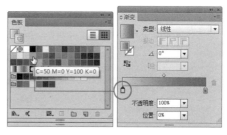

图 5-17 图 5-18

- 添加渐变滑块：如果要增加渐变颜色的数量，可以在渐变色条下方单击，添加新的滑块，如图 5-19 所示。将"色板"面板中的色板直接拖至"渐变"面板中的渐变色条上，可以添加一个该色板颜色的渐变滑块，如图 5-20 所示。

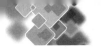

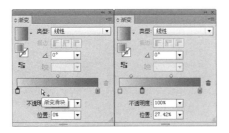

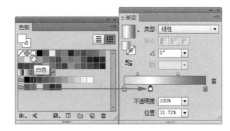

图 5-19                                   图 5-20

● 调整颜色的混合位置：拖曳滑块可以调整渐变中各个颜色的混合位置，如图 5-21 所示。在渐变色条上，每两个渐变滑块的中间（50%处）都有一个菱形的中点滑块，移动中点可以改变其两侧渐变滑块的颜色混合位置，如图 5-22 所示。

图 5-21                                   图 5-22

● 复制与交换滑块：按住 Alt 键并拖曳一个滑块，可以复制它。如果按住 Alt 键并将一个滑块拖曳到另一个滑块上，则可以交换这两个滑块的位置。

● 删除渐变滑块：如果要减少颜色数量，可以单击一个滑块，然后单击 🗑 按钮进行删除，也可以直接将其拖曳到面板外。

**提示**

编辑渐变颜色后，可以单击"色板"面板中的 📑 按钮，将其保存在该面板中。以后需要使用时，即可通过"色板"面板来应用该渐变，省去了重新设定的麻烦。

**小技巧：扩展"渐变"面板**

在默认情况下，"渐变"面板的编辑区域比较小，滑块数量较多时，就不太容易添加新滑块了，也很难准确调整颜色的混合位置。如果遇到这种情况，可以将光标放在面板右下角的图标上，单击并拖曳将面板调宽。

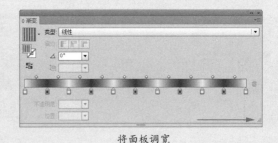

渐变滑块非常紧密                          将面板调宽

## 5.2.3 编辑线性渐变

使用渐变工具 ▦ 可以自由控制渐变颜色的起点、终点和填充方向。

使用选择工具 ▶ 选择填充了渐变的对象，如图 5-23 所示。选择渐变工具 ▦，图形上会显示控制器，如图 5-24 所示。

图 5-23　　　　　　　　　　　　　　　　图 5-24

● 原点：左侧的圆形图标是渐变的原点，拖曳它可以水平移动渐变，如图 5-25 所示。

● 半径：拖曳右侧的圆形图标可以调整渐变的半径，如图 5-26 所示。

● 旋转：如果要旋转渐变，可以将光标放在右侧的圆形图标外（光标变为 ↻ 状），此时单击并拖曳即可旋转渐变，如图 5-27 所示。

图 5-25　　　　　　　　图 5-26　　　　　　　　图 5-27

● 编辑渐变滑块：将光标放在渐变控制器下方，可以显示渐变滑块，如图 5-28 所示。将滑块拖曳至图形外侧，可以将其删除，如图 5-29 所示。移动滑块，可以调整渐变颜色的混合位置，如图 5-30 所示。

图 5-28　　　　　　　　图 5-29　　　　　　　　图 5-30

## 5.2.4　编辑径向渐变

如图 5-31 所示为填充了径向渐变的图形，下面来看一下怎样修改径向渐变。

图 5-31

- 调整覆盖范围：拖曳左侧的圆形图标，可以调整渐变的覆盖范围，如图 5-32 所示。
- 移动：拖曳中间的圆形图标，可以水平移动渐变，如图 5-33 所示。
- 调整原点和方向：拖曳左侧的空心圆可同时调整渐变的原点和方向，如图 5-34 所示。

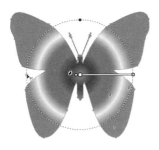  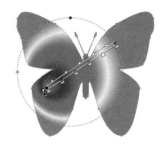

图 5-32　　　　　　　　　　　图 5-33　　　　　　　　　　　图 5-34

- 创建椭圆渐变：将光标放在如图 5-35 所示的图标上，单击并向下拖曳，可以调整渐变的半径，生成椭圆形状的渐变，如图 5-36 所示。

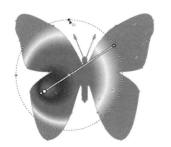 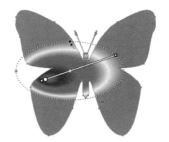

图 5-35　　　　　　　　　　　　　　　图 5-36

**小技巧：多图形渐变填充技巧**

选择多个图形后，单击"色板"面板中预设的渐变，每个图形都会填充相应的渐变。如果此时再使用渐变工具  在这些图形上方单击并拖曳，重新为它们填充渐变，则这些图形将作为一个整体应用渐变。

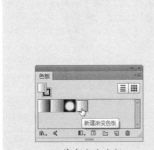  

单击渐变色板　　　　　　　每个图形都填充渐变　　　　　　用渐变工具修改后的效果

## 5.2.5　将渐变扩展为图形

选择一个填充了渐变色的对象，如图 5-37 所示，执行"对象 > 扩展"命令，打开"扩展"对话框，选择"填充"选项，在"指定"文本框中输入数值，即可按照该值将渐变填充扩展为相应数量的图形，如图 5-38 和图 5-39 所示。所有的对象会自动编为一组，并通过剪切蒙版控制显示区域。

图 5-37　　　　　　　　　图 5-38　　　　　　　　　图 5-39

## 5.3　渐变网格

渐变网格是一种灵活度更高、可控性更强的渐变颜色生成工具，它可以为网格点和网格片面着色，并通过网格点的位置来精确控制渐变颜色的范围和混合位置。

### 5.3.1　认识渐变网格

渐变网格是由网格点、网格线和网格片面构成的多色填充对象，如图 5-40 所示，各种颜色之间能够平滑过渡。使用这项功能可以绘制出照片级写实效果的作品，如图 5-41 和图 5-42 所示。

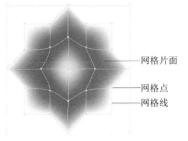

渐变网格组成对象

图 5-40

机器人网格结构图

图 5-41

机器人效果图

图 5-42

渐变网格与渐变填充都可以在对象内部创建各种颜色之间的平滑过渡效果。它们的不同之处在于，渐变填充可以应用于一个或多个对象，但渐变的方向只能是单一的，不能分别调整，如图 5-43 和图 5-44 所示；渐变网格虽然只能应用于一个图形，但可以在图形内产生多个渐变，渐变可以沿不同的方向分布，并始终从一点平滑地过渡到另一点，如图 5-45 所示。

线性渐变（单个渐变）

图 5-43

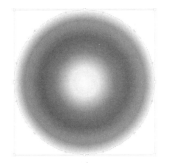

径向渐变（单个渐变）

图 5-44

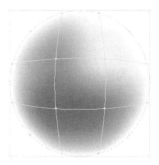

渐变网格（多个渐变）

图 5-45

### 5.3.2 创建网格对象

选择网格工具 ，将光标放在图形上（光标会变为 状），如图 5-46 所示，单击即可将图形转换为渐变网格对象，同时，单击处会生成网格点、网格线和网格片面，如图 5-47 所示。

如果要按照指定数量的网格线创建渐变网格，可以选择图形，执行"对象 > 创建渐变网格"命令，在打开的对话框中设置参数，如图 5-48 所示。

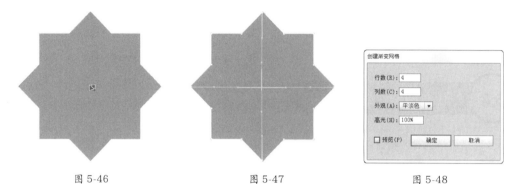

图 5-46            图 5-47            图 5-48

- 行数 / 列数：用来设置水平和垂直网格线的数量，范围为 $1 \sim 50$。

- 外观：用来设置高光的位置和创建方式。选择"平淡色"，不会创建高光，如图 5-49 所示；选择"至中心"，可以在对象中心创建高光，如图 5-50 所示；选择"至边缘"，可以在对象的边缘创建高光，如图 5-51 所示。

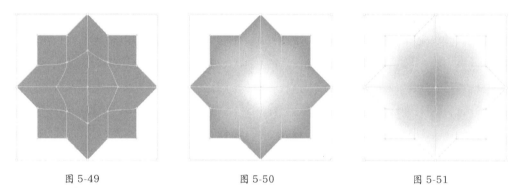

图 5-49            图 5-50            图 5-51

- 高光：用来设置高光的强度，该值为 100% 时，可以将最大的白色高光应用于对象，该值为 0% 时，不会应用白色高光。

---

**提示**

位图图像、复合路径和文本对象不能创建为网格对象。此外，复杂的网格会使系统性能大幅降低，因此，最好创建若干小且简单的网格对象，而不要创建单个复杂的网格。

---

### 5.3.3 为网格点着色

在为网格点或网格区域着色前，需要先单击工具面板底部的填色按钮 ，切换到填色编辑状态（可以按 X 键快速切换填色和描边状态），然后使用网格工具 ，在网格点上单击，将其选中，如图 5-52 所示，单击"色板"面板中的一个色板，即可为其着色，如图 5-53 所示。此外，拖曳"颜色"面板中的滑块，则可以调整所选网格点的颜色，如图 5-54 所示。

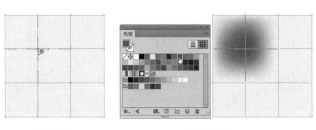
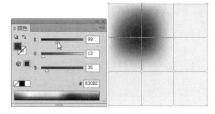

图 5-52　　　　　　　　　　图 5-53　　　　　　　　　　图 5-54

### 5.3.4　为网格片面着色

使用直接选择工具 ，在网格片面上单击，将其选择，如图 5-55 所示，单击"色板"面板中的色板，即可为其着色，如图 5-56 所示。此外，拖曳"颜色"面板中的滑块，可以调整所选网格片面的颜色，如图 5-57 所示。

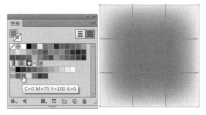

图 5-55　　　　　　　　　　图 5-56　　　　　　　　　　图 5-57

如果将"色板"面板中的一个色板拖曳到网格点或网格面片上，也可为其着色。在网格点上应用颜色时，颜色以该点为中心向外扩散，如图 5-58 所示；在网格片面中应用颜色时，则以该区域为中心向外扩散，如图 5-59 所示。

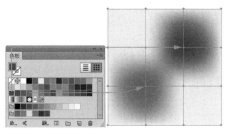
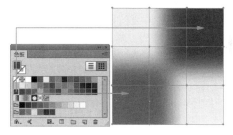

图 5-58　　　　　　　　　　　　　　　图 5-59

### 5.3.5　编辑网格点

渐变网格的网格点与锚点的属性基本相同，只是增加了接受颜色的功能。网格点可以着色和移动，也可以增加和删除网格点，或者调整网格点的方向线，从而实现对颜色变化范围的精确控制。

网格点是网格线相交处的锚点。网格点以菱形显示，它具有锚点的所有属性，而且可以接受颜色。网格中也可以出现锚点（区别在于其形状为正方形而非菱形），但锚点不能着色，它只能起到编辑网格线形状的作用，并且添加锚点时不会生成网格线，删除锚点时也不会删除网格线。

● 选择网格点：选择网格工具 ，将光标放在网格点上（光标变为 状），单击即可选中网格点，选中的网格点为实心方块，未选中的为空心方块，如图 5-60 所示；使用直接选择工具 在网格点上单击，也可以选择网格点，按住 Shift 键并单击其他网格点，可以同时选中多个网格点，如图 5-61 所示，如果单击并拖出一个矩形框，则可以选择矩形框范围内的所有网格点，如图 5-62 所示；使用套索工具 可以在网格对象上绘制不规则选区，并选择网格点，如图 5-63 所示。

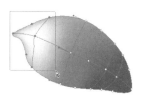
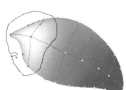

图 5-60　　　　　　　图 5-61　　　　　　　图 5-62　　　　　　　图 5-63

- 移动网格点和网格片面：选择网格点后，单击并拖曳即可进行移动，如图 5-64 所示；如果按住 Shift 键并拖曳鼠标，则可以将该网格点的移动范围限制在网格线上，如图 5-65 所示。采用这种方法沿一条弯曲的网格线移动网格点时，不会扭曲网格线。使用直接选择工具 在网格片面上单击并拖曳，可以移动该网格片面，如图 5-66 所示。

图 5-64　　　　　　　　图 5-65　　　　　　　　图 5-66

- 调整方向线：网格点的方向线与锚点的方向线完全相同，使用网格工具 和直接选择工具 都可以移动方向线，调整方向线可以改变网格线的形状，如图 5-67 所示；如果按住 Shift 键并拖曳方向线，则可以同时移动该网格点的所有方向线，如图 5-68 所示。

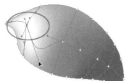

图 5-67　　　　　　　　　　　　图 5-68

- 添加与删除网格点：使用网格工具 在网格线或网格片面上单击，均可以添加网格点，如图 5-69 所示。如果按住 Alt 键，光标会变为 状，如图 5-70 所示，此时单击网格点可将其删除，由该点连接的网格线也会同时删除，如图 5-71 所示。

图 5-69　　　　　　　　图 5-70　　　　　　　　图 5-71

**小技巧：网格点添加技巧**

为网格点着色后，使用网格工具 在网格区域单击，可以添加网格点，并且新生成的网格点将与上一个网格点使用相同的颜色。如果按住 Shift 键并单击，则可添加网格点，但不改变其填充颜色。

## 5.3.6　从网格对象中提取路径

将图形转换为渐变网格对象后，它将不再具有路径的某些属性。例如，不能创建混合、剪切蒙版和复合路径等。如果要保留以上属性，可以采用从网格对象中提取对象的原始路径的方法来操作。

　　选择网格对象，如图 5-72 所示，执行"对象 > 路径 > 偏移路径"命令，打开"偏移路径"对话框，将"位移"值设置为 0，如图 5-73 所示，单击"确定"按钮，即可得到与网格图形相同的路径。新路径与网格对象重叠在一起，使用选择工具 �‍ 将网格对象移开，便能看到它，如图 5-74 所示。

图 5-72　　　　　　　　　　　　　图 5-73　　　　　　　　　　　　图 5-74

### 5.3.7　将渐变扩展为网格

　　使用网格工具 🔲 单击渐变图形时，在将其转换为网格对象的同时，该图形原有的渐变颜色也会丢失，如图 5-75 和图 5-76 所示。如果要保留渐变颜色，可以选择对象，执行"对象 > 扩展"命令，在打开的对话框中选择"填充"和"渐变网格"两个选项，如图 5-77 所示，此后，使用网格工具 🔲 在图形上单击，渐变颜色不会有任何改变，如图 5-78 所示。

图 5-75　　　　　　　　　　图 5-76　　　　　　　　　图 5-77　　　　　　　　图 5-78

## 5.4　课堂练习：水晶按钮

**01** 选择椭圆工具 ⬭，在画板中单击，弹出"椭圆"对话框并设置参数，如图 5-79 所示，单击"确定"按钮，创建一个圆形，如图 5-80 所示。单击工具面板中的 ■ 按钮，为其填充渐变，如图 5-81 所示。

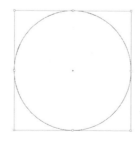

图 5-79　　　　　　　　　　　图 5-80　　　　　　　　　　图 5-81

**02** 打开"渐变"面板，单击左侧的白色滑块将其选取，如图 5-82 所示，按住 Alt 键并单击"色板"中的洋红色，修改渐变滑块的颜色，如图 5-83 和图 5-84 所示，图形的填充效果如图 5-85 所示。

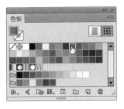

图 5-82          图 5-83          图 5-84          图 5-85

**03** 将渐变的角度设置为 -90°，改变渐变的方向，如图 5-86 所示。将黑色滑块向左拖曳，在"位置"文本框中输入 31，精确定位滑块的位置，如图 5-87 所示。在图中可以看到，洋红与黑色之间的过渡还有灰色存在，因此还需要对黑色的参数进行调整。

图 5-86                  图 5-87

**04** 打开"颜色"面板，在面板菜单中选择 CMYK 命令，如图 5-88 所示，下面使用 CMYK 色谱调整颜色。将 M 数值设置为 100，即可在原来的黑色滑块中添加红色，使渐变颜色自然过渡，如图 5-89 和图 5-90 所示。

图 5-88                  图 5-89                  图 5-90

**05** 在渐变颜色条下面单击，添加两个渐变滑块，如图 5-91～图 5-93 所示。

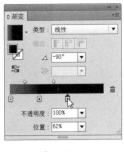

图 5-91                  图 5-92                  图 5-93

**06** 继续添加渐变滑块，使颜色的变化更加丰富，如图 5-94 所示。删除图形的黑色描边，如图 5-95 所示。按 Ctrl+C 快捷键复制圆形，按两次 Ctrl+V 快捷键粘贴圆形，将复制后的两个圆形重叠排列，如图 5-96 所示。

图 5-94　　　　　　　图 5-95　　　　　　　图 5-96

**07** 选取这两个圆形，单击"路径查找器"面板中的 按钮，减去顶层对象，得到一个月牙形，如图 5-97 所示。将月牙图形移至圆形上面，选取"渐变"面板中的黑色滑块，将黑色调浅，如图 5-98 所示。

图 5-97　　　　　　　　　　　　　　图 5-98

**08** 分别创建两个月牙图形，填充较浅的渐变颜色，如图 5-99 和图 5-100 所示。

图 5-99　　　　　　　　　　　　　　图 5-100

**09** 创建一个椭圆形，填充渐变，形成按钮的高光区域，如图 5-101 所示。按 Ctrl+A 快捷键全选，按 Ctrl+G 快捷键编组，按 Ctrl+C 快捷键复制。打开相关素材，按 Ctrl+V 快捷键，将水晶按钮粘贴到文档中，如图 5-102 所示。

图 5-101　　　　　　　　　　　　　图 5-102

### 5.5　课堂练习：彩虹图标

**01** 选择圆角矩形工具 ，在画板中单击，弹出"圆角矩形"对话框并设置参数，如图 5-103 所示，创建一个圆角矩形，如图 5-104 所示。

图 5-103

图 5-104

**02** 选择矩形网格工具▦，绘制一个与圆角矩形宽度相同的网格（可以按 ←键，减少垂直分隔线的数量，按↓键，减少水平分隔线的数量），如图 5-105 所示。按 Ctrl+A 快捷键全选，单击"路径查找器"面板中的分割按钮▣，如图 5-106 所示，分割并扩展图形，两个图形的路径交叉处被分割后会生成新的锚点，如图 5-107 所示。用编组选择工具▸选择圆角矩形外面的路径，按 Delete 键删除，如图 5-108 所示。

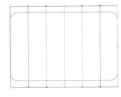

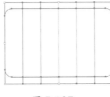
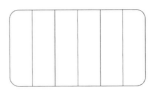

图 5-105　　　　　图 5-106　　　　　图 5-107　　　　　图 5-108

**03** 按住 Shift 键并单击第 1 和第 6 个图形，填充相同颜色的渐变，如图 5-109 和图 5-110 所示。为第 2 和第 5 个图形填充相同颜色的渐变，如图 5-111 和图 5-112 所示。

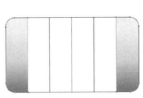

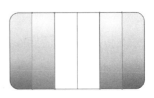

图 5-109　　　　　图 5-110　　　　　图 5-111　　　　　图 5-112

**04** 为第 3 和第 4 个图形也填充渐变，如图 5-113 和图 5-114 所示。按 X 键，切换到描边编辑状态，单击工具面板中的无按钮▢，删除对象的描边，如图 5-115 所示。

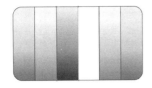

图 5-113　　　　　图 5-114　　　　　图 5-115

**05** 用圆角矩形工具▢绘制一个圆角矩形，如图 5-116 所示，在其上面绘制一个椭圆形，如图 5-117 所示。选取这两个图形，单击"路径查找器"面板中的与形状区域相减按钮▢，如图 5-118 所示。

图 5-116　　　　　图 5-117　　　　　图 5-118

**06** 将相减后得到的图形移动到彩虹图形上方，如图 5-119 所示。使用选择工具 ，按住 Alt 键并拖曳图形进行复制，为复制后的图形填充白色，如图 5-120 所示。

图 5-119　　　　　　　　　　　　　图 5-120

**07** 绘制两个大于彩虹图形的圆角矩形，如图 5-121 所示。将它们选取，按 Alt+Ctrl+B 快捷键建立混合。双击混合工具 ，打开"混合选项"对话框，在"间距"下拉列表中选择"指定的步数"，设置数值为 5，如图 5-122 和图 5-123 所示。

图 5-121　　　　　　　　图 5-122　　　　　　　　图 5-123

**08** 按 Shift+Ctrl+[ 快捷键，将混合图形移动到彩虹图形的后面。选取这两个图形，单击"对齐"面板中的水平居中对齐按钮 和垂直居中对齐按钮 ，进行对齐操作，如图 5-124 所示。使用椭圆工具 ，按住 Shift 键并绘制圆形，填充白色，无描边颜色，在控制面板中设置不透明度为 50%，如图 5-125 所示。

图 5-124　　　　　　　　　　　　　图 5-125

**09** 打开相关素材，为彩虹按钮添加一些图形，如图 5-126 所示。

图 5-126

## 5.6　课堂练习：蘑菇灯

**01** 新建一个文档。执行"文件 > 置入"命令，置入相关素材作为背景，如图 5-127 所示。锁定"图层 1"，单击"图层"面板底部的 按钮，新建一个图层，如图 5-128 所示。

**02** 使用钢笔工具  绘制蘑菇图形，如图 5-129 所示。上面的蘑菇图形用橙色填充，无描边颜色，如图 5-130 所示。

图 5-127　　　　　　　　　　图 5-128　　　　　　　　　　图 5-129　　　　　　　　　　图 5-130

**03** 按 X 键切换为填色编辑状态。使用渐变网格工具 ，在图形上单击，添加网格点，在"颜色"面板中将填充颜色调整为浅黄色，如图 5-131 和图 5-132 所示。

> **提示**
>
> 添加网格点后，如果在"颜色"面板中怎样调整颜色都无法改变网格点的颜色时，可以看一下当前的编辑状态，如果在描边编辑状态，那么网格点的颜色将无法编辑，必须切换为填充编辑状态才可以进行。

**04** 在该网格点下方单击，继续添加网格点，将颜色调整为橙色，如图 5-133 和图 5-134 所示。

图 5-131　　　　　　　　　　图 5-132　　　　　　　　　　图 5-133　　　　　　　　　　图 5-134

**05** 在该点下方轮廓线的网格点上单击将其选中，调整颜色为浅黄色，如图 5-135 和图 5-136 所示。

**06** 再选取蘑菇轮廓线上方的网格点并调整颜色，如图 5-137 和图 5-138 所示。

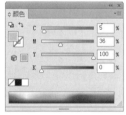

图 5-135　　　　　　　　　　图 5-136　　　　　　　　　　图 5-137　　　　　　　　　　图 5-138

**07** 使用选择工具 ，选取另一个图形，填充浅黄色，无描边，如图 5-139 所示。使用渐变网格工具 ，在图形中间位置单击，添加网格点，将网格点设置为白色，如图 5-140 所示。

图 5-139　　　　　　　　　　　　图 5-140

**08** 使用椭圆工具 ，绘制一个椭圆形，填充线性渐变，如图 5-141 所示。设置图形的混合模式为"叠加"，使它与底层图形的颜色融合在一起，如图 5-142 和图 5-143 所示。使用选择工具 ，按住 Alt 键并拖曳图形进行复制，调整大小和角度，如图 5-144 所示。

图 5-141　　　　　　图 5-142　　　　　　图 5-143　　　　　　图 5-144

**09** 绘制一个稍大的椭圆形，填充径向渐变，设置其中一个渐变滑块的不透明度为 0%，使渐变的边缘呈现透明的状态，更好地表现发光效果，如图 5-145 和图 5-146 所示。

图 5-145　　　　　　　　　　　图 5-146

**10** 再绘制一个圆形，填充相同的渐变颜色，按 Shift+Ctrl+[ 快捷键，将其移至底层，如图 5-147 所示。按 Ctrl+A 快捷键全选，按 Ctrl+G 快捷键编组。复制蘑菇灯，并适当缩小，放在画面左侧。在画面中添加文字，配上可爱的图形做装饰，完成后的效果如图 5-148 所示。

图 5-147　　　　　　　　　　　图 5-148

 **5.7　课堂练习：不锈钢水杯**

### 5.7.1　制作杯体

**01** 新建一个文档。使用矩形工具 创建一个矩形。使用添加锚点工具 在路径的上、下中间段添加两个锚点，如图 5-149 所示。使用直接选择工具 ，按住 Shift 键并在这两个锚点上单击，将它们选中，按 ↓ 键，将向下移动，如图 5-150 所示。

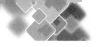

**02** 使用转换锚点工具 ，在锚点上单击，然后按住 Shift 键并沿水平方向拖曳，将角点转换为平滑点，如图 5-151 和图 5-152 所示。

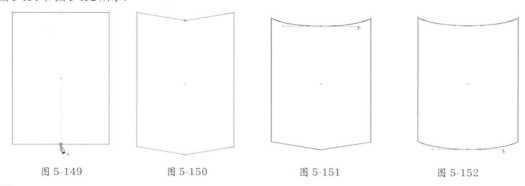

图 5-149　　　　　　图 5-150　　　　　　图 5-151　　　　　　图 5-152

**03** 为图形填充线性渐变，如图 5-153 和图 5-154 所示。

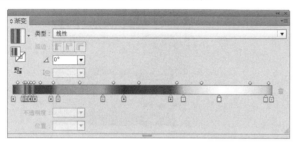　　　　

图 5-153　　　　　　　　　　　　　　　图 5-154

**提示**

可以拖曳"渐变"面板右下角的 ![]标记，将面板调宽。调色时可按住 Alt 键并拖曳渐变滑块进行复制，再将复制后的渐变滑块移动到相应位置，通过"颜色"面板调整渐变滑块的颜色。

**04** 使用椭圆工具 ，绘制一个椭圆形并填充黑色。按 Ctrl+C 快捷键复制，按 Ctrl+F 快捷键将其粘贴至顶层。使用选择工具 ，将光标放在椭圆形的定界框上，按住 Alt 键并拖曳将其缩小（缩放时，按住 Alt 键可使图形中心点的位置保持不变），填充灰色。采用相同的方法再绘制一个椭圆形，填充白色，如图 5-155 所示。

**05** 选取这三个椭圆，按 Alt+Ctrl+B 快捷键创建混合。双击混合工具 ，在打开的对话框中设置混合步数为 8，如图 5-156 和图 5-157 所示。

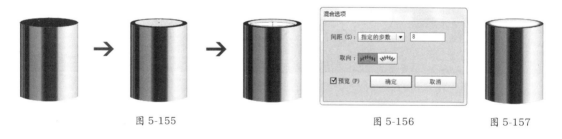

图 5-155　　　　　　　　　　图 5-156　　　　　　　　图 5-157

## 5.7.2　制作底座

**01** 使用选择工具 ，按住 Shift+Alt 键并向下拖曳混合后的图形进行复制，如图 5-158 所示。按住 Shift 并选取这两个混合图形，按 Ctrl+G 快捷键编组。按 Ctrl+[ 快捷键将组图形向后移动，如图 5-159 所示。选中杯体图形，如图 5-160 所示，按住 Alt 键并向下拖曳，进行复制，调整复制后的图形的大小，如图 5-161 所示。

图 5-158　　　　　　图 5-159　　　　　　图 5-160　　　　　　图 5-161

**02** 使用直接选择工具 ↳ 调整锚点，在控制面板中设置描边宽度为 0.5pt，如图 5-162 所示。调整渐变颜色，如图 5-163 和图 5-164 所示。

图 5-162　　　　　　　　图 5-163　　　　　　　　图 5-164

**03** 按 Shift+Ctrl+[ 快捷键，将该图形移至底层，如图 5-165 所示。按 Ctrl+C 快捷键复制，按 Ctrl+B 快捷键将复制后的图形粘贴到原图形的后面，按 ↓ 键向下移动，如图 5-166 所示。按住 Shift 键并拖曳控制点，将图形等比缩小，如图 5-167 所示。

图 5-165　　　　　　　　图 5-166　　　　　　　　图 5-167

**04** 再次按 Ctrl+B 快捷键粘贴图形，将图形等比缩小并调整渐变颜色，如图 5-168 和图 5-169 所示。

图 5-168　　　　　　　　图 5-169

### 5.7.3 制作杯口

**01** 使用钢笔工具 ✐ 绘制一个闭合式路径，填充线性渐变，如图 5-170 和图 5-171 所示。再绘制两个闭合式路径图形，分别填充白色和黑色，如图 5-172 和图 5-173 所示。

图 5-170　　　　　图 5-171　　　　　图 5-172　　　　　图 5-173

**02** 绘制两个闭合式路径图形，分别填充渐变和黑色，如图 5-174 ～图 5-176 所示。选中这两个图形，按 Alt+Ctrl+B 快捷键创建混合。双击混合工具 🖫，在打开的对话框中设置混合步数为 7，效果如图 5-177 所示。

图 5-174　　　　　图 5-175　　　　　图 5-176　　　　　图 5-177

**03** 绘制一个闭合式路径图形，填充线性渐变，如图 5-178 和图 5-179 所示。

图 5-178　　　　　　　　　　图 5-179

### 5.7.4 制作杯盖

**01** 绘制一个半圆形，填充线性渐变，无描边，如图 5-180 和图 5-181 所示。绘制一个闭合式路径图形，填充白色，无描边，如图 5-182 所示。选取这两个图形，按 Alt+Ctrl+B 快捷键创建混合。双击混合工具 🖫，在打开的对话框中设置混合步数为 30，效果如图 5-183 所示。

图 5-180          图 5-181          图 5-182          图 5-183

**02** 使用椭圆工具 ⬭ ，按住 Shift 键并绘制一个圆形，填充线性渐变，如图 5-184 和图 5-185 所示。

**03** 圆形路径上有 4 个锚点，使用添加锚点工具 ✏ 在位于下方的锚点的左右两侧单击，添加两个锚点。使用直接选择 ▷ 选取位于圆形下方的锚点，向下拖曳，再按住 Shift 键调整锚点方向线的长度，如图 5-186 所示。

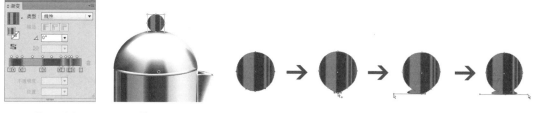

图 5-184          图 5-185                    图 5-186

**04** 使用铅笔工具 ✏ 绘制一个闭合式路径图形，填充白色，无描边，如图 5-187 所示。选取圆形和白色图形，按 Alt+Ctrl+B 快捷键创建混合。双击混合工具 ▣，在打开的对话框中设置混合步数为8，效果如图 5-188 所示。

**05** 用铅笔工具 ✏ 绘制一个闭合式路径图形，填充白色，无描边，如图 5-189 所示。用钢笔工具 ✒ 绘制一条开放式路径，设置描边为白色，无填充颜色，如图 5-190 所示。

图 5-187          图 5-188          图 5-189          图 5-190

**06** 采用相同的方法制作两个圆形球体，如图 5-191 所示。将球体移动到不锈钢杯的左侧，如图 5-192 所示。

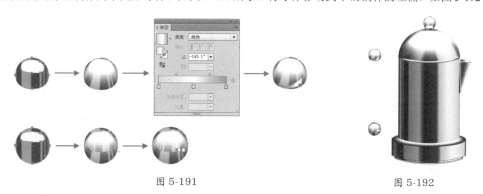

图 5-191                              图 5-192

## 5.7.5 制作把手

**01** 使用矩形工具  绘制一个矩形,如图5-193所示。使用添加锚点工具  在路径下方添加锚点,再移动锚点,如图 5-194 所示。使用椭圆工具 绘制一个椭圆形,填充径向渐变,如图 5-195 和图 5-196 所示。按 Ctrl+[ 快捷键,将该图形向后移动,如图 5-197 所示。

图 5-193　　　　图 5-194　　　　　　图 5-195　　　　　　　图 5-196　　　　图 5-197

**02** 绘制一个椭圆形,填充线性渐变,如图 5-198 和图 5-199 所示。使用圆角矩形工具 绘制一个圆形矩形,填充线性渐变,如图 5-200 和图 5-201 所示。

图 5-198　　　　　图 5-199　　　　　图 5-200　　　　　　　图 5-201

**03** 使用钢笔工具 绘制一条开放式路径,设置描边宽度为4pt,效果如图5-202所示。保持路径的选中状态,执行"对象 > 路径 > 轮廓化描边"命令,将描边创建为轮廓,调整渐变颜色,如图 5-203 和图 5-204 所示。

**04** 使用钢笔工具 绘制 3 条开放式路径,分别调整描边颜色和宽度,如图 5-205 所示。选择位于把手上面的球体,按 Shift+Ctrl+] 快捷键,将其移至顶层,如图 5-206 所示。按 Ctrl+A 快捷键选择所有图形,按 Ctrl+G 快捷键编组。

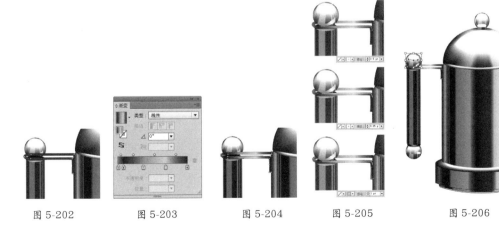

图 5-202　　　　　图 5-203　　　　　图 5-204　　　　　图 5-205　　　　　图 5-206

**05** 最后可以绘制一个矩形，填充渐变，放在底层作为背景，还可以复制水杯图形，再通过翻转制作为倒影，效果如图 5-207 所示。

图 5-207

## 5.8　思考与练习

### 一、问答题

1. 为网格点或网格区域着色前，需要先进行哪些操作？

2. 网格点比锚点多了哪种属性？

3. 怎样将渐变对象转换为渐变网格对象，同时保留渐变颜色？

4. 调整好渐变颜色后，怎样将其保存？

5. 从渐变效果看，渐变与渐变网格有何区别？

### 二、上机练习

#### 1. 编辑线性渐变

使用素材和渐变工具 █ 进行线性渐变的编辑练习，如图 5-208 所示。

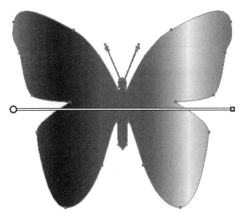

图 5-208

#### 2. 甜橙广告

如图 5-209 所示为一幅甜橙广告，画面中晶莹剔透的橙汁是通过渐变表现出来的，如图 5-210 所示。下面请使用渐变功能制作橙汁。

图 5-209                 图 5-210

首先创建一个圆形，填充径向渐变，如图 5-211 所示。使用渐变工具 █ 在圆形的右下方单击并向右上方拖曳，重新设置渐变在图形上的位置，如图 5-212 所示。复制圆形，在其上面再放置一个圆形，使两个圆形相减得到月牙状图形，如图 5-213 所示。调整渐变位置，如图 5-214 所示，将月牙图形移动到圆形下方。绘制一个椭圆形，填充径向渐变，如图 5-215 所示。使用铅笔工具 ✏、椭圆工具 ⬭ 绘制高光图形，填充白色，如图 5-216 所示。

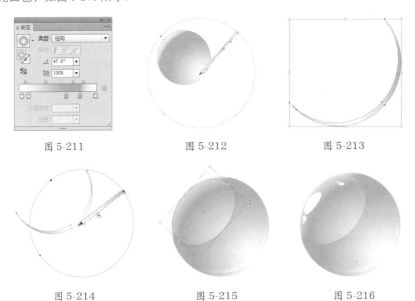

图 5-211          图 5-212          图 5-213

图 5-214          图 5-215          图 5-216

## 5.9   测试题

1. 在 Illustrator 中，渐变的基本类型是（      ）。

    A. 对称渐变               B. 线性渐变               C. 径向渐变               D. 透明渐变

2. 使用渐变工具 █ 时，按住（      ）键单击并拖曳，可以将渐变的方向设置为水平、垂直或 45° 角的倍数。

    A. Alt                     B. Ctrl                    C. Shift                   D.Ctrl+Shift

3. 渐变网格是由（      ）构成的多色填充对象。

    A. 路径                     B. 网格点                  C. 网格线                  D. 网格片面

4. 对于线性渐变，渐变颜色条最左侧的颜色是渐变色的（　　　）。

　A. 起始颜色　　　　　　　　　　　B. 终止颜色　　　　　　　　C. 颜色中心

5. 下列关于渐变的描述，（　　　）是不正确的。

　A. 渐变只能用于填充图形内部，不能用作描边

　B. 径向渐变可以调整渐变角度

　C. 使用线性渐变时，渐变颜色条最左侧的颜色为渐变色的起始颜色，最右侧的颜色为渐变色的终止颜色

　D. 使用径向渐变时，最左侧的渐变滑块定义了颜色填充的中心点，它呈辐射状向外逐渐过渡到最右侧的渐变滑块颜色

6. 下列关于渐变网格的描述，（　　　）是正确的。

　A. 网格点具有与锚点相同的属性，只是增加了接受颜色的功能

　B. 除复合路径和文本对象外的矢量对象都可以创建网格对象，链接的图像不能创建网格对象

　C. 使用添加锚点工具可以在网格对象上添加网格点

　D. 选择网格点后，使用吸管工具在一个单色填充的对象上单击，可以拾取该对象的颜色并应用到所选网格点上

7. 渐变网格通过（　　　）接受颜色。

　A. 锚点　　　　　　　　B. 路径　　　　　　　　C. 网格点　　　　　　　　D. 网格片面

8. （　　　）对象不能创建为网格对象。

　A. 图形　　　　　　　　B. 位图　　　　　　　　C. 复合路径　　　　　　　　D. 文本

# 第6章

## 服装前沿：图案与纹理

图案和纹理在服装设计、包装设计和插画中的应用比较多。使用 Illustrator 的"图案选项"面板可以创建和编辑图案，即使是复杂的无缝拼贴图案，也能轻松制作出来。在 Illustrator 中创建的任何图形以及位图图像等都可以定义为图案。用作图案的基本图形可以使用渐变、混合和蒙版等效果。此外，Illustrator 还提供了大量的预设图案，可以直接使用。

## 6.1　服装设计的绘画形式

服装设计的绘画形式有两种，即时装画和服装效果图。时装画强调绘画技巧，突出整体的艺术气氛与视觉效果，主要用于广告宣传；服装效果图则注重服装的着装具体形态以及细节的描写，以便于在制作中准确把握，保证成衣在艺术和工艺上都能完美地体现设计意图。

### 6.1.1　时装画

时装画是时装设计师表达设计思想的重要手段，它是一种理念的传达，强调绘画技巧，突出整体的艺术气氛与视觉效果，主要用于宣传和推广。如图 6-1 和图 6-2 所示为时装插画大师 David Downton 的作品。时装画以其特殊的美感形式成为了一个专门的画种，如时装广告画、时装插画等。如图 6-3 所示为苏格兰设计师 Nikki Farquharson 的时装插画，绚烂的色彩有如风雨过后的彩虹一样美丽。

图 6-1　　　　　　　　　　图 6-2　　　　　　　　　　图 6-3

### 6.1.2　服装设计效果图

服装设计效果图是服装设计师用来预测服装流行趋势，表达设计意图的工具，如图 6-4 所示。服装设计效果图表现的是模特穿着服装所体现出来的着装状态。人体是设计效果图构成中的基础因素，通常，头高（从头顶到下颌骨）同身高的比值称为"头身"，标准的人体比例为 1：8。而服装设计效果图中的人体可以在写实人体的基础上略有夸张，使其更加完美，8.5 ～ 10 个头身的比例都比较合适，如图 6-5 所示为真实的人体比例与服装效果图人体的差异。即使是写实的时装画，其人物的比例也是夸张的，即头小身长，如图 6-6 所示。

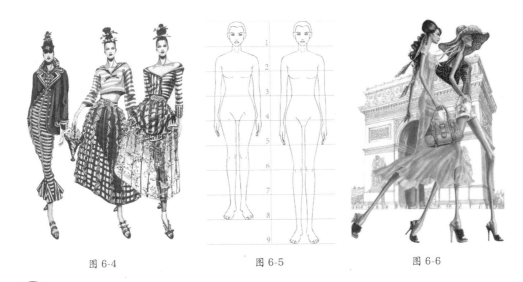

图 6-4                 图 6-5                 图 6-6

## 6.2　创建与使用图案

图案用于填充图形内部和描边。Illustrator 提供了许多预设的图案，同时也允许用户创建和使用自定义的图案。

### 6.2.1　填充图案

选择一个对象，如图 6-7 所示，在工具面板中将填色或描边设置为当前编辑状态（可以按 X 键进行切换），单击"色板"面板中的一个图案，如图 6-8 所示，即可将其应用到所选对象上。如图 6-9 和图 6-10 所示分别为对描边和填色应用图案后的效果。

图 6-7

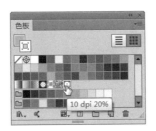

图 6-8

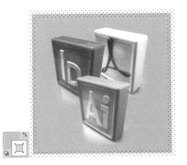

图 6-9

图 6-10

## 6.2.2 创建自定义图案

选择一个对象，如图 6-11 所示，执行"对象 > 图案 > 建立"命令，弹出"图案选项"面板，如图 6-12 所示。设置参数后，单击画板左上角的"完成"按钮，即可创建图案，并将其保存到"色板"面板中。

图 6-11

图 6-12

● 名称：用来输入图案的名称。

● 拼贴类型：在该选项的下拉列表中可以选择图案的拼贴方式，效果如图 6-13 所示。如果选择"砖形"，则可以在"砖形位移"选项中设置图形的位移距离。

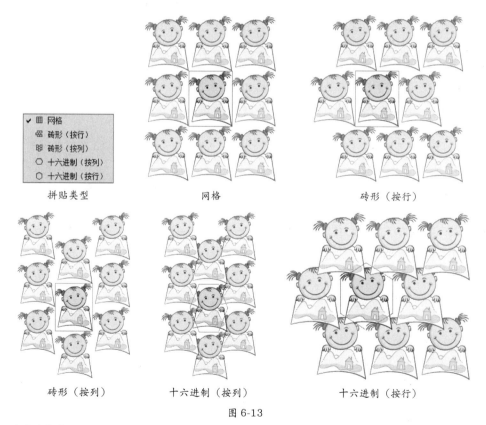

图 6-13

● 宽度 / 高度：可以设置拼贴图案的宽度和高度。单击 ⚙ 按钮后，可以进行等比缩放。

● 图案拼贴工具 ▦：选择该工具后，画板中央的基本图案周围会出现定界框，如图 6-14 所示，拖曳控制点，可以调整拼贴间距，如图 6-15 所示。

图 6-14                    图 6-15

- 将拼贴调整为图稿大小：勾选该选项后，可以将拼贴调整到与所选图形相同的大小。如果要设置拼贴间距的精确数值，可以勾选该选项，并在"水平间距"和"垂直间距"选项中输入数值。

- 重叠：如果将"水平间距"和"垂直间距"设置为负值，如图 6-16 所示，则图形会产生重叠，单击该选项中的按钮，可以设置重叠方式，包括左侧在前 ◈ ，右侧在前 ◈ ，顶部在前 ◈ ，底部在前 ◈ ，效果如图 6-17 所示。

间距为负值          左侧在前          右侧在前          顶部在前          底部在前

图 6-16                              图 6-17

- 份数：可以设置拼贴数量，包括 3×3、5×5 和 7×7 等选项。如图 6-18 所示为选择 1×3 选项的拼贴效果。

- 副本变暗至：可以设置图案副本的显示程度，例如，如图 6-19 所示是设置该值为 30% 的图案拼贴效果。

- 显示拼贴边缘：勾选该项，可以显示基本图案的边界框；取消勾选，则隐藏边界框，如图 6-20 所示。

图 6-18                    图 6-19                    图 6-20

**提示**

将任意一个图形或位图图像拖曳到"色板"面板中，即可保存为图案样本。

### 6.2.3　图案的变换操作技巧

使用选择、旋转和比例缩放等工具对图形进行变换操作时，如果对象填充了图案，则图案也会一同变换。如果想要单独变换图案，可以选择一个变换工具，在画板中单击，然后按住　"～"键拖曳鼠标。如图 6-21 所示为原图形，如图 6-22 所示为单独旋转图案的效果。如果要精确变换图案，可以选择对象，双击任意变换工具，在打开的对话框中设置参数，并且只选择"图案"选项即可。如图 6-23 和图 6-24 所示是将图案缩小 50%的效果。

　　图 6-21　　　　　　　　图 6-22　　　　　　　　图 6-23　　　　　　　　图 6-24

## 6.3　课堂练习：豹纹图案

**01** 按 Ctrl+O 快捷键，打开相关素材，如图 6-25 所示。使用选择工具 ，选择一个女孩的裙子，如图 6-26 所示。

　　　　　　　图 6-25　　　　　　　　　　　　　图 6-26

**02** 在"窗口 > 色板库 > 图案 > 自然"子菜单中选择一个图案库（"自然 _ 动物皮"），将其打开。单击"美洲虎"图案，为图形填充该图案，如图 6-27 所示。

**03** 再选取其他图形，填充不同的图案，效果如图 6-28 所示。

　　　　　　图 6-27　　　　　　　　　　　　　　图 6-28

## 6.4 课堂练习：单独纹样

**01** 按 Ctrl+N 快捷键，新建一个文档。选择椭圆工具 ⬭，在画板中单击，弹出"椭圆"对话框，设置宽度和高度均为 100mm，如图 6-29 所示，单击"确定"按钮，创建一个圆形，如图 6-30 所示。

**02** 保持圆形的选中状态，按 Ctrl+C 快捷键复制，按 Ctrl+F 快捷键原位粘贴。将光标放在定界框的一角，按住 Alt+Shift 键并拖曳鼠标，保持圆形中心点不变将其等比缩小，如图 6-31 所示。采用相同的方法制作出图 6-32 所示的 6 个圆形。

 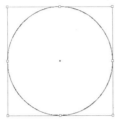 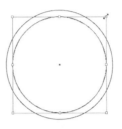 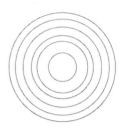

图 6-29      图 6-30      图 6-31      图 6-32

**03** 执行"窗口>画笔库>边框>边框_装饰"命令，打开该画笔库。使用选择工具 ▶，由大到小依次选取圆形，用该面板中的样本描边，如图 6-33 所示。

**04** 选取位于中心的最小的圆形。设置"粗细"为 2pt，使花纹变大，如图 6-34 和图 6-35 所示。

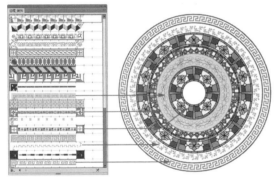   

图 6-33      图 6-34      图 6-35

**05** 使用面板中的其他样本，制作出如图 6-36～图 6-38 所示的图案。执行"窗口>画笔库>边框>边框_原始"命令，打开该面板，如图 6-39 所示。使用该面板中的样本可以制作出具有古朴、深沉风格的图案，如图 6-40和图 6-41 所示。

图 6-36      图 6-37      图 6-38

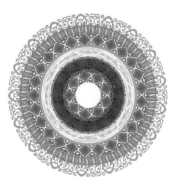

图 6-39　　　　　　　　　　　　　图 6-40　　　　　　　　　　　　　图 6-41

## 6.5　课堂练习：四方连续图案

　　四方连续图案是服饰图案的重要构成形式之一，被广泛地应用于服装面料设计中。其最大的特点是图案组织是上下、左右都能连续构成循环图案。

**01** 按 Ctrl+O 快捷键，打开相关素材，如图 6-42 所示。

**02** 使用选择工具 单击图形，执行"对象 > 图案 > 建立"命令，打开"图案选项"面板，将"拼贴类型"设置为"网格"，"份数"设置为 3×3，如图 6-43 所示。

图 6-42　　　　　　　　　　　　　　　图 6-43

**03** 单击窗口左上角的"完成"按钮，将图案保存到"色板"面板中，如图 6-44 所示。如图 6-45 所示为创建的四方连续图案，如图 6-46 所示为图案在模特衣服上的展示效果。

图 6-44　　　　　　　　　　図 6-45　　　　　　　　　　　　　　图 6-46

## 6.6 课堂练习：棉布面料

**01** 打开相关素材，如图6-47所示。这是一张花纹图案，下面在其基础上制作布纹效果。执行"视图>智能参考线"命令，启用智能参考线，它可以辅助定位和对齐。选择矩形工具 ，将光标放在图案的左上角，对齐后会显示提示信息，如图6-48所示，按住Shift键并创建一个与图案大小相同的正方形。

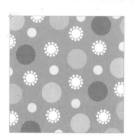

图 6-47　　　　　　　　　　　图 6-48

**02** 在"颜色"面板中调整颜色，如图6-49所示。在"透明度"面板中设置混合模式为"叠加"，如图6-50和图6-51所示。

图 6-49　　　　　　　　图 6-50　　　　　　　　图 6-51

**03** 执行"效果>纹理>纹理化"命令，打开"纹理化"对话框，在"纹理"下拉列表中选择"画布"并设置参数，如图6-52所示，效果如图6-53所示。

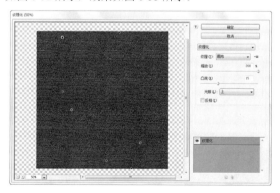

图 6-52　　　　　　　　　　　图 6-53

**提示**

"纹理化"效果可以在图像中加入各种纹理，使图像呈现纹理质感。如果单击"纹理"选项右侧的 按钮，选择下拉菜单中的"载入纹理"命令，则可载入一个PSD格式的文件作为纹理来使用。

**04** 按Ctrl+C快捷键，复制当前图形，按Ctrl+F快捷键，将其粘贴到前面，如图6-54所示。在"颜色"面板中调整图形的填充颜色，如图6-55所示。

**05** 在"透明度"面板中设置混合模式为"强光"，不透明度为22%，效果如图6-56所示。如果想要布纹的纹理更粗，可以在"纹理化"对话框中将纹理设置为"粗麻布"，效果如图6-57所示。

图 6-54

图 6-55

图 6-56

图 6-57

## 6.7　课堂练习：呢料面料

**01** 打开相关素材，如图6-58所示。

**02** 选择矩形工具 ▨，创建一个与图案大小相同的矩形，在"颜色"面板中调整填充颜色为紫色，如图6-59所示。执行"效果>艺术效果>胶片颗粒"命令，设置参数，如图6-60所示。在"透明度"面板中设置矩形的混合模式为"强光"，如图6-61和图6-62所示。

图 6-58

图 6-59

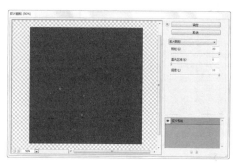

图 6-60

图 6-61

图 6-62

**03** 复制该矩形，按Ctrl+F快捷键，将其粘贴到前面，在"颜色"面板中调整颜色，如图6-63所示，设置混合模式为"叠加"，如图6-64和图6-65所示。

图 6-63

图 6-64

图 6-65

**6.8** 课堂练习：麻纱面料

**01** 打开相关素材，如图 6-66 所示。

**02** 选择矩形工具 ▭ ，创建一个与图案大小相同的矩形。单击"色板"面板底部的 ▣ 按钮，打开色板库菜单，选择"渐变 > 中性色"命令，加载该色板库。选择如图 6-67 所示的渐变颜色，效果如图 6-68 所示。

图 6-66

图 6-67

图 6-68

**03** 执行"效果 > 扭曲 > 海洋波纹"命令，设置参数，如图 6-69 所示。设置该图形的混合模式为"强光"，如图 6-70 和图 6-71 所示。

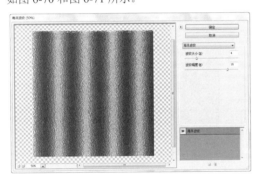
图 6-69

图 6-70

图 6-71

**6.9** 课堂练习：牛仔布面料

**01** 按 Ctrl+N 快捷键，打开"新建文档"对话框，新建一个分辨率为 72ppi、CMYK 模式的文档。

**02** 选择矩形工具 ▭ ，在画板中单击，打开"矩形"对话框，设置宽度与高度均为 78mm，单击"确定"按钮，创建一个矩形。执行"窗口 > 图形样式库 > 纹理"命令，打开"纹理"样式库，选择如图 6-72 所示的样式，效果如图 6-73 所示。

图 6-72

图 6-73

**03** 保持图形的选中状态。打开"外观"面板，单击"描边"属性前面的眼睛图标 👁，将描边隐藏，如图6-74和图6-75所示。

图 6-74

图 6-75

**04** 使用铅笔工具 ✐ 绘制一个图形，填充浅灰色，如图6-76所示。执行"效果 > 风格化 > 羽化"命令，设置羽化半径为18mm，如图6-77所示。设置图形的不透明度为80%，如图6-78和图6-79所示。

图 6-76　　　　　　　　图 6-77　　　　　　　　图 6-78　　　　　　　　图 6-79

**05** 再创建一个同样大小的矩形，在"颜色"面板中调整颜色，如图6-80所示，设置混合模式为"叠加"。按Ctrl+[ 快捷键，将其向下移动一个堆叠顺序，效果如图6-81所示。

**06** 使用钢笔工具 ✐ 绘制褶皱，使质感看起来更加真实。为了使褶皱的边缘变得柔和，可以添加羽化效果，羽化参数为1mm左右，效果如图6-82所示。如果在300ppi的文档中使用相同的参数制作，则可以表现出更加细腻的纹理效果，如图6-83所示。

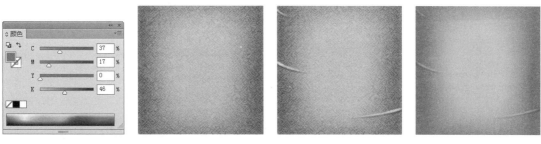

图 6-80　　　　　　　　图 6-81　　　　　　　　图 6-82　　　　　　　　图 6-83

## 6.10　课堂练习：绘制潮流女装

**01** 新建一个文档。使用钢笔工具 ✐ 绘制模特，用"5点椭圆形"画笔进行描边，设置描边颜色为黑色，宽度为0.25pt，无填充，如图6-84所示。

**02** 单击"图层"面板中的 按钮，新建一个图层，如图 6-85 所示，将其拖曳到"图层 1"下方，然后在"图层 1"前方单击，将该图层锁定，如图 6-86 所示。

图 6-84　　　　　　　　　　　　　　图 6-85　　　　　　　　图 6-86

**03** 绘制人物面部、胳膊、腿、帽子和靴子，如图 6-87 所示。

**04** 在背心和裙子上绘制图形，如图 6-88 所示。选择这两个图形，按 Ctrl+G 快捷键编组，如图 6-89 所示。

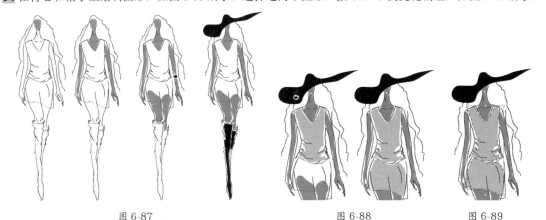

图 6-87　　　　　　　　　　　　　图 6-88　　　　　　　图 6-89

**05** 执行"窗口 > 色板库 > 其他库"命令，弹出"打开"对话框，选择光盘中的色板文件，如图 6-90 所示，将其打开，如图 6-91 所示。

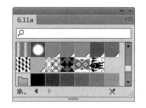

图 6-90　　　　　　　　　　　　图 6-91

**06** 单击面板中的图案，如图 6-92 所示，为所选图形填充图案，如图 6-93 所示。打开相关素材中的背景文件，将其拖曳到模特文档中，放在底层作为背景，如图 6-94 所示。

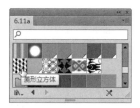

图 6-92　　　　　　　　图 6-93　　　　　　　　图 6-94

## 6.11 思考与练习

### 一、问答题

1. 什么样的对象可以创建为图案？

2. 创建自定义图案后，通过什么方法可以修改图案？

3. 怎样使用标尺调整图案的拼贴位置？

4. 如果要制作较为简单的图案以便能够迅速打印，应注意哪些事项？

5. 怎样控制图案元素的间距？

### 二、上机练习

#### 1. 将局部对象定义为图案

使用矩形工具 ▦ 在图像上方绘制一个矩形（无填色、无描边），如图 6-95 所示，限定图案的范围，执行"对象＞排列＞置为底层"命令，将矩形调整到最后，然后选择矩形和图像，将其拖曳到"色板"面板中创建为图案，如图 6-96 和图 6-97 所示。

图 6-95　　　　　　　　图 6-96　　　　　　　　图 6-97

#### 2. 迷彩面料

创建一个矩形，填充绿色，描边为黑色，如图 6-98 所示，执行"效果＞像素化＞点状化"命令，将图形处理为彩色的圆点，如图 6-99 和图 6-100 所示。在该图形下方创建一个浅绿色矩形，如图 6-101 所示，在"透明度"面板中将上方图形的混合模式设置为"正片叠底"，让两个对象的颜色和纹理叠加，如图 6-102 所示。使用铅笔工具 ✎ 绘制一些随意的图形，如图 6-103 所示。创建一个浅绿色矩形，执行"效果＞纹理＞纹理化"命令，为其添加纹理效果，如图 6-104 所示，最后将它的混合模式设置为"正片叠底"，效果如图 6-105 所示。

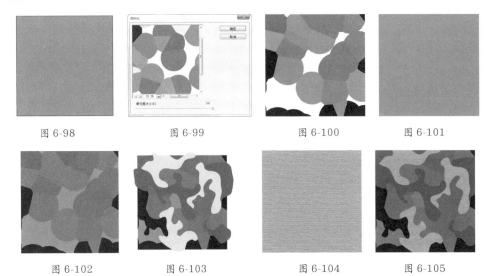

图 6-98      图 6-99      图 6-100      图 6-101

图 6-102      图 6-103      图 6-104      图 6-105

## 6.12 测试题

1. 填充图案垂直于（   ）进行拼贴。

     A. X 轴             B. Y 轴             C. 画板             D. 图形

2. 在 Illustrator 中，（   ）和（   ）可以定义为图案。

     A. 矢量图形          B. 位图图像          C. 画笔             D. 符号

3. 图案可用于（   ）。

     A. 渐变             B. 渐变网格          C. 描边             D. 填充图形内部

4. 下列说法正确的是（   ）。

     A. 描边可以应用图案                      B. 描边不能应用图案

     C. 填色可以应用图案                      D. 位图图像不能填充图案

5. 如果要使纹理图案显现不规则的形状，可以使用（   ）效果改变拼贴图稿，以生成逼真的效果。

     A. 变形             B. 变换             C. 涂抹             D. 粗糙化

6. 图案从标尺的原点（默认情况下，在画板的左下角）开始，采用（   ）方式拼贴到图稿的另一侧。

     A. 由上向下          B. 右下向上          C. 由左向右          D. 由右向左

7. 按住 Alt 键，将一个图形拖曳到"色板"面板中的图案色板上，其结果是（   ）。

     A. 删除图案                        B. 复制图案

     C. 该图形会替换原有的图案          D. 填充了原有图案的图形会自动更新

# 第7章

## 书籍装帧：图层与蒙版

图层是 Illustrator 中非常重要的功能，它承载了图形和效果。如果没有图层，所有的对象都将处于同一个平面上，不仅图稿的复杂程度大大提高，更会增加对象的选择难度。蒙版依托于图层而存在，它用于遮盖对象，使其不可见或呈现透明效果，但不会删除对象。

## 7.1 关于书籍装帧设计

书籍装帧设计是指从书籍文稿到成书出版的整个设计过程，包括书籍的开本、装帧形式、封面、腰封、字体、版面、色彩、插图以及纸张材料、印刷、装订及工艺等各个环节的艺术设计。如图 7-1 和图 7-2 所示为书籍各部分的名称。

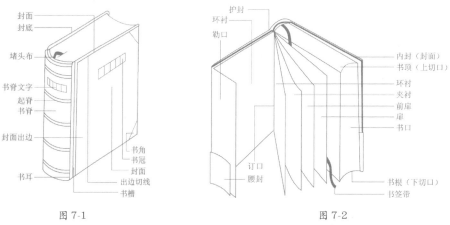

图 7-1　　　　　　　　　　　　　　　　图 7-2

书籍装帧设计是完成从书籍形式的平面化到立体化的过程，包含了艺术思维、构思创意和技术手法的系统设计。如图 7-3 ～图 7-5 所示为几种矢量风格的书籍封面。

图 7-3　　　　　　　　　　图 7-4　　　　　　　　　　图 7-5

## 7.2 图层

图层用来管理组成图稿的所有对象，它就像结构清晰的文件夹，将图形放置于不同的文件夹（图层）后，选择和查找时都非常方便。绘制复杂的图形时，灵活地使用图层也能有效地管理对象、提高工作效率。

## 7.2.1　图层面板

　　"图层"面板列出了当前文档中包含的所有图层，如图7-6和图7-7所示。新创建文档时只有一个图层，开始绘图之后，便会在当前选中的图层中添加子图层。单击图层左侧的 ▶ 图标展开图层列表，可以查看其中包含的子图层。

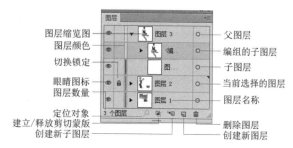

图层缩览图 —— 　　　　　　　图层3　—— 父图层
图层颜色 —— 　　　　　　　编… —— 编组的子图层
切换锁定 —— 　　　　　　　图… —— 子图层
眼睛图标 —— 　　　　　　　图层2　—— 当前选择的图层
图层数量 —— 　　　　　　　图层1　—— 图层名称
定位对象 —— 3 个图层
建立/释放剪切蒙版
创建新子图层　　　　　　　　删除图层
　　　　　　　　　　　　　　创建新图层

图7-6　　　　　　　　　　　　　　　图7-7

- 定位对象 🔍：选中一个对象，如图7-8所示，单击该按钮，即可选择对象所在的图层或子图层，如图7-9所示。当文档中图层、子图层和组的数量较多时，通过这种方法可以快速找到所需图层。

图7-8　　　　　　　　　　　　　图7-9

- 建立/释放剪切蒙版 🔲：单击该按钮，可以创建或释放剪切蒙版。

- 父图层：单击创建新图层按钮 🔲，可以创建一个图层（即父图层），新建的图层总是位于当前选择的图层之上的；如果要在所有图层的最上面创建一个图层，可以按住Ctrl键并单击 🔲 按钮；将一个图层或者子图层拖曳到 🔲 按钮上，可以复制该图层。

- 子图层：单击创建新子图层按钮 🔲，可以在当前选择的父图层内创建一个子图层。

- 图层名称/颜色：按住Alt键并单击 🔲 按钮，或双击一个图层，打开"图层选项"对话框，在该对话框中可以设置图层的名称和颜色，如图7-10所示。当图层数量较多时，为图层命名可以更加方便地查找和管理对象。为图层指定一种颜色后，当选中该图层中的对象时，对象的定界框、路径、锚点和中心点都会显示为与图层相同的颜色，如图7-11和图7-12所示，这有助于在选择时区分不同图层上的对象。

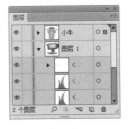

图 7-10       图 7-11       图 7-12

● 眼睛图标 👁：有该图标的图层为显示的图层，如图 7-13 所示；无该图标的图层为隐藏的图层，如图 7-14 所示。被隐藏的图层不能进行编辑，也不能打印出来。单击该图标可以进行图层显示与隐藏的切换。

图 7-13              图 7-14

● 切换锁定：在一个图层的眼睛图标 👁 右侧单击，可以锁定该图层。被锁定的图层不能再做任何编辑，并且会显示一个 🔒 图标。如果要解除锁定，可以单击 🔒 图标。

● 删除图层 🗑：按住 Alt 键并单击 🗑 按钮，或者将图层拖曳到该按钮上，可以删除图层。如果图层中包含参考线，则参考线也会同时删除。需要注意的是，删除父图层时，会同时删除它的子图层。

**小技巧：针对不同的要求锁定对象**

编辑复杂的对象，尤其是处理锚点时，为避免因操作不当而影响其他对象，可以将需要保护的对象锁定，以下是用于锁定对象的命令和方法。

● 如果要锁定当前选中的对象，可以执行"对象>锁定>所选对象"命令（快捷键为 Ctrl+2）。

● 如果要锁定与所选对象重叠，且位于同一图层中的所有对象，可以执行"对象>锁定>上方所有图稿"命令。

● 如果要锁定除所选对象所在图层以外的所有图层，可以执行"对象>锁定>其他图层"命令。

● 如果要锁定所有图层，可以在"图层"面板中选择所有图层，然后从面板菜单中选择"锁定所有图层"命令。

● 如果要解锁文档中的所有对象，可以执行"对象>全部解锁"命令。

### 7.2.2 通过图层选择对象

在 Illustrator 中绘图时，先绘制的小图形经常会被后绘制的大图形遮盖，使选择它们变得非常麻烦。使用"图层"面板可以解决这个难题。

● 选择一个对象：在一个图形的对象选择列（⊙状图标处）单击，即可选择该图形，⊙图标会变为⊙■状，如图 7-15 所示。如果要添加选择其他对象，可以按住 Shift 键并单击其他选择列。

● 选择图层或组中的所有对象：可以在图层或组的选择列单击，如图 7-16 所示。

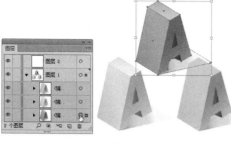
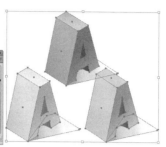

图 7-15　　　　　　　　　　　　　　　　　　　图 7-16

- 选择同一图层中的所有对象：选择一个对象后，执行"选择 > 对象 > 同一图层上的所有对象"命令，可以选择对象所在图层中的所有其他对象。

- 在图层间移动对象：选择对象后，将■图标拖曳到其他图层，如图 7-17 所示，可以将所选图形移动到目标图层。由于 Illustrator 会为各个图层设置不同的颜色，因此，将对象调整到其他图层后，■图标以及对象的定界框的颜色也会变为目标图层的颜色，如图 7-18 所示。

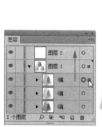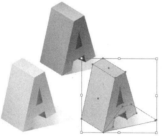
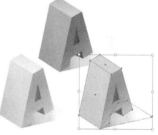

图 7-17　　　　　　　　　　　　　　　　　图 7-18

**提示**

当图层的选择列显示◎■图标时，表示该图层中所有的子图层、组都被选中；如果图标显示为◎ ■状，则表示只有部分子图层或组被选中。

## 7.2.3　移动图层

单击"图层"面板中的一个图层，即可选中该图层。单击并将一个图层、子图层或图层中的对象拖曳到其他图层（或对象）的上面或下面，可以调整它们的堆叠顺序，如图 7-19 和图 7-20 所示。

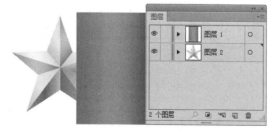

图 7-19　　　　　　　　　　　　　　　　　图 7-20

**提示**

如果要同时选中多个图层，可以按住 Ctrl 键并单击它们；如果要同时选择多个相邻的图层，可以按住 Shift 键并单击最上面的图层，然后再单击最下面的图层。

### 7.2.4 合并图层

在"图层"面板中，相同层级上的图层和子图层可以合并。操作方法是先选择图层，如图 7-21 所示，再执行面板菜单中的"合并所选图层"命令，如图 7-22 所示。如果要将所有的图层拼合到某一个图层中，可以先单击该图层，如图 7-23 所示，再执行面板菜单中的"拼合图稿"命令，如图 7-24 所示。

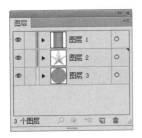 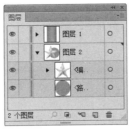 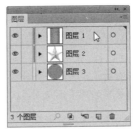 

图 7-21　　　　　　图 7-22　　　　　　图 7-23　　　　　　图 7-24

### 7.2.5 巧用预览模式和轮廓模式

在默认情况下，Illustrator 中的图稿采用彩色的预览模式显示，如图 7-25 所示。在这种模式下编辑复杂的图形时，屏幕的刷新速度会变慢，而且图形互相堆叠也不便于选择。执行"视图 > 轮廓"命令（快捷键为 Ctrl+Y），可以切换为轮廓模式，此时会显示对象的轮廓框，如图 7-26 所示。在编辑渐变网格和复杂的图形时，这种显示状态非常有用。

如果按住 Ctrl 键并单击一个图层的眼睛图标 👁，则只会将该图层中的对象切换为轮廓模式（眼睛图标会变为 ◯ 状），其他图层保持不变，如图 7-27 和图 7-28 所示。需要重新切换为预览模式时，按住 Ctrl 键并单击 ◯ 图标即可。

图 7-25　　　　　　图 7-26　　　　　　图 7-27　　　　　　图 7-28

## 7.3　混合模式与不透明度

在"透明度"面板中有两个选项，可以让相互堆叠的对象之间产生混合效果。其中，混合模式选项会按照特殊的方式创建混合；"不透明度"选项则可以将对象调整为半透明效果。

### 7.3.1 混合模式

选择一个对象，单击"透明度"面板中的 ▼ 按钮，打开下拉菜单，如图 7-29 所示，选择一种混合模式后，所选对象就会采用这种模式与下面的对象混合。如图 7-30 所示为各种模式的具体混合效果。

图 7-29

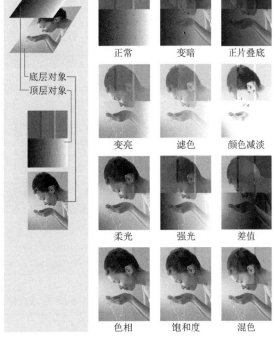

图 7-30

- 正常：默认的模式，对象之间不会产生混合效果。

- 变暗：在混合过程中对比底层对象和当前对象的颜色，使用较暗的颜色作为结果色。比当前对象亮的颜色将被取代，暗的颜色保持不变。

- 正片叠底：将当前对象和底层对象中的深色相互混合，结果色通常比原来的颜色深。

- 颜色加深：对比底层对象与当前对象的颜色，使用低明度显示。

- 变亮：对比底层对象和当前对象的颜色，使用较亮的颜色作为结果色。比当前对象暗的颜色被取代，亮的颜色保持不变。

- 滤色：当前对象与底层对象的明亮颜色相互融合，效果通常比原来的颜色浅。

- 颜色减淡：在底层对象与当前对象中选择明度高的颜色来显示混合效果。

- 叠加：以混合色显示对象，并保持底层对象的明暗对比。

- 柔光：当混合色大于 50% 灰度时，图形变亮；小于 50% 灰度时，对象变暗。

- 强光：与柔光模式相反，当混合色大于 50% 灰度时，对象变暗；小于 50% 灰度时，对象变亮。

- 差值：以混合颜色中较亮颜色的亮度减去较暗颜色的亮度，如果当前对象为白色，可以使底层颜色呈现反相效果，与黑色混合时可保持不变。

- 排除：与差值的混合方式相同，但产生的效果要比差值模式柔和。

- 色相：混合后对象的亮度和饱和度由底层对象决定，而色相由当前对象决定。

- 饱和度：混合后对象的亮度和色相由底层对象决定，而饱和度由当前对象决定。

- 混色：混合后对象的亮度由底层对象决定，而色相和饱和度由当前对象决定。

- 明度：混合后对象的色相和饱和度由底层对象决定，而亮度由当前对象决定。

## 7.3.2　不透明度

在默认状态下，Illustrator 中对象的不透明度为 100%，如图 7-31 所示。选中对象后，在"透明度"面板中调整它的不透明度值，可以使其呈现透明效果。如图 7-32 和图 7-33 所示是将小太阳的不透明度设置为 50% 后的效果。

图 7-31　　　　　　　　　　　图 7-32　　　　　　　　　　　图 7-33

## 7.3.3　调整填色和描边的不透明度

调整对象的不透明度时，它的填色和描边的不透明度会同时被修改，如图 7-34 和图 7-35 所示。如果要单独调整其中的一项，可以选择对象，然后在"外观"面板中选择"填色"或"描边"选项，再通过"透明度"面板调整其不透明度，如图 7-36 和图 7-37 所示。

 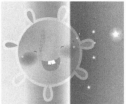  

原图形　　　　　　　调整图形的整体不透明度　　　　调整填色的不透明度　　　　调整描边的不透明度

图 7-34　　　　　　　　　图 7-35　　　　　　　　　图 7-36　　　　　　　　　图 7-37

## 7.3.4　调整编组对象的不透明度

调整编组对象的不透明度时，会因设置方法的不同而产生截然不同的效果。例如，如图 7-38 所示的 3 个圆形为一个编组对象，此时它的不透明度为 100%。如图 7-39 所示为单独选择黄色圆形并设置其不透明度为 50% 的效果；如图 7-40 所示为使用编组选择工具 ▶⁺ 分别选择每一个图形，再分别设置其不透明度为 50% 的效果，此时所选对象重叠区域的透明度将相对于其他对象改变，同时会显示出累积的不透明度；如图 7-41 所示为使用选择工具 ▶ 选择组对象，然后设置其不透明度为 50% 的效果，此时组中的所有对象会被视为单一对象来处理。

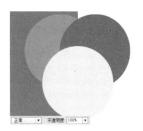 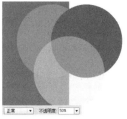 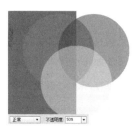 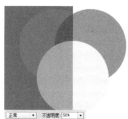

图 7-38　　　　　　　　　图 7-39　　　　　　　　　图 7-40　　　　　　　　　图 7-41

# 7.4 蒙版

蒙版用于遮盖对象，使其不可见或呈现透明效果，但不会删除对象。在 Illustrator 中可以创建两种蒙版，即剪切蒙版和不透明蒙版。它们的区别在于，剪切蒙版主要用于控制对象的显示范围，不透明度蒙版主要用于控制对象的显示程度（即透明度）。路径、复合路径、组对象和文字都可以用来创建蒙版。

## 7.4.1 创建不透明度蒙版

创建不透明蒙版时，首先要将蒙版图形放在被遮盖的对象上面，如图 7-42 和图 7-43 所示，然后将它们选择，如图 7-44 所示，单击"透明度"面板中的"制作蒙版"按钮即可，如图 7-45 所示。

图 7-42　　　　　　图 7-43　　　　　　图 7-44　　　　　　图 7-45

蒙版对象（上面的对象）中的黑色会遮盖下方对象，使其完全透明；灰色会使对象呈现半透明效果；白色不会遮盖对象。如果用作蒙版的对象是彩色的，则 Illustrator 会将其转换为灰度模式，再来遮盖对象。

> **提示**
>
> 着色的图形或者位图图像都可以用来遮盖下面的对象。如果选择的是一个单一的对象或编组对象，则会创建一个空的蒙版。

## 7.4.2 编辑不透明度蒙版

创建不透明度蒙版后，"透明度"面板中会出现两个缩览图，左侧是被遮盖对象的缩览图，右侧是蒙版缩览图，如图 7-46 所示。如果要编辑对象，应单击对象缩览图，如图 7-47 所示；如果要编辑蒙版，则单击蒙版缩览图，如图 7-48 所示。

  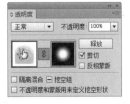 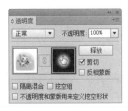

图 7-46　　　　　　图 7-47　　　　　　图 7-48

在"透明度"面板中还可以设置以下选项。

- 链接按钮 **⑧**：两个缩览图中间的 **⑧** 按钮表示对象与蒙版处于链接状态，此时移动或旋转对象时，蒙版将同时变换，以确保遮盖位置不会改变。单击 **⑧** 按钮，表示取消链接，此后可以单独移动对象或者蒙版，也可以对其执行其他操作。
- 剪切：在默认情况下，该选项处于勾选状态，此时位于蒙版对象以外的图稿都被剪切掉（如图 7-46 所示），如果取消选中该选项，则蒙版以外的对象会显示出来，如图 7-49 所示。
- 反相蒙版：勾选该选项，可以反转蒙版的遮盖范围，如图 7-50 所示。

图 7-49               图 7-50

- 隔离混合：在"图层"面板中选择一个图层或组，勾选该选项，可以将混合模式与所选图层或组隔离，使它们下方的对象不受混合模式的影响。
- 挖空组：选择该选项后，可以保证编组对象中单独的对象或图层在相互重叠的地方不能透过彼此而显示。
- 不透明度和蒙版用来定义挖空形状：用来创建与对象不透明度成比例的挖空效果。挖空是指透过当前的对象显示出下面的对象，要创建挖空，对象应使用除"正常"模式以外的混合模式。

**小技巧：不透明度蒙版编辑技巧**

按住 Alt 键并单击蒙版缩览图，画板中会单独显示蒙版对象；按住 Shift 键并单击蒙版缩览图，可以暂时停用蒙版，缩览图上会出现一个红色的 × 图标；按住相应按键并再次单击缩览图，可以恢复不透明度蒙版。

按住 Alt 键并单击蒙版缩览图              按住 Shift 键并单击蒙版缩览图

### 7.4.3 释放不透明度蒙版

如果要释放不透明度蒙版，可以选择对象，然后单击"透明度"中的"释放"按钮，对象就会恢复到蒙版前的状态。

### 7.4.4 创建剪切蒙版

在对象上方放置一个图形，如图 7-51 所示，将它们选中，单击"图层"面板中的建立 / 释放剪切蒙版按钮 ⬛，或执行"对象 > 剪切蒙版 > 建立"命令，即可创建剪切蒙版，并将蒙版图形（称为"剪贴路径"）

以外的对象隐藏，如图 7-52 和图 7-53 所示。如果对象位于不同的图层，则创建剪切蒙版后，它们会调整到位于蒙版对象最上面的图层中。

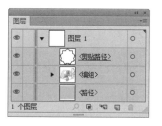

图 7-51                    图 7-52                    图 7-53

**提示**

只有矢量对象可以作为剪切蒙版，但任何对象都可以作为被隐藏的对象，包括位图图像、文字和其他对象。

### 7.4.5 两种剪切蒙版创建方法的区别

创建剪切蒙版时，如果采用的是单击"图层"面板中的建立/释放剪切蒙版按钮 的方法来操作，便会遮盖同一图层中的所有对象。例如，如图 7-54 所示为选择的两个对象，如图 7-55 所示为单击 按钮所创建的蒙版；如果使用"对象>剪切蒙版>建立"命令创建剪切蒙版，则只遮盖所选的对象，而不会影响其他对象，如图 7-56 所示。

图 7-54                                图 7-55

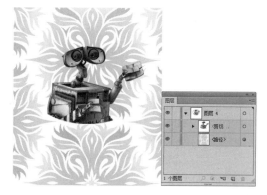

图 7-56

### 7.4.6 编辑剪切蒙版

创建剪切蒙版后，剪贴路径和被遮盖的对象都可编辑。例如，可以使用编组选择工具 👆➕ 移动剪贴路径或被遮盖的对象，如图 7-57 所示；使用直接选择工具 👆 调整剪贴路径的锚点，如图 7-58 所示。

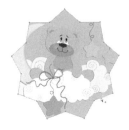

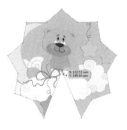

图 7-57　　　　　　　　　　　　　图 7-58

在"图层"面板中，将其他对象拖入剪切路径组时，蒙版会对该对象进行遮盖；如果将剪切蒙版中的对象拖至其他图层，则可释放对象，使其重新显示出来。

### 7.4.7 释放剪切蒙版

选择剪切蒙版对象，执行"对象 > 剪切蒙版 > 释放"命令，或单击"图层"面板中的建立 / 释放剪切蒙版按钮 ▣ ，即可释放剪切蒙版，使被剪贴路径遮盖的对象重新显示出来。

## 7.5　课堂练习：制作滑板

**01** 打开相关素材，如图 7-59 所示。这是一个滑板图形和一幅插画，下面通过剪贴蒙版将插画放入滑板中。

**02** 使用选择工具 👆 选取插画，并移动到滑板图形下方，如图 7-60 所示，此时的"图层"面板状态如图 7-61 所示。滑板图形所在的路径层位于插画层上方，单击"图层"面板底部的 ▣ 按钮，创建剪切蒙版，剪贴路径以外的对象都会被隐藏，而路径也将变为无填色和描边的对象，如图 7-62 和图 7-63 所示。

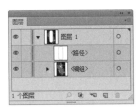
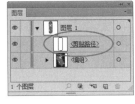

图 7-59　　　　图 7-60　　　　　图 7-61　　　　　　　图 7-62　　　　　图 7-63

**03** 将"图层 1"拖曳到面板底部的 ▣ 按钮上，复制该图层，如图 7-64 所示。在图层后面单击，如图 7-65 所示，选取该图层中所有对象并向右拖曳，如图 7-66 所示。使用编组选择工具 👆➕ ，选取插画中的图形并调整颜色，使其与上一个滑板有所区别，如图 7-67 所示。

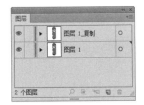

图 7-64　　　　　　　　图 7-65　　　　　　　　图 7-66　　　　　　图 7-67

**提示**

在制作滑板时是基于图层创建的剪切蒙版，图层中的所有对象都会受蒙版的影响，因此，在复制第2个滑板时，不能在同一图层中（只会显示一个滑板），要通过复制图层来操作。

**04** 再用同样的方法复制图层，如图7-68所示，调整图形的颜色，制作出第3个滑板，效果如图7-69所示。

图 7-68

图 7-69

## 7.6　课堂练习：数码插画设计

### 7.6.1　绘制装饰元素

**01** 打开相关素材，如图7-70所示。这是一个嵌入到 Illustrator 中的位图文件，如图7-71所示。首先来绘制插画图形。

图 7-70

图 7-71

**02** 将"图像"子图层拖曳到面板底部的 按钮上进行复制，在复制后的图层后面单击，选取该层人物图像，如图7-72所示。执行"效果>模糊>高斯模糊"命令，设置模糊半径为5像素，如图7-73和图7-74所示。

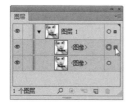

图 7-72

图 7-73

图 7-74

**03** 设置混合模式为"叠加",不透明度为 26%,增加对比,使色调明确、概括,如图 7-75 和图 7-76 所示。

图 7-75　　　　　　　　　　　　　　　　图 7-76

**04** 按 Ctrl+A 快捷键,选取这两个人物,按 Ctrl+G 快捷键编组,如图 7-77 所示。使用矩形工具 ▨,创建一个矩形,填充线性渐变,如图 7-78 和图 7-79 所示。

图 7-77　　　　　　　　　图 7-78　　　　　　　　　图 7-79

**05** 再创建一个矩形,填充径向渐变,如图 7-80 和图 7-81 所示。

**06** 选取这两个矩形,如图 7-82 所示。按 Ctrl+G 快捷键编组。按住 Shift 键并单击人物,将其一同选取,如图 7-83 所示。

图 7-80　　　　　　图 7-81　　　　　　图 7-82　　　　　　图 7-83

**07** 单击"透明度"面板中的"制作蒙版"按钮,用渐变图形创建不透明度蒙版,将图像的边缘隐藏,"剪切""反相蒙版"两个选项均不勾选,如图 7-84 和图 7-85 所示。

图 7-84　　　　　　　　　　　　　　　　图 7-85

**08** 使用钢笔工具 ✐ 在人物脸部绘制如图 7-86 所示的图形。单击"色板"面板底部的 按钮，打开面板菜单，选择"图案 > 基本图形 > 基本图形 _ 点"命令，载入该图案库，单击如图 7-87 所示的图案，对图形进行填充，无笔画颜色，如图 7-88 所示。

 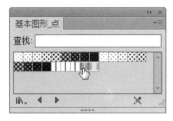 

图 7-86　　　　　　　　　　图 7-87　　　　　　　　　　图 7-88

**09** 使用铅笔工具 ✐ 绘制人物的头发，如图 7-89 所示。在额头上绘制一个图形，填充黑色，设置不透明度为 26%，如图 7-90 和图 7-91 所示。

图 7-89　　　　　　　　　　图 7-90　　　　　　　　　　图 7-91

**10** 使用钢笔工具 ✐ 绘制 3 个三角形。执行"窗口 > 色板库 > 渐变 > 玉石和珠宝"命令，打开该渐变库，如图 7-92 所示，用其中的红色、蓝色和淡紫色渐变样本填充三角形，如图 7-93 所示。

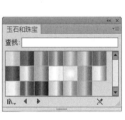 

图 7-92　　　　　　　　　　图 7-93

**11** 创建一个与画板大小相同的矩形。单击"图层"面板底部的 按钮，创建剪切蒙版，将画板以外的区域隐藏，如图 7-94 和图 7-95 所示。

图 7-94　　　　　　　　　　　　　图 7-95

**12** 绘制如图7-96所示的图形。使用选择工具 ，按住Alt键并向下拖曳图形进行复制，如图7-97所示。

**13** 选取这两个图形，按Alt+Ctrl+B快捷键建立混合。双击混合工具 ，打开"混合选项"对话框，设置"指定的步数"为30，如图7-98和图7-99所示。执行"对象>混合>扩展"命令，将对象扩展为可以编辑的图形，如图7-100所示。

图7-96　　　　图7-97　　　　　　　图7-98　　　　　　图7-99　　　　图7-100

**14** 在"渐变"面板中调整渐变颜色，为图形填充线性渐变，如图7-101和图7-102所示。

**15** 使用钢笔工具 ，绘制一个外形似叶子的路径图形，如图7-103所示。选取渐变图形与叶子图形，按Ctrl+G快捷键编组。在"图层"面板中选择编组子图层，如图7-104所示，单击"面板"底部的 按钮，创建剪切蒙版，将多出叶子的图形区域隐藏，如图7-105所示。

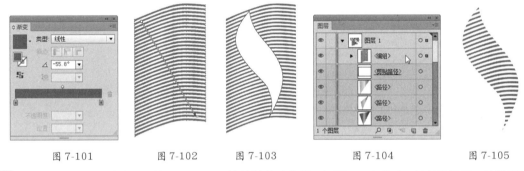

图7-101　　　　图7-102　　　　图7-103　　　　图7-104　　　　图7-105

**16** 将该图形移动至人物左侧，按Shift+Ctrl+[快捷键移至底层，如图7-106所示。复制该图形，粘贴到画面的空白位置。使用编组选择工具 ，在条形上双击，将条形选取，如图7-107所示。将填充颜色设置为黑色，如图7-108所示。

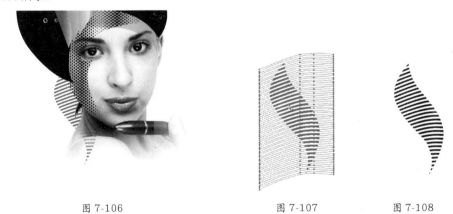

图7-106　　　　　　　　图7-107　　　　图7-108

**17** 选取该图形，双击镜像工具 ，打开"镜像"对话框，选择"水平"选项，如图7-109所示，对图形进行水平翻转，如图7-110所示。再用同样的方法复制图形，填充白色，放在头发的黑色区域上，如图7-111所示。

图 7-109　　　　　　　　图 7-110　　　　　　　　图 7-111

**18** 绘制发丝图形，设置为白色填充黑色描边，如图 7-112 所示；再绘制少许黑色填充白色描边的图形，如图 7-113 所示。

图 7-112　　　　　　　　　　　　　　图 7-113

**19** 分别使用钢笔工具 和椭圆工具 绘制一些小的装饰图形，如图 7-114 所示，装饰在画面中，如图 7-115 所示。

图 7-114　　　　　　　　　　　　　　图 7-115

**20** 将上面制作的图形复制，填充线性渐变，如图 7-116 和图 7-117 所示。再绘制一组外形似水滴的图形，如图 7-118 所示。

图 7-116　　　　　　图 7-117　　　　　　图 7-118

**21** 将制作的图形装饰在人像周围中，如图 7-119 所示。

147

图 7-119

## 7.6.2 制作封面、封底和书脊

**01** 按 Ctrl+N 快捷键，创建一个 380mm×260mm、CMYK 模式、预留 3mm 出血的文档，如图 7-120 所示。按 Ctrl++ 快捷键，放大窗口显示比例。按 Ctrl+R 快捷键显示标尺，在垂直标尺上拖出两条参考线，分别放在 185mm 和 195mm 处，通过参考线将封面、封底和书脊划分出来，如图 7-121 所示。

图 7-120 　　　　　　　　　　　　　　　　图 7-121

> **提示**
>
> 位于画板外 3mm 的部分是预留的出血。出血是印刷品在最后裁切时需要裁掉的部分，以避免出现白边。

**02** 将装饰人物拖曳到该文件中，如图 7-122 所示。使用椭圆工具，按住 Shift 键并创建几个正圆形，填充径向渐变（渐变最外端颜色的不透明度为 0%），如图 7-123 ～图 7-128 所示。

图 7-122 　　　　　　图 7-123 　　　　　　图 7-124 　　　　　　图 7-125

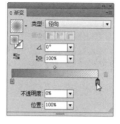

图 7-126　　　　　　　　　　图 7-127　　　　　　　　　　图 7-128

**03** 使用编组选择工具 ▶⁺ ，选择一组叶片图形，如图 7-129 所示，按 Ctrl+C 快捷键复制，按 Ctrl+V 快捷键粘贴到封底并调整角度，如图 7-130 所示。

图 7-129　　　　　　　　　　　　　　　　　　图 7-130

**04** 在封面中也粘贴一个图形，设置填充颜色为白色，描边为黑色 1pt，效果如图 7-131 所示。在封面和封底加入一些装饰图形，如图 7-132 所示。

图 7-131　　　　　　　　　　　　　　　　　　图 7-132

**05** 使用文字工具 **T** 输入书籍的名称、作者、出版社和书籍定价等文字信息。使用矩形工具 ▣ 绘制条码，如图 7-133 所示。单击"图层"面板底部的 ▣ 按钮，新建一个图层，如图 7-134 所示。

图 7-133　　　　　　　　　　　　　　　　　　图 7-134

**06** 使用矩形工具 ▦ 基于书脊参考线绘制一个黑色的矩形，如图 7-135 所示。使用文字工具 **T** 输入书脊上的文字。按 Ctrl+; 快捷键隐藏参考线，最终效果如图 7-136 所示。

图 7-135　　　　　　　　　　　　　　　　　　图 7-136

## 7.7　思考与练习

### 一、问答题

1. 在什么情况下适合使用"图层"面板选择对象？

2. 当图层数量较多时，怎样快速找到一个对象所在的图层？

3. 怎样调整填色和描边的不透明度及混合模式？

4. 不透明度蒙版与剪切蒙版有何区别？

5. 混合模式与不透明度有何区别？

### 二、上机练习

#### 1. 百变贴图

剪切蒙版可以通过图形控制对象的显示范围，非常适合在马克杯、滑板、T 恤、鞋子等对象表面贴图。例如，如图 7-137 所示是相关素材中提供的鞋子素材，通过剪切蒙版贴图可以赋予白色鞋子以花纹，使之更加时尚和个性化，如图 7-138 所示。

图 7-137

图 7-138

　　一种贴图方法是将花纹创建为图案，用图案来填充鞋子图形，但这样的话，一旦要修改图案会比较麻烦。另一种方法是用剪切蒙版。在制作时可以将鞋面、鞋底和鞋带等部分放在不同的图层中，而鞋面则要与花纹位于同一图层，在制作剪切蒙版时比较方便，如图 7-139 所示。

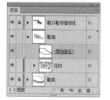

花纹　　　　　　　　　"图层"面板　　　　　　　　用鞋面图形创建剪切蒙版

图 7-139

### 2. 蒙版练习

　　下面用一组滑板进行蒙版练习。每一个滑雪板都由不同的图形或图像组成，制作时需要使用滑雪板的轮廓图作为蒙版图形，通过设置不透明蒙版或剪切蒙版进行遮盖，如图 7-140 所示。

图 7-140

## 7.8　测试题

1. "透明度"面板可以用来（　　　）。

A. 调整不透明度          B. 调整混合模式

C. 创建不透明度蒙版          D. 创建剪切蒙版

2. 绘制复杂的图形时，使用（      ）可以有效地管理对象并提高工作效率。

     A. "外观" 面板          B. "路径查找器" 面板

     C. "图层" 面板          D. 图层组

3. 在默认状态下，画板中的图稿以彩色的预览模式显示，按（      ）快捷键，可以切换为轮廓模式。

     A. Y          B. Alt+Y          C. Ctrl+Y          D. Shift+Y

4. 下列有关图层的描述，（      ）是正确的。

     A. 在默认状态下，图层的堆叠顺序与对象创建的先后顺序是一致的

     B. 如果要在图层或组的顶部添加新对象，可以单击图层或组名称

     C. 按住 Alt 键单击 "创建新图层" 按钮 ▢，可以弹出 "图层选项" 对话框

     D. 删除父图层时，不会删除子图层

5. 下列有关图层操作的描述，不正确的是（      ）。

     A. 隐藏了图层或者组时，图层或组中所有的对象缩览图前面的眼睛图标都会变为灰色

     B. 隐藏了图层或者组时，图层或组中所有的对象缩览图前面都没有眼睛图标

     C. 将鼠标拖过多个眼睛图标，可以一次隐藏多个项目

     D. 在 "图层" 面板中，按住 Ctrl 键单击一个图层前的眼睛图标，可以切换该图层的视图模式

6. 下列关于不透明度蒙版的描述，正确的是（      ）。

     A. 不透明度蒙版一旦添加就不可以删除

     B. 不透明度蒙版中的内容可以是填色、渐变或图案

     C. 创建不透明度蒙版时，应将蒙版图形放在被遮盖的对象上面

     D. 只有 Illustrator 中创建的图形，才能建立不透明度蒙版

7. 下列关于剪切蒙版的描述，正确的是（      ）。

     A. 剪切蒙版一旦建立就不能够删除

     B. 剪切蒙版一旦建立就不能够修改

     C. 要被当作剪贴蒙版的图形，必须在所有被剪切蒙版遮盖图形的上方

     D. 要创建剪切蒙版，需要将要当作剪切蒙版的图形和被剪切蒙版遮盖的图形一同选中

8. 剪切蒙版是一个可以用其形状遮盖其他图稿的对象，因此使用剪切蒙版时，只显示位于蒙版形状（      ）的图稿。

     A. 内部          B. 外部          C. 上方          D. 下方

# 第8章

## POP 广告：混合与封套扭曲

混合功能可以在两个或多个对象之间生成一系列的中间对象，使之产生从形状到颜色的全面混合效果。可以用来制作立体字、三维效果的图形等。

封套扭曲是 Illustrator 中最灵活的变形功能，它可以使对象按照封套的形状产生变形，通过封套可以随意控制对象的变形效果。

## 8.1 关于 POP 广告

POP（Point of Purchase Advertising）意为"购买点广告"，泛指在商业空间、购买场所、零售商店的周围和商品陈设处设置的广告物，如商店的牌匾、店面的装潢和橱窗，店外悬挂的充气广告、条幅，商店内部的装饰、陈设、招贴广告、服务指示，店内发放的广告刊物，进行的广告表演以及广播、电子广告牌等。如图 8-1 所示为用于展示商品的 POP 广告橱窗，如图 8-2 所示为用于促销的 POP 海报，如图 8-3 所示为商品上的 POP 广告。

图 8-1

图 8-2

图 8-3

POP 广告起源于美国的超级市场和自助商店中的店头广告。超市出现以后，商品可以直接与顾客见面，从而大大减少了售货员，当消费者面对诸多商品无从下手时，摆放在商品周围的 POP 广告可以起到吸引消费者关注，促成其下定购买决心的作用。因而 POP 广告又有"无声的售货员"的美名。

POP 广告从使用材料上可分为纸质 POP 广告、木质 POP 广告、金属 POP 广告和塑料 POP 广告等；从使用权期限上可分为长期 POP 广告（大型落地式），中期 POP 广告（一般为 2～4 个月的季节性广告），短期 POP 广告（配合新产品问世的一次性广告，周期一般为 1 周到 1 个月）；按照展示场所和使用功能来划分，分为悬挂式 POP 广告、与商品结合式 POP 广告、商品价目卡、展示卡式 POP 广告和大型台架式 POP 广告 4 大类。

## 8.2 混合

混合功能可以在两个或多个对象之间生成一系列的中间对象，使之产生从形状到颜色的全面混合效果。图形、文字、路径以及应用渐变或图案填充的对象都可以用来创建混合。

### 8.2.1 创建混合

（1）使用混合工具创建混合

选择混合工具 ，将光标放在对象上，捕捉到锚点后光标会变为 状，如图 8-4 所示；单击并将光标放在另一个对象上，捕捉到锚点后，如图 8-5 所示，单击即可创建混合，如图 8-6 所示。

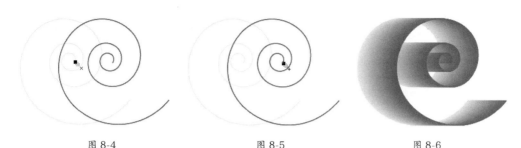

图 8-4                    图 8-5                    图 8-6

捕捉不同位置的锚点时，创建的混合效果也大不相同，如图 8-7 和图 8-8 所示。

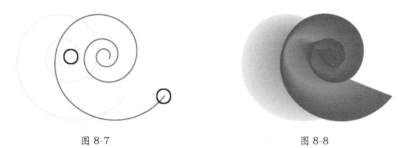

图 8-7                              图 8-8

（2）使用混合命令创建混合

如图 8-9 所示为两个椭圆形，将它们选中，执行"对象 > 混合 > 建立"命令，即可创建混合，如图 8-10 所示。如果用来制作混合的图形较多或者比较复杂，则使用混合工具 很难正确地捕捉锚点，创建混合时就可能发生扭曲，使用混合命令创建混合可以避免出现这种情况。

图 8-9                                        图 8-10

## 8.2.2  设置混合选项

创建混合后，选中对象，双击混合工具 ，打开"混合选项"对话框，可以修改混合图形的方向和颜色的过渡方式，如图 8-11 所示。

图 8-11

● 间距：选择"平滑颜色"，可以自动生成合适的混合步数，创建平滑的颜色过渡效果，如图 8-12 所示；选择"指定的步数"，可以在右侧的文本框中输入数值，例如，如果要生成 5 个中间图形，可以输入 5，效果如图 8-13 所示；选择"指定的距离"，可以输入中间对象的间距，Illustrator 会按照设定的间距自动生成与之匹配的图形，如图 8-14 所示。

图 8-12

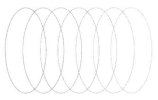
图 8-13

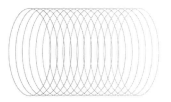
图 8-14

● 取向：如果混合轴是弯曲的路径，单击对齐页面按钮 ，混合对象的垂直方向与页面保持一致，如图 8-15 所示；单击对齐路径按钮 ，则混合对象垂直于路径，如图 8-16 所示。

图 8-15

图 8-16

**提示**

创建混合时生成的中间对象越多，文件就越大。使用渐变对象创建复杂的混合时，更会占用大量内存。

### 8.2.3    反向堆叠与反向混合

创建混合以后，如图 8-17 所示，选中对象，执行"对象 > 混合 > 反向堆叠"命令，可以颠倒对象的堆叠次序，使后面的图形排到前面，如图 8-18 所示。执行"对象 > 混合 > 反向混合轴"命令，可以颠倒混合轴上的混合顺序，如图 8-19 所示。

图 8-17

图 8-18

图 8-19

### 8.2.4    编辑原始图形

使用编组选择工具 在原始图形上单击，可以将其选中，如图 8-20 所示。选择原始的图形后，可以修改它的颜色，如图 8-21 所示，也可以对其进行移动、旋转、缩放等操作，如图 8-22 所示。

图 8-20　　　　　　　　　　　　　　　　　图 8-21

图 8-22

### 8.2.5　编辑混合轴

创建混合后，会自动生成一条连接对象的路径，即混合轴。在默认状态下，混合轴是一条直线，我们也可以使用路径来将其替换。例如，如图 8-23 所示为一个混合对象，将其和一条椅子形状的路径同时选取，如图 8-24 所示，执行"对象 > 混合 > 替换混合轴"命令，即可用该路径替换混合轴，混合对象会沿着新的混合轴重新排列，如图 8-25 所示，如图 8-26 所示为通过这种方法制作的不锈钢椅子效果。

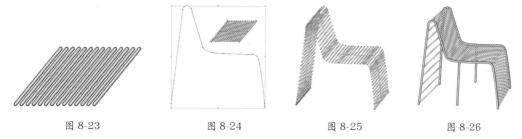

图 8-23　　　　　　　图 8-24　　　　　　　图 8-25　　　　　　　图 8-26

使用直接选择工具 ▶ 拖曳混合轴上的锚点或路径段，可以调整混合轴的形状，如图 8-27 和图 8-28 所示。此外，在混合轴上也可以添加或删除锚点。

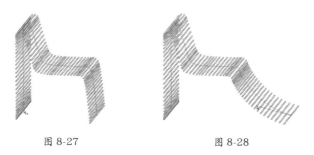

图 8-27　　　　　　　　　　图 8-28

### 8.2.6　扩展与释放混合

创建混合后，原始对象之间会生成中间对象，它们自身并不具备锚点，因此，这些图形是无法选择的。如果要编辑它们，可以选择混合对象，如图 8-29 所示，执行"对象 > 混合 > 扩展"命令，将它们扩展为图形，如图 8-30 所示。

图 8-29　　　　　　　　　　　　　　　　　　　　　图 8-30

　　如果要释放混合，可以执行"对象 > 混合 > 释放"命令。释放混合对象的同时还会释放混合轴，它是一条无填色、无描边的路径。

## 8.3　封套扭曲

　　封套扭曲是 Illustrator 中最灵活、最具可控性的变形功能，它可以使对象按照封套的形状产生变形。封套是用于扭曲对象的图形，被扭曲的对象叫作封套内容。封套类似于容器，封套内容则类似于水，将水装进圆形的容器时，水的边界就会呈现为圆形，装进方形容器时，水的边界又会呈现为方形，封套扭曲也与之类似。

### 8.3.1　用变形建立封套扭曲

　　选择对象，执行"对象 > 封套扭曲 > 用变形建立"命令，打开"变形选项"对话框，如图 8-31 所示，在"样式"下拉列表中选择一种变形样式并设置参数，即可扭曲对象，如图 8-32 所示。

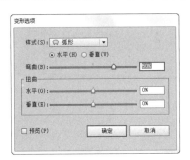

图 8-31

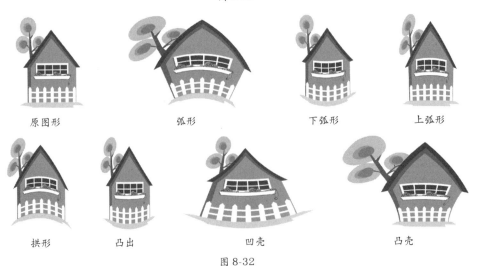

原图形　　　　　弧形　　　　　下弧形　　　　　上弧形

拱形　　　凸出　　　凹壳　　　凸壳

图 8-32

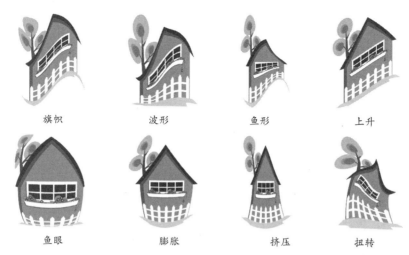

| 旗帜 | 波形 | 鱼形 | 上升 |

| 鱼眼 | 膨胀 | 挤压 | 扭转 |

图 8-32（续）

**提示**

调整"弯曲"值可以控制扭曲程度，该值越高，扭曲强度越大；调整"扭曲"选项中的参数，可以使对象产生透视效果。

## 8.3.2 用网格建立封套扭曲

选择对象，执行"对象＞封套扭曲＞用网格建立"命令，在打开的对话框中设置网格线的行数和列数，如图 8-33 所示，单击"确定"按钮，创建变形网格，如图 8-34 所示。此后可以使用直接选择工具 移动网格点来改变网格形状，进而扭曲对象，如图 8-35 所示。

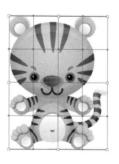

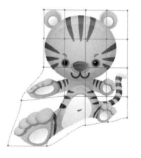

图 8-33　　　　　　　　　图 8-34　　　　　　　　　图 8-35

**提示**

除图表、参考线和链接对象外，可以对任何对象进行封套扭曲。

**小技巧：重新设定网格**

使用网格建立封套扭曲后，选择对象，可以在控制面板中修改网格线的行数和列数，也可以单击"重设封套形状"按钮，将网格恢复为原始的状态。

## 8.3.3 用顶层对象建立封套扭曲

在对象上放置一个图形，如图 8-36 所示，将其选中，执行"对象＞封套扭曲＞用顶层对象建立"命令，即可用该图形扭曲其下面的对象，如图 8-37 所示。

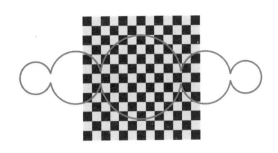

图 8-36　　　　　　　　　　　　　　　图 8-37

**小技巧：用封套扭曲制作鱼眼镜头效果**

采用顶层对象创建封套扭曲的方法，可以将图像扭曲为类似于鱼眼镜头拍摄的夸张效果。鱼眼镜头是一种超广角镜头，用它拍摄出的照片，除画面中心的景物不变，其他景物均呈现向外凸出的变形效果，可以产生强烈的视觉冲击力。

图像素材　　　　　在图像上方创建圆形　　　　创建封套扭曲　　　　添加金属边框

### 8.3.4　设置封套选项

封套选项决定了以何种形式扭曲对象以便使之适合封套。要设置封套选项，可以选择封套扭曲对象，单击控制面板中的封套选项按钮，或执行"对象 > 封套扭曲 > 封套选项"命令，打开"封套选项"对话框，如图 8-38 所示。

图 8-38

- 消除锯齿：使对象的边缘变得更加平滑，但这会增加处理时间。

- 保留形状，使用：用非矩形封套扭曲对象时，可以在该选项中指定栅格以怎样的形式保留形状。选择"剪切蒙版"，可以在栅格上使用剪切蒙版；选择"透明度"，则会对栅格应用 Alpha 通道。

- 保真度：指定封套内容在变形时适合封套图形的精确程度，该值越高，封套内容的扭曲效果越接近于封套的形状，但会产生更多的锚点，同时也会增加处理时间。

- 扭曲外观：如果封套内容添加了效果或图形样式等外观属性，选择该选项，可以使外观与对象一同扭曲。

- 扭曲线性渐变填充：如果被扭曲的对象填充了线性渐变，如图 8-39 所示，选择该选项可以将线性渐变与对象一起扭曲，如图 8-40 所示。如图 8-41 所示为未选择选该项时的扭曲效果。

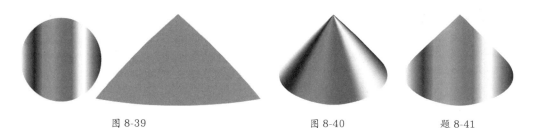

图 8-39　　　　　　　　图 8-40　　　　　　　　图 8-41

- 扭曲图案填充：如果被扭曲的对象填充了图案，如图 8-42 所示，选择该选项可以使图案与对象一起扭曲，如图 8-43 所示。如图 8-44 所示为未选择该选项时的扭曲效果。

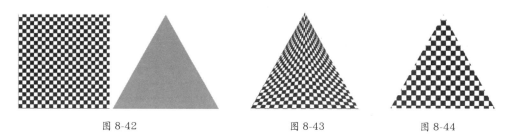

图 8-42　　　　　　　　图 8-43　　　　　　　　图 8-44

## 8.3.5　编辑封套内容

　　创建封套扭曲后，封套对象就会合并到一个名称为"封套"的图层上，如图 8-45 所示。如果要编辑封套内容，可以选择对象，然后单击控制面板中的编辑内容按钮 ，封套内容便会出现在画面中，如图 8-46 所示，此时便可对其进行编辑。例如，可以使用编组选择工具 选择图形并修改颜色，如图 8-47 所示。修改内容后，单击编辑封套按钮 ，可以重新恢复为封套扭曲状态，如图 8-48 所示。

　　如果要编辑封套，可以选择封套扭曲对象，然后使用锚点编辑工具（如转换锚点工具 、直接选择工具 等）对封套进行修改，封套内容的扭曲效果也会随之改变，如图 8-49 所示。

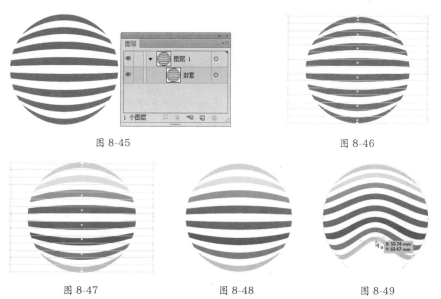

图 8-45　　　　　　　　　　　　　　　图 8-46

图 8-47　　　　　　　　图 8-48　　　　　　　　图 8-49

**提示**

通过"用变形建立"和"用网格建立"命令创建的封套扭曲，可以直接在控制面板中选择其他的样式，也可以修改参数和网格的数量。

### 8.3.6　扩展与释放封套扭曲

　　选择封套扭曲对象，执行"对象 > 封套扭曲 > 扩展"命令，可以删除封套，但对象仍保持扭曲状态，并且可以继续编辑和修改。如果执行"对象 > 封套扭曲 > 释放"命令，则可以释放封套对象和封套，使对象恢复为最初状态。如果封套扭曲是使用"用变形建立"命令或"用网格建立"命令创建的，则执行该命令时还会释放出一个封套形状的网格图形。

### 8.3.7　封套扭曲转换技巧

　　如果封套扭曲是使用"用变形建立"命令创建的，如图 8-50 所示，则选中对象后，执行"对象 > 封套扭曲 > 用网格重置"命令，可基于当前的变形效果生成变形网格，如图 8-51 所示，此时可以通过网格点来扭曲对象，如图 8-52 所示。

图 8-50　　　　　　　　　图 8-51　　　　　　　　　图 8-52

　　如果封套扭曲是使用"用网格建立"命令创建的，则执行"对象 > 封套扭曲 > 用变形重置"命令，可以打开"变形选项"对话框，将对象转换为用变形创建的封套扭曲。

### 8.4　课堂练习：艺术花瓶

**01** 新建一个文档。使用钢笔工具 ✐ 绘制花瓶图形，如图 8-53 所示。按住 Ctrl+Alt 键并将花瓶向右拖曳进行复制，原图形保留，以后制作封套扭曲时会使用到。

**02** 选择网格工具 ▦，在如图 8-54 所示的位置单击，添加网格点，单击"色板"中的红色，为网格点着色，如图 8-55 所示。在花瓶右侧单击添加网格点，如图 8-56 所示。

　　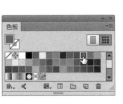　

图 8-53　　　　　　　　　图 8-54　　　　　　　　　图 8-55　　　　　　　　　图 8-56

**03** 继续添加网格点，设置为橙色，如图 8-57 和图 8-58 所示。在位于花瓶中间的网格点上单击，将其选中，并设置为白色，如图 8-59 所示。

图 8-57　　　　　　　　　　图 8-58　　　　　　　　　　图 8-59

**04** 按住 Ctrl 键并拖出一个矩形选框，选择瓶口处的网格点，如图 8-60 所示，设置为蓝色，如图 8-61 所示。选择瓶底的网格点，设置为蓝色，如图 8-62 所示。

图 8-60　　　　　　　　　　图 8-61　　　　　　　　　　图 8-62

**05** 使用圆角矩形工具 ，在瓶口处创建一个圆角矩形，如图 8-63 所示。按住 Ctrl 键并选择瓶子及瓶口图形，单击控制面板中的 按钮，使它们对齐。选择瓶口的圆角矩形，使用网格工具 在图形中单击，添加一个网格点，并设置为橙色，如图 8-64 所示。将瓶口图形复制到瓶底并放大，如图 8-65 所示。将组成花瓶的 3 个图形选中，按 Ctrl+G 快捷键编组。

图 8-63　　　　　　　　　　图 8-64　　　　　　　　　　图 8-65

**06** 执行"窗口 > 色板库 > 图案 > 装饰 > 装饰旧版"命令，打开该图案库。在花瓶图形（没有应用渐变网格的图形）上面创建一个矩形，矩形应大于花瓶图形。单击如图 8-66 所示的图案，填充该图案，如图 8-67 所示。

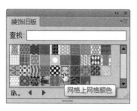

图 8-66　　　　　　　　　　　　　　图 8-67

**07** 按 Shift+Ctrl+[ 快捷键，将图案移动到花瓶图形下面，如图 8-68 所示。选择图案与花瓶，按 Alt+Ctrl+C 快捷键，用顶层对象创建封套扭曲，如图 8-69 所示。

**08** 将扭曲后的图案移动到设置了渐变网格的花瓶上，在"透明度"面板中设置混合模式为"变暗"，如图 8-70 和图 8-71 所示。

图 8-68              图 8-69                    图 8-70                        图 8-71

**09** 执行"窗口 > 符号库 > 花朵"命令，打开该符号库，如图 8-72 所示。将一些花朵符号从面板中拖出，装饰在花瓶中，如图 8-73 所示。

**10** 采用相同的方法制作一个绿色花瓶，为它们添加投影，再制作一个渐变背景，使画面具有空间感。最后，使用光晕工具 在画面中增添闪光效果，如图 8-74 所示。

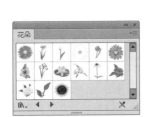    

图 8-72                      图 8-73                          图 8-74

## 8.5 课堂练习：展示卡式 POP 广告

### 8.5.1 制作平面图形

**01** 使用圆角矩形工具 ，创建圆角矩形（拖曳鼠标时可按↑键增加圆角半径），如图 8-75 所示。执行"窗口 > 色板库 > 渐变 > 水果和蔬菜"命令，在打开的面板中选择如图 8-76 所示的渐变色板，效果如图 8-77 所示。

  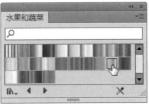 

图 8-75                        图 8-76                          图 8-77

**02** 执行"对象 > 封套扭曲 > 用变形建立"命令，打开"变形选项"面板，在"样式"下拉列表中选择"弧形"，设置弯曲参数为40%，如图8-78和图8-79所示。

图 8-78                                    图 8-79

**03** 打开相关素材。手机已经被保存为符号，将其拖曳到画板中，如图8-80和图8-81所示。

**04** 使用选择工具 选取手机，按 Ctrl+C 快捷键复制，按 Ctrl+Tab 快捷键切换到 POP 广告文档中，按 Ctrl+V 快捷键，将手机粘贴在文档的中间，如图8-82所示。

图 8-80                图 8-81                图 8-82

**05** 右击，在弹出的快捷菜单中选择"变换 > 分别变换"命令，打开"分别变换"对话框，设置缩放参数为62%，旋转角度为23°，如图8-83所示，单击"复制"按钮，复制一个稍小并旋转角度的手机，将其移动到画面左侧，如图8-84所示。

图 8-83                          图 8-84

**06** 选择镜像工具 ，按住 Alt 键并在画板中间位置单击，弹出"镜像"对话框，选择"垂直"选项，单击"复制"按钮，在对称位置复制出一个手机，如图8-85和图8-86所示。

图 8-85　　　　　　　　　　　　　　　　图 8-86

**07** 使用选择工具 ，按住 Shift 键并选取这两个小的手机图形，选择符号着色器工具 ，在"色板"面板中选择洋红作为填充颜色，如图 8-87 所示，在手机上单击，改变手机颜色，如图 8-88 所示。再选择蓝色作为填充颜色，在右侧的手机上单击，使其呈现为紫色，如图 8-89 所示。

图 8-87　　　　　　　　图 8-88　　　　　　　　图 8-89

**08** 使用矩形工具 ，创建一个与画板大小相同的矩形。双击渐变工具 ，打开"渐变"面板调整渐变颜色，如图 8-90 所示，效果如图 8-91 所示。

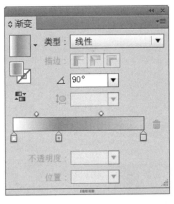

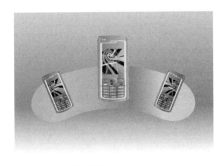

图 8-90　　　　　　　　　　　　图 8-91

## 8.5.2　制作粗描边弧形字

**01** 锁定"图层 1"，单击 按钮，新建"图层 2"，如图 8-92 所示。

**02** 使用文字工具 输入文字，在"字符"面板中设置字体和大小，设置水平缩放为 75%，如图 8-93 所示。在"爱拍一族"后面加入空格，使文字之间保持较大空隙，便于下面的操作中进行编辑，使文字可以排列在手机的空隙中，如图 8-94 所示。

图 8-92

图 8-93

图 8-94

**03** 按 Shift+Ctrl+O 快捷键，将文字创建为轮廓，如图 8-95 所示。打开"外观"面板，如图 8-96 所示，双击"内容"选项，显示文字的描边与填色属性，如图 8-97 所示。

图 8-95

图 8-96

图 8-97

**04** 保持文字的选中状态，设置填充颜色为黄绿色、描边颜色为白色、粗细为 12pt，将"描边"属性拖曳到"填色"属性下方，使文字不会因为描边变粗而遮挡填充颜色，如图 8-98 和图 8-99 所示。

图 8-98

图 8-99

**05** 执行"对象 > 封套扭曲 > 用变形建立"命令，在打开的对话框中设置参数，如图 8-100 所示，效果如图 8-101 所示。此时控制面板中显示了封套变形的各个选项及参数，如图 8-102 所示，如果对弯曲效果不满意，可以直接在控制面板中调整参数。

图 8-100

图 8-101

图 8-102

**06** 单击编辑内容按钮 ，显示文字路径，如图 8-103 所示。使用编组选择工具 拖出一个矩形框，框选右侧的 4 个文字，如图 8-104 所示，按住 Shift 键并将文字向右侧移动，如图 8-105 所示。单击编辑封套按钮 ，恢复封套状态，按住 Shift 键并拖曳定界框的一角，将文字放大，如图 8-106 所示。

图 8-103

图 8-104

图 8-105

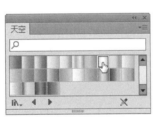

图 8-106

### 8.5.3 添加文字介绍

**01** 使用椭圆工具 ◯，按住 Shift 键并创建一个正圆形。执行"窗口 > 色板库 > 渐变 > 天空"命令，打开该面板，单击"天空 8"渐变样本，如图 8-107 和图 8-108 所示。

**02** "外观"面板中显示了圆形的"描边"与"填色"属性，如图 8-109 所示，将"描边"属性拖曳到面板下方的 ▣ 按钮上，进行复制，如图 8-110 所示。

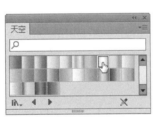

图 8-107

图 8-108

图 8-109

图 8-110

**03** 将复制后的"描边"属性拖曳到"填色"属性下方，设置描边粗细为 9pt。单击 ▣ 按钮，打开"色板"，选择黄色，如图 8-111 所示。使用文字工具 **T** 输入文字，如图 8-112 所示。

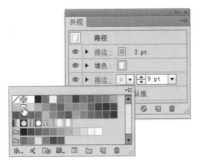

图 8-111

图 8-112

**04** 使用选择工具 ，按住 Shift 键并选取文字及圆形，按 Ctrl+G 快捷键编组。双击旋转工具 ，打开"旋转"对话框，设置旋转角度为 15°，如图 8-113 和图 8-114 所示。

图 8-113                                                        图 8-114

**05** 使用选择工具 ，按住 Shift+Alt 键将编组的图形拖曳到画面右侧，进行复制。使用编组选择工具 单击圆形，将其选中，单击"天空"面板中的"天空 16"渐变色板，如图 8-115 所示。在文字上双击，进入文字编辑状态，对文字内容和颜色进行修改，如图 8-116 所示。

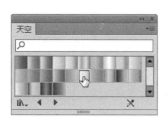

图 8-115                                                        图 8-116

**06** 采用相同的方法制作另外两个文字说明，在"外观"面板中设置圆形的属性，如图 8-117 所示，效果如图 8-118 所示。

图 8-117                                                        图 8-118

## 8.6　思考与练习

### 一、问答题

1. 什么样的对象可以用来创建混合？

2. 什么样的对象不能用来创建封套扭曲？

3. 如果进行封套扭曲的对象填充了图案，怎样才能让图案也一同扭曲或取消外观属性的扭曲？

4. 如果当前选择的封套扭曲对象是使用"用变形建立"命令创建的，怎样将其转换为使用网格制作的封套扭曲？

5. 如果当前选择的封套扭曲对象是使用"用网格建立"命令制作的，怎样将其转换为用变形制作的封套扭曲？

## 二、上机练习

### 1. 弹簧字

用不同颜色的圆形和曲线创建混合，再根据文字结构特点绘制出相应的路径，用它们替换混合轴，制作出形象逼真、色彩明快的弹簧字，如图 8-119 和图 8-120 所示。

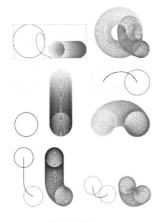

图 8-119

图 8-120

### 2. 动感世界杯

如图 8-121 所示为一幅世界杯海报，动感的足球是通过混合制作出来的。首先打开相关素材，如图 8-122 所示，复制出两个足球，调小并降低不透明度，如图 8-123 所示。用这 3 个足球创建混合（步数为 10），如图 8-124 所示，然后用路径替换混合轴并反转对象的堆叠顺序，如图 8-125 和图 8-126 所示。

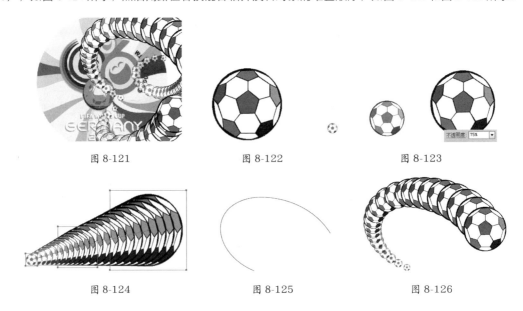

图 8-121        图 8-122        图 8-123

图 8-124        图 8-125        图 8-126

## 8.7 测试题

1. 关于混合功能，以下说法正确的是（ ）。

   A. 可以在两个对象之间创建并平均分布新的对象

   B. 可以在特定对象形状中创建颜色过渡

   C. 可以在两个开放路径之间进行混合

   D. 可以在对象之间创建平滑的过渡

2. 使用"对象 > 混合 > 释放"命令释放混合对象时，可以释放出（ ）对象。

   A. 原始图形　　　　　　　　　　　B. 由混合而生成的中间对象

   C. 一条 0.5pt 宽的路径　　　　　　D. 一条无填色、无描边的路径

3. 下列有关混合的描述，不正确的是（ ）。

   A. 不能在网格对象之间执行混合

   B. 如果在两个图案化对象之间进行混合，则混合步骤将只使用最上方图层中对象的填色

   C. 如果在两个使用"透明度"面板指定了混合模式的对象之间进行混合，则混合步骤仅使用下面对象的混合模式

   D. 如果在具有多个外观属性（效果、填色或描边）的对象之间进行混合，则 Illustrator 会试图混合其选项

4. 下列有关扩展与释放混合的描述，不正确的是（ ）。

   A. 释放混合对象时，会释放出混合轴　　B. 释放混合对象时，会删除中间生成的对象

   C. 由混合生成的中间对象具有锚点　　　D. 扩展混合时，可以保留中间对象

5. 下列有关封套扭曲的描述，不正确的是（ ）。

   A. 除图表、参考线和链接的对象以外，可以在任何对象上使用封套

   B. 在"图层"面板中，以＜封套＞形式列出了封套

   C. 创建封套扭曲后，只能单独编辑封套形状或被封套的对象，不可以同时编辑这两项

   D. 通过"用变形建立"命令创建封套扭曲时，会生成变形网格

6. 下列有关编辑封套扭曲的描述，正确的是（ ）。

   A. 使用"用变形建立"命令创建的封套扭曲，可以转换为用网格制作的封套扭曲

   B. 使用"用网格建立"命令创建的封套扭曲，可以转换为用变形制作的封套扭曲

   C. 使用顶层对象创建的封套扭曲，可以转换为用网格制作的封套扭曲

   D. 使用顶层对象创建的封套扭曲，可以转换为用变形制作的封套扭曲

7. 封套扭曲属于（ ）功能。

   A. 变换　　　　　　B. 变形　　　　　　C. 液化　　　　　　D. 3D

# 第9章

## 质感 UI：效果、外观与图形样式

效果是 Illustrator 中最具吸引力的功能之一。它就像是一个魔术师，随手一变就能让图形呈现令人赞叹的视觉特效。效果可以为对象添加投影、发光、羽化和变形等特效，并且可以通过"外观"面板随时修改、隐藏和删除，因此具有非常强的灵活性。此外，使用预设的图形样式库，只需轻点鼠标，便可以将复杂的效果应用于对象。

## 9.1 UI 设计

UI 是 User Interface 的简称，译为用户界面或人机界面，这一概念是 20 世纪 70 年代由施乐公司帕洛阿尔托研究中心（Xerox PARC）施乐研究机构工作小组提出的，并率先在施乐一台实验性的计算机上使用。

UI 设计是一门结合了计算机科学、美学、心理学和行为学等学科的综合性艺术，它为了满足软件标准化的需求而产生，并伴随着计算机、网络和智能化电子产品的普及而迅猛发展。UI 的应用领域主要包括手机通信移动产品、计算机操作平台、软件产品、PDA 产品、数码产品、车载系统产品、智能家电产品、游戏产品和产品的在线推广等。国际和国内很多从事手机、软件、网站、增值服务的企业和公司都设立了专门从事 UI 研究与设计的部门，以期通过 UI 设计提升产品的市场竞争力。如图 9-1 和图 9-2 所示为游戏界面和图标设计。

图 9-1　　　　　　　　　　　　　　　　　　图 9-2

## 9.2 Illustrator 效果

效果是用于改变对象外观的功能，例如，可以为对象添加投影、使对象扭曲、边缘产生羽化、呈现线条状等。

### 9.2.1 了解效果

Illustrator 的"效果"菜单中包含两类效果，如图 9-3 所示。位于菜单上部的"Illustrator 效果"是矢量效果，这其中的 3D 效果、SVG 滤镜、变形效果、变换效果、投影、羽化、内发光及外发光可以同时应

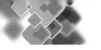

用于矢量和位图,其他效果只能用于矢量图;位于菜单下部的"Photoshop 效果"与 Photoshop 的滤镜相同,它们可用于矢量对象和位图。

选择对象后,执行"效果"菜单中的命令,或者单击"外观"面板中的 **fx.** 按钮,打开下拉列表选择一个命令,即可应用效果。应用一个效果后(如使用"扭转"效果),菜单中就会保存该命令,如图 9-4 所示,此时执行"效果 > 应用扭转(效果名称)"命令,可以再次使用该效果。如果要修改效果参数,可以执行"效果 > 扭转(效果名称)"命令。

图 9-3                                                图 9-4

---

**提示**

向对象应用一个效果后,"外观"面板中便会列出该效果,通过该面板可以编辑效果,或者删除效果以还原对象。

---

## 9.2.2　SVG 滤镜

SVG 是将图像描述为形状、路径、文本和滤镜效果的矢量格式,它的特点是生成的文件很小,可以在网络、打印甚至资源有限的手持设备上提供较高品质的图像,并且可以任意缩放。SVG 滤镜主要用在以 SVG 效果支持高质量的文字和矢量方式的图像。

## 9.2.3　变形

"变形"效果组中包括 15 种变形效果,可以扭曲路径、文本、外观、混合以及位图,创建弧形、拱形、旗帜等变形效果。这些效果与 Illustrator 预设的封套扭曲的变形样式相同,具体效果请参阅"8.3.1 用变形建立封套扭曲"一节的内容。

## 9.2.4　扭曲和变换

扭曲和变换效果组中包含"变换""扭拧""扭转""收缩和膨胀""波纹效果""粗糙化"和"自由扭曲"等效果,它们可以改变图形的形状、方向和位置,创建扭曲、收缩、膨胀、粗糙和锯齿等特效。其中"自由扭曲"比较特别,它是通过控制点来改变对象形状的,如图 9-5 ～图 9-7 所示。

图 9-5 图 9-6 图 9-7

## 9.2.5 栅格化

栅格化是指将矢量图转换成位图。在 Illustrator 中可以通过两种方法来操作。例如，如图 9-8 所示为一个矢量图形，从"外观"面板中可以看到，它是一个编组的矢量对象，如图 9-9 所示。执行"效果 > 栅格化"命令后，可以使其呈现位图的外观，但不会改变其矢量结构，也就是说，它仍然是矢量对象，因此"外观"面板中仍保存着它的矢量属性，如图 9-10 所示。如果执行"对象 > 栅格化"命令，则可以将矢量对象转换为真正的位图，如图 9-11 所示。

图 9-8 图 9-9 图 9-10 图 9-11

## 9.2.6 裁剪标记

执行"效果 > 裁剪标记"命令，可以在画板上创建裁剪标记。裁剪标记标识了纸张的打印和裁剪位置。需要打印对象或将图稿导出到其他程序时，裁剪标记非常有用。

## 9.2.7 路径

路径效果组中包含"位移路径""轮廓化对象"和"轮廓化描边"命令。其中，"位移路径"命令可基于所选路径偏移出一条新的路径，并且可以设置路径的偏移值以及新路径的边角形状；"轮廓化对象"命令可以将对象创建为轮廓；"轮廓化描边"命令可以将对象的描边创建为轮廓。

## 9.2.8 路径查找器

"路径查找器"效果组中包含"相加""交集""差集"和"相减"等 13 种效果，可用于组合或分割图形，它们与"路径查找器"面板的相关功能相同。不同之处在于，路径查找器效果只改变对象的外观，不会造成实质性的破坏，但这些效果只能用于处理组、图层和文本对象。而"路径查找器"面板可用于任何对象、组和图层的组合。

**提示**

使用"路径查找器"效果组中的命令时，需要先将对象编为一组，否则这些命令不会产生作用。

## 9.2.9 转换为形状

"转换为形状"效果组中包含"矩形""圆角矩形"和"椭圆"等命令，它们可以将图形转换成为矩形、圆角矩形和椭圆形。在转换时，既可以在"绝对"选项中输入数值、按照指定的大小转换图形，也可以在"相对"选项中输入数值，相对于原对象向外扩展相应的宽度和高度。例如，如图 9-12 所示为一个图形对象，如图 9-13 所示为"形状选项"对话框，如图 9-14 所示为转换结果。

图 9-12        图 9-13        图 9-14

## 9.2.10 风格化

"风格化"效果组中包含 6 种效果，可以为图形添加投影、羽化等特效。

- 内发光 / 外发光：可以使对象产生向内或向外的发光，并可以调整发光颜色。如图 9-15 所示为原图形，如图 9-16 所示为内发光效果，如图 9-17 所示为外发光效果。

图 9-15        图 9-16        图 9-17

- 圆角：可以将对象的角点转换为平滑的曲线，使图形中的尖角变为圆角。

- 投影：可以为对象添加投影，创建立体效果。如图 9-18 所示为"投影"对话框，如图 9-19 和图 9-20 所示为原图形及添加投影后的效果。

图 9-18        图 9-19        图 9-20

● 涂抹：可以将图形处理为手绘效果，如图 9-21 ～图 9-23 所示。

图 9-21　　　　　　　　　　　　图 9-22　　　　　　　　　　　　图 9-23

● 羽化：可以柔化对象的边缘，使其边缘产生逐渐透明的效果。如图 9-24 所示为"羽化"对话框，通过"半径"选项可以控制羽化的范围。如图 9-25 和图 9-26 所示为原图形及羽化后的效果。

图 9-24　　　　　　　　　　　　图 9-25　　　　　　　　　　　　图 9-26

## 9.3　Photoshop 效果

　　Photoshop 效果是从 Photoshop 的滤镜中移植过来的。使用这些效果时会弹出"效果画廊"，如图 9-27 所示，有些命令会弹出相应的对话框。"效果画廊"集成了扭曲、画笔描边、素描、纹理、艺术效果和风格化效果组中的命令，单击效果组中的一个效果即可使用该效果，在预览区可以预览该效果，在参数控制区可以调整效果参数。

图 9-27

177

单击"效果画廊"对话框右下角的 ⬚ 按钮，可以创建一个效果图层，添加效果图层后，可以选取其他效果。

**提示**

使用 Photoshop 效果时，按住 Alt 键，对话框中的"取消"按钮会变成"重置"或"复位"按钮，单击它们，可以将参数恢复到初始状态。如果在执行效果的过程中想要终止操作，可以按 Esc 键。

## 9.4 编辑对象的外观属性

外观属性是一组在不改变对象基础结构的前提下，能够影响对象效果的属性，它包括填色、描边、透明度和各种效果。

### 9.4.1 外观面板

在 Illustrator 中，对象的外观属性保存在"外观"面板中。如图 9-28 和图 9-29 所示为 3D 糖果瓶及其外观属性。

图 9-28　　　　　　　　　　　　图 9-29

- 所选对象缩览图：即当前选中对象的缩览图，它右侧的名称标识了对象的类型，如路径、文字、组、位图图像和图层等。
- 描边：显示并可以修改对象的描边属性，包括描边颜色、宽度和类型。
- 填色：显示并可以修改对象的填充内容。
- 不透明度：显示并可以修改对象的不透明度和混合模式。
- 眼睛图标 👁：单击该图标，可以隐藏或重新显示效果。
- 添加新描边 ▢：单击该按钮，可以为对象增加一个描边属性。
- 添加新填色 ▣：单击该按钮，可以为对象增加一个填色属性。
- 添加新效果 *fx.*：单击该按钮，可以在打开的下拉列表中选择一个效果。
- 清除外观 ⊘：单击该按钮，可以清除所选对象的外观，使其变为无描边、无填色的状态。
- 复制所选项目 ⬚：选择面板中的一个项目后，单击该按钮，可以复制该项目。
- 删除所选项目 🗑：选择面板中的一个项目后，单击该按钮，可将其删除。

### 9.4.2 为图层和组添加外观

单击图层名称右侧的 ◎ 图标，选择图层（可以是空的图层），如图 9-30 所示，执行一个效果命令，即可为该图层添加外观，如图 9-31 和图 9-32 所示。此后，凡是在该图层中创建或者加入该图层的对象都会自动添加此外观（投影效果），如图 9-33 和图 9-34 所示。

图 9-30　　　　　　图 9-31　　　　　　图 9-32　　　　　　图 9-33　　　　　　图 9-34

在"图层"面板中单击组右侧的 ◎ 图标，选择编组的对象，也可为其添加效果。此后，将一个对象加入该组，这个对象也会拥有组所添加的效果。如果将其中的一个对象从组中移出，则该对象将失去效果，这是因为效果属于组，而不属于组内的单个对象。

### 9.4.3 编辑基本外观

选择一个对象后，"外观"面板中会列出它的外观属性，包括填色、描边、透明度和效果等，如图 9-35 所示，此时可以选择其中的任意一个属性项目进行修改。例如，如图 9-36 所示为将填色设置为图案后的效果。

图 9-35　　　　　　　　　　　　　　　　图 9-36

**小技巧：快速复制外观属性**

● 选择一个图形，使用吸管工具 ✐ 在其他图形上单击，可以将该图形的外观属性复制给所选对象。

● 选择一个图形，使用吸管工具 ✐ 在其他图形上单击，可以将该图形的外观属性复制给所选对象。

## 9.4.4 编辑效果

选择添加了效果的对象，如图 9-37 所示，双击"外观"面板中的效果名称，如图 9-38 所示，可以在打开的对话框中修改效果参数，如图 9-39 和图 9-40 所示。

图 9-37　　　　　　　图 9-38　　　　　　　图 9-39　　　　　　　图 9-40

## 9.4.5 调整外观的堆栈顺序

在"外观"面板中，外观属性按照应用于对象的先后顺序堆叠排列，这种形式称为堆栈，如图 9-41 所示。向上或向下拖曳外观属性，可以调整它们的堆栈顺序。需要注意的是，这会影响对象的显示效果，如图 9-42 所示。

图 9-41　　　　　　　　　　　　　　　　　图 9-42

## 9.4.6 显示和隐藏外观

选择对象后，在"外观"面板中单击一个属性前面的眼睛图标 👁，可以隐藏该属性，如图 9-43 和图 9-44 所示。如果要重新将其显示出来，可在原眼睛图标处单击。

图 9-43　　　　　　　　　　　　　　　　　　图 9-44

## 9.4.7　扩展外观

　　选择对象，如图 9-45 所示，执行"对象 > 扩展外观"命令，可以将它的填色、描边和应用的效果等外观属性扩展为独立的对象（对象会自动编组），如图 9-46 所示为将投影、填色、描边对象移开后的效果。

图 9-45　　　　　　　　　　　　　图 9-46

## 9.4.8　删除外观

　　选择一个对象，如图 9-47 所示。如果要删除它的一种外观属性，可以在"外观"面板中将该属性拖曳到删除所选项目按钮 🗑 上，如图 9-48 ～图 9-50 所示。

图 9-47　　　　　　　　图 9-48　　　　　　　　图 9-49　　　　　　　　图 9-50

　　如果要除删除填色和描边之外的所有外观，可以执行面板菜单中的"简化至基本外观"命令，效果如图 9-51 和图 9-52 所示。如果要删除所有外观，可以单击清除外观按钮 🚫 ，对象会变为无填色、无描边状态。

图 9-51　　　　　　　　　　　图 9-52

## 9.5 使用图形样式

图形样式是一系列预设的外观属性的集合，可以快速改变对象的外观。例如，可以修改对象的填色和描边、改变透明度，或者同时应用多种效果。

### 9.5.1 图形样式面板

图形样式是可以改变对象外观的预设的属性集合，它们保存在"图形样式"面板中。选择一个对象，如图 9-53 所示，单击该面板中的一个样式，即可将其应用到所选对象上，如图 9-54 和图 9-55 所示。如果再单击其他样式，则新样式会替换原有的样式。

图 9-53       图 9-54       图 9-55

- 默认 ▢：单击该样式，可以将当前选中的对象设置为默认的基本样式，即黑色描边、白色填色。
- 图形样式库菜单 ▯◣：单击该按钮，可以在打开的菜单中选择图形样式库。
- 断开图形样式链接 ↭：用来断开当前对象使用的样式与面板中样式的链接。断开链接后，可以单独修改应用于对象的样式，而不会影响面板中的样式。
- 新建图形样式 ◰：选择一个对象，如图 9-56 所示，单击该按钮，即可将所选对象的外观属性保存到"图形样式"面板中，如图 9-57 所示，以便于其他对象继续使用。

图 9-56           图 9-57

- 删除图形样式 🗑：选择面板中的图形样式后，单击该按钮可将其删除。

**小技巧：通过拖曳方式应用图形样式**

在未选择任何对象的情况下，将"图形样式"面板中的样式拖曳到对象上，可以直接为其添加该样式。这样可以省去选择对象的麻烦，使操作更加简单。

## 9.5.2 创建图形样式

按住 Ctrl 键并单击"图形样式"面板中两个或多个图形样式，将它们选中，如图 9-58 所示，执行面板菜单中的"合并图形样式"命令，可以创建一个新的图形样式，它包含所选样式的全部属性，如图 9-59 所示。

图 9-58　　　　　　　　　　　　　　　　图 9-59

## 9.5.3 从其他文档中导入图形样式

单击"图形样式"面板中的 按钮，选择"其他库"命令，在弹出的对话框中选择一个 AI 文件，如图 9-60 所示，单击"打开"按钮，可以导入该文件中使用的图形样式，它会出现在一个单独的面板中，如图 9-61 所示。

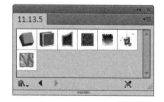

图 9-60　　　　　　　　　　　　　　　　图 9-61

## 9.5.4 重新定义图形样式

单击"图形样式"面板中的一个样式，如图 9-62 所示，"外观"面板就会显示其包含的项目，此时可以选择一种属性进行修改。例如，选择描边后，可以修改描边颜色和宽度，如图 9-63 所示。执行"外观"面板菜单中的"重定义图形样式"命令，可以用修改后的样式替换原有样式，如图 9-64 所示。

图 9-62

图 9-63

图 9-64

**小技巧：在不影响对象的情况下修改样式**

如果当前修改的样式已被文档中的对象使用，则对象的外观会自动更新。如果不希望应用到对象的样式发生改变，可以在修改样式前选择对象，再单击"图形样式"面板中的 ↻ 按钮，断开它与面板中的样式的链接，然后再对样式进行修改。

## 9.6 课堂练习：涂鸦艺术

**01** 打开相关素材。选择人物图形，填充渐变，如图 9-65 和图 9-66 所示。

图 9-65

图 9-66

**02** 执行"效果>扭曲和变换>波纹效果"命令，扭曲图形，如图 9-67 所示。执行"效果>扭曲和变换>扭拧"命令，设置参数，如图 9-68 所示。

图 9-67

图 9-68

**03** 按 Ctrl+C 快捷键复制图形，按 Ctrl+F 快捷键粘贴到前面。打开"外观"面板菜单，选择"简化至基本外观"命令，删除效果，只保留渐变填充。修改图形的填充颜色和混合模式，如图 9-69 和图 9-70 所示。

**04** 将"图层2"显示出来，如图9-71所示。选择画板中的文字图形，修改其填色和描边，如图9-72和图9-73所示。

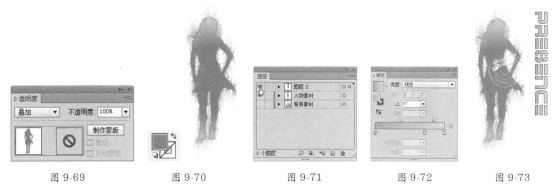

图 9-69　　　　　　图 9-70　　　　　　图 9-71　　　　　　图 9-72　　　　　　图 9-73

**05** 执行"效果 > 扭曲和变换 > 粗糙化"命令，使文字的边缘变得粗糙，如图9-74和图9-75所示。设置文字的混合模式为"叠加"，如图9-76所示。

图 9-74　　　　　　　　图 9-75　　　　　　　　图 9-76

**06** 在"图层"面板中将"背景素材"图层显示出来，如图9-77所示，最终效果如图9-78所示。

图 9-77　　　　　　　　　　图 9-78

## 9.7　课堂练习：立体字

**01** 打开相关素材，如图9-79所示。选择数字"3"，执行"对象 >3D效果 > 凸出和斜角"命令，打开"3D凸出和斜角选项"对话框，指定 *X* 轴 、*Y* 轴 和 *Z* 轴 的旋转参数；设置凸出厚度为40pt。单击该对话框中的 按钮，添加新的光源，并调整光源的位置，如图9-80所示，制作出立体字效果，如图9-81所示。

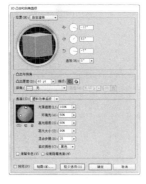

| 图 9-79 | 图 9-80 | 图 9-81 |
|---|---|---|

**02** 选择字母"D",再次执行"凸出和斜角"命令,设置参数,如图 9-82 所示,效果如图 9-83 所示。选择数字"3",按 Ctrl+C 快捷键复制,按 Ctrl+F 快捷键粘贴到前面,如图 9-84 所示。

| 图 9-82 | 图 9-83 | 图 9-84 |
|---|---|---|

**03** 在"外观"面板中选择"3D 凸出和斜角"属性,如图 9-85 所示,将其拖曳到面板底部的 🗑 按钮上删除,如图 9-86 所示。将填充颜色设置为蓝色,如图 9-87 所示。

| 图 9-85 | 图 9-86 | 图 9-87 |
|---|---|---|

**04** 执行"效果 >3D> 旋转"命令,打开"3D 旋转选项"对话框,参考第 2 步操作中 $X$ 轴、$Y$ 轴和 $Z$ 轴的旋转参数进行设置,如图 9-88 所示,使蓝色数字贴在 3D 字表面,如图 9-89 所示。

| 图 9-88 | 图 9-89 |
|---|---|

**05** 在"图层1"眼睛图标右侧单击，锁定该图层，单击 ▣ 按钮新建"图层2"，如图9-90所示。使用钢笔工具 ✎ 绘制如图9-91所示的图形。再分别绘制紫色、绿色和橙色的图形，如图9-92和图9-93所示。

图 9-90　　　　　　　　　图 9-91　　　　　　　　　图 9-92　　　　　　　　　图 9-93

**06** 选择橙色图形，执行"效果 > 风格化 > 内发光"命令，设置参数，如图9-94所示，效果如图9-95所示。

图 9-94　　　　　　　　　　　　　　　　　　图 9-95

**07** 再绘制一个绿色图形，按 Shift+Ctrl+E 快捷键，应用"内发光"效果，如图9-96所示。选择橙色图形，按住 Alt 键并拖曳鼠标进行复制，调整角度和大小，分别填充蓝色、紫色，使画面丰富起来，如图9-97所示。继续绘制花纹，丰富画面，如图9-98和图9-99所示。

图 9-96　　　　　　　　　图 9-97　　　　　　　　　图 9-98　　　　　　　　　图 9-99

**08** 在字母"D"上绘制花纹图形，填充不同的颜色。采用相同的方法为部分图形添加内发光效果，如图9-100 ～图9-105所示。

图 9-100　　　　　　　　　　图 9-101　　　　　　　　　图 9-102

图 9-103　　　　　　　　　图 9-104　　　　　　　　　图 9-105

**9.8　课堂练习：制作光盘盘面**

**01** 打开相关素材，如图 9-106 所示。光盘的制作方法比较简单，只需使用剪切蒙版将图形隐藏即可，因此，每个光盘都位于一个单独的图层中，如图 9-107 所示。下面来针对每一个光盘中的图形添加效果。

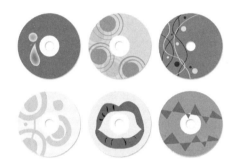

图 9-106　　　　　　　　　　　　　　图 9-107

**02** 使用编组选择工具 选择第 1 个光盘的盘面，如图 9-108 所示，执行"效果 > 风格化 > 内发光"命令，打开"内发光"对话框，选择"边缘"选项，使发光由对象的边缘开始向中心扩散，设置发光颜色和其他参数，如图 9-109 所示，盘面效果如图 9-110 所示。

图 9-108　　　　　　　　　图 9-109　　　　　　　　　图 9-110

**03** 使用编组选择工具 ，按住 Shift 键并选择第 2 个光盘中的图形，如图 9-111 所示，执行"效果 > 风格化 > 投影"命令，设置投影颜色和参数，如图 9-112 所示，效果如图 9-113 所示。

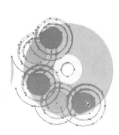

图 9-111　　　　　　　　　图 9-112　　　　　　　　　图 9-113

**04** 使用编组选择工具 ▷⁺，选择第 3 个光盘中的图形，如图 9-114 所示，执行"效果 > 风格化 > 涂抹"命令，对路径进行扭曲，如图 9-115 和图 9-116 所示。

图 9-114　　　　　　　　　　图 9-115　　　　　　　　　　图 9-116

**05** 选择第 4 个光盘中的图形，如图 9-117 所示，执行"效果 > 风格化 > 羽化"命令，设置参数，如图 9-118 所示。该效果可以柔化对象的边缘，使其产生从内部到边缘逐渐透明的效果，如图 9-119 所示。

图 9-117　　　　　　　　　　图 9-118　　　　　　　　　　图 9-119

**06** 选择第 5 个光盘中的图形，如图 9-120 所示，执行"效果 > 风格化 > 外发光"命令，为其添加外发光，如图 9-121 和图 9-122 所示。

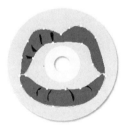

图 9-120　　　　　　　　　　图 9-121　　　　　　　　　　图 9-122

**07** 选择第 6 个光盘最上面的线段，如图 9-123 所示，执行"效果 > 风格化 > 圆角"命令，添加该效果，如图 9-124 和图 9-125 所示。

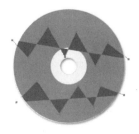

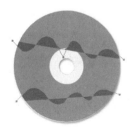

图 9-123　　　　　　　　　　图 9-124　　　　　　　　　　图 9-125

**08** 在"图层"面板中将"图层 8"显示出来，完成盘面的制作，如图 9-126 和图 9-127 所示。

图 9-126

图 9-127

## 9.9  测试题

1. 在"效果画廊"或任意 Photoshop 效果的对话框中，按住（    ）键，"取消"按钮会变成"重置"或"复位"按钮。

    A. Alt                     B. Ctrl                     C. Shift                     D.Ctrl+Shift

2. （    ）效果可以同时移动、旋转和缩放对象。

    A. 效果 > 变形                           B. 效果 > 扭曲和变换 > 收缩和膨胀

    C. 效果 > 扭曲和变换 > 自由扭曲        D. 效果 > 扭曲和变换 > 变换

3. 下列有关效果的描述，正确的是（    ）。

    A. 效果不能删除

    B. 效果命令显示为灰色时，表示该效果无法应用于所选对象

    C. 效果可以处理矢量对象和位图图像

    D. 效果对于链接的位图对象不起作用，如果向链接的位图应用一种效果，则此效果将应用于嵌入的位图副本，而非原始位图

4. 下列有关外观与效果的描述，错误的是（    ）。

    A. 对一个图层应用效果后，该图层中的所有对象都将应用此效果

    B. 对一个组应用效果后，加入该组中的所有对象都将应用此效果

    C. 在"外观"面板中可以调整效果的堆叠顺序

    D. 在"外观"面板中不可以调整效果的堆叠顺序

5. 下列有关图形样式的描述，错误的是（    ）。

    A. 图形样式是一组可反复使用的外观属性

    B. 图形样式可以应用于对象、组和图层

    C. 要在应用图形样式时保留文字的颜色，可以在"图形样式"面板菜单中取消选择"覆盖字符颜色"选项

    D. 从其他文档中导入图形样式库时，库文件会导入到"图形样式"面板中

6. 在使用 Photoshop 效果的过程中，中途取消操作的快捷键是（　　）。

    A. Shift 键　　　　　　　　B. Esc 键　　　　　C. Alt 键　　　　　D. Delete 键

7. 下列有关效果画廊的描述，正确的是（　　）。

    A. 效果画廊可以同时应用多种 Photoshop 效果

    B. 效果画廊可以多次应用同一 Photoshop 效果

    C. 效果图层位于"图层"面板中

    D. 在"效果画廊"对话框中按住 Alt 键，"取消"按钮会变成"复位"按钮

# 第10章

## 完美包装：3D 与透视网格

Illustrator 的 3D 效果是从 Adobe Dimensions 中移植过来的，最早出现在 Illustrator CS 版本中。3D 效果是非常强大的功能，它通过挤压、绕转和旋转等方式让二维图形产生三维效果，还可以调整对象的角度和透视，添加光源，并能够将符号作为贴图投射到三维对象的表面。

## 10.1　包装设计

包装是产品的第一推销员，好的商品要有好的包装来衬托才能充分体现其价值，能够引起消费者的注意，扩大企业和产品的知名度。

包装具有 3 大功能，即保护性、便利性和销售性。不同的历史时期，包装的功能含义也不尽相同，但包装却永远离不开采用一定材料和容器包裹、捆扎、容装、保护内装物及传达信息的基本功能。包装设计应向消费者传递一个完整的信息，即这是一种什么样的商品、这种商品的特色是什么、它适用于哪些消费群体。包装的设计还应充分考虑消费者的定位，包括消费者的年龄、性别和文化层次，针对不同的消费阶层和消费群体进行设计，才能放有的放矢，达到促进商品销售的目的，如图 10-1 ～图 10-4 所示。

| 麦当劳包装 | 酒瓶包装 | 糖果包装 | G　RTZ bird 包装 |
| 图 10-1 | 图 10-2 | 图 10-3 | 图 10-4 |

包装设计要突出品牌，巧妙地将色彩、文字和图形组合，形成有一定冲击力的视觉形象，从而将产品的信息准确地传递给消费者。如图 10-5 所示为美国 Gloji 公司灯泡型枸杞子混合果汁的包装设计，它打破了饮料包装的常规形象，让人眼前一亮。灯泡形的包装与产品的定位高度契合，传达出的是：Gloji 混合型果汁饮料让人感觉到的是能量的源泉，如同灯泡给人带来光明，Gloji 灯泡饮料似乎也可以带给你取之不尽的力量。该包装在 2008 年 Pentawards 上获得了果汁饮料包装类金奖。

图 10-5

## 10.2　3D 效果

3D 效果一项非常强大的功能，它通过挤压、绕转和旋转等方式让二维图形产生三维效果，还可以调整对象的角度和透视，设置光源，并能够将符号作为贴图投射到三维对象的表面。

## 10.2.1 凸出和斜角

"凸出和斜角"效果通过挤压的方法为路径增加厚度来创建 3D 立体对象。如图 10-6 所示为一个相机图形，将其选中后，执行"效果 >3D> 凸出和斜角"命令，在打开的对话框中设置参数，如图 10-7 所示，单击"确定"按钮，即可沿对象的 Z 轴拉伸出一个 3D 对象，如图 10-8 所示。

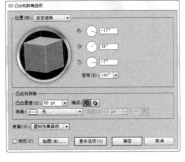

图 10-6        图 10-7        图 10-8

● 位置：在该下拉列表中可以选择一个预设的旋转角度。拖曳该对话框左上角观景窗内的立方体可以自由调整角度，如图 10-9 和图 10-10 所示；如果要设置精确的旋转角度，可以在指定绕 X 轴旋转 、指定绕 Y 轴旋转 和指定绕 Z 轴旋转 右侧的文本框中输入角度值。

图 10-9                      图 10-10

● 透视：在文本框中输入数值，或单击 按钮并移动显示的滑块，可以调整透视效果。如图 10-11 所示为未设置透视的立体对象，如图 10-12 所示为设置透视后的对象，此时立体效果更加真实。

● 凸出厚度：用来设置挤压厚度，该值越高，对象越厚，如图 10-13 和图 10-14 所示是分别设置该值为 20pt 和 60pt 时的挤压效果。

图 10-11        图 10-12        图 10-13        图 10-14

● 端点：单击 按钮，可以创建实心立体对象，如图 10-15 所示；单击 按钮，则创建空心立体对象，如图 10-16 所示。

● 斜角 / 高度：在"斜角"选项的下拉列表中可以选择一种斜角样式，创建带有斜角的立体对象，如图 10-17 和图 1-18 所示。此外，还可以选择斜角的斜切方式，单击 按钮，可以在保持对象大小的基础上通过增加像素形成斜角；单击 按钮，则从原对象上切除部分像素形成斜角。为对象设置斜角后，可以在"高度"文本框中输入斜角的高度值。

图 10-15　　　　　　图 10-16　　　　　　图 10-17　　　　　　图 10-18

## 10.2.2　绕转

　　"绕转"效果可以将图形沿自身的 Y 轴绕转，成为 3D 立体对象。如图 10-19 所示为一个酒杯的剖面图形，将其选中，执行"效果 >3D> 绕转"命令，在打开的对话框中设置参数，如图 10-20 所示，单击"确定"按钮，即可将其绕转成一个酒杯，如图 10-21 所示。绕转的"位置"和"透视"选项与"凸出和斜角"命令相应选项的设置方法相同。

图 10-19　　　　　　　　　图 10-20　　　　　　　　　图 10-21

- 角度：用于设置绕转度数，默认的角度值为 360°，此时可生成完整的立体对象；如果小于该值，则会出现断面，如图 10-22 所示（角度为 300°）。

- 端点：可以指定显示的对象是实心的（单击 ◉ 按钮）还是空心的（单击 ◉ 按钮）。

- 位移：用来设置绕转对象与自身轴心的距离，该值越高，对象偏离轴心越远，如图 10-23 所示是设置该值为 10pt 的效果。

- 自：用来设置对象绕转的轴，包括"左边"和"右边"。如果原始图形是最终对象的右半部分，应选择从"左边"开始绕转，如图 10-24 所示。如果选择从"右边"绕转，则会产生错误的结果，如图 10-25 所示；如果原始图形是对象的左半部分，选择从"右边"开始旋转可以产生正确的结果。

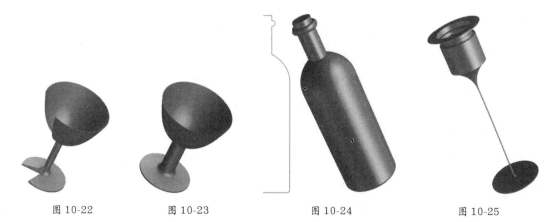

图 10-22　　　　　　图 10-23　　　　　　　图 10-24　　　　　　图 10-25

### 10.2.3 旋转

"旋转"效果可以在一个虚拟的三维空间中旋转图形或图像，或者是由"凸出和斜角"或"绕转"命令生成的 3D 对象。例如，如图 10-26 所示为一个图像，将其选中后，使用"旋转"效果即可旋转它，如图 10-27 和图 10-28 所示。该效果的选项与 "凸出和斜角"效果完全相同。

图 10-26

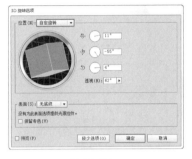

图 10-27

图 10-28

### 10.2.4 设置模型表面属性

使用"凸出和斜角"命令和"绕转"命令创建 3D 对象时，可以选择 4 种表面，如图 10-29 所示。

图 10-29

- 线框：只显示线框结构，无颜色和贴图，如图 10-30 所示，此时屏幕的刷新速度最快。

- 无底纹：不向对象添加任何新的表面属性，3D 对象具有与原始 2D 对象相同的颜色，但无光线的明暗变化，如图 10-31 所示。

- 扩散底纹：对象以一种柔和的、扩散的方式反射光，但光影的变化不够真实和细腻，如图 10-32 所示。

- 塑料效果底纹：对象以一种闪烁的、光亮的材质模式反射光，以获得最佳的效果，但屏幕的刷新速度会变慢，如图 10-33 所示。

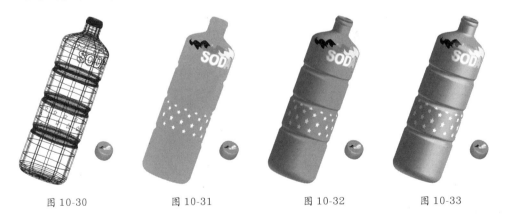

图 10-30          图 10-31          图 10-32          图 10-33

**提示**

如果对象使用"旋转"效果，则"表面"下拉列表中将只有"扩散底纹"和"无底纹"两个选项。

## 10.2.5　编辑光源

创建 3D 对象时，单击对话框中的"更多选项"按钮，可以显示光源选项，如图 10-34 所示。如果将表面效果设置为"扩散底纹"或"塑料效果底纹"，则可以添加光源，创建光影变化，使立体效果更加真实。

图 10-34

- 光源编辑预览框：在默认情况下，光源编辑预览框中只有一个光源，单击 按钮，可以添加新的光源，如图 10-35 所示；单击并拖曳光源可以移动它的位置，如图 10-36 所示。选择一个光源后，单击 按钮，可以将其移动到对象的后面，如图 10-37 所示；单击 按钮，可以将其移动到对象的前面，如图 10-38 所示；如果要删除光源，可以选择该光源，然后单击 按钮。

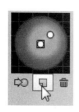     

图 10-35　　　　　图 10-36　　　　　　图 10-37　　　　　　　　　图 10-38

- 光源强度：用来设置光源的强度，范围为 0%～100%，该值越高，光照的强度越大。

- 环境光：用来设置环境光的强度，它可以影响对象表面的整体亮度。

- 高光强度：用来设置高光区域的亮度，该值越高，高光点越亮。

- 高光大小：用来设置高光区域的范围，该值越高，高光的范围越广。

- 混合步骤：用来设置对象表面光色变化的混合步骤，该值越高，光色变化的过渡越细腻，但会占用更多的内存。

- 底纹颜色：用来控制对象的底纹颜色。选择"无"，表示不为底纹添加任何颜色，如图 10-39 所示；"黑色"为默认选项，它可以在对象填充颜色的上方叠印黑色底纹，如图 10-40 所示；选择"自定"，然后单击选项右侧的颜色块，可以打开"拾色器"选择一种底纹颜色，如图 10-41 所示。

  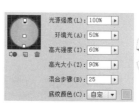 

图 10-39　　　　　　　图 10-40　　　　　　　　　　　　　图 10-41

- 保留专色：如果对象使用了专色，选择该项可确保专色不会发生改变。

- 绘制隐藏表面：用来显示对象的隐藏表面，以便对其进行编辑。

### 10.2.6　在模型表面贴图

在 Maya 和 3ds Max 等三维软件中，很多材质、纹理和反射都是通过将图片贴在对象表面模拟出来的。Illustrator 也可以在 3D 对象表面贴图，但需要先将贴图保存在"符号"面板中。例如，如图 10-42 所示是一个没有贴图的 3D 对象，如图 10-43 所示是用于贴图的符号，使用"凸出和斜角"和"绕转"命令创建3D 效果时，可以单击该对话框中的"贴图"按钮，在打开的"贴图"对话框中为对象的表面贴图，如图 10-44 所示。

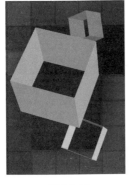

图 10-42

图 10-43

10-44

- 表面 / 符号：用来选择要贴图的对象表面，单击第一个 ◄◄ 、上一个 ◄ 、下一个 ► 和最后一个 ►► 按钮可以切换表面，被选中的表面在窗口中会显示出红色的轮廓线。选择一个表面后，可以在"符号"下拉列表中为其选择一个符号，如图 10-45 所示。通过符号定界框还可以移动、旋转和缩放符号，以调整贴图在对象表面的位置和大小，如图 10-46 所示。

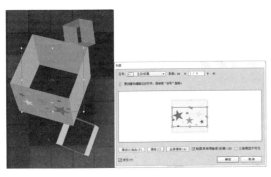

图 10-45

图 10-46

- 缩放以适合：单击该按钮，可以自动调整贴图的大小，使之与选择的面相匹配。需要注意的是，这样操作有可能会使符号变形。
- 清除 / 全部清除：单击"清除"按钮，可以清除当前设置的贴图；单击"全部清除"按钮，可以清除所有表面的贴图。
- 贴图具有明暗调：选择该选项后，贴图会在对象表面产生明暗变化，如图 10-47 所示；如果取消选择，则贴图无明暗变化，如图 10-48 所示。
- 三维模型不可见：未选中该选项时，可以显示立体对象和贴图效果，选择该选项后，则仅显示贴图，不会显示立体对象，如图 10-49 所示。

---

**提示**

在对象表面贴图会占用较多的内存，因此，如果符号的图案过于复杂，计算机的处理速度会变慢。

图 10-47　　　　　　　　图 10-48　　　　　　　　图 10-49

## 10.2.7　增加模型的可用表面

如果对象设置了描边，如图 10-50 所示，则使用"凸出和斜角"和"绕转"命令创建 3D 对象时，描边也可以生成表面，如图 10-51 所示，并且，这样的表面还可以贴图，如图 10-52 和图 10-53 所示。

图 10-50

图 10-51

图 10-52

图 10-53

## 10.2.8　多图形同时创建立体效果

由多个图形组成的对象可以同时创建立体效果，操作方法是：将对象全部选中，执行"凸出和斜角"命令，图形中的每个对象都会应用相同程度的挤压。例如，如图 10-54 所示是一个由多个图形组成的滚轴，如图 10-55 所示为对这些图形同时应用"凸出和斜角"命令生成的立体对象，如图 10-56 所示为不同角度的观察效果。

图 10-54

图 10-55

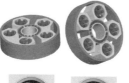

图 10-56

通过这种方式生成立体对象后，可以选中其中任意一个图形，然后双击"外观"面板中的 3D 属性，在打开的对话框中调整参数，单独改变这个图形的挤压效果，而不会影响其他图形。如果先将所有对象编组，再统一制作为 3D 对象，则编组图形将成为一个整体，不能单独编辑单个图形的效果参数。

## 10.3　透视图

透视网格提供了可以在透视状态下绘制和编辑对象的可能。例如，可以使道路或铁轨看上去像在视线中相交或消失一般，也可以将一个对象置入到透视中，使其呈现透视效果。

## 10.3.1 透视网格

选择透视网格工具 ⊞ ，或执行"视图 > 透视网格 > 显示网格"命令，可以显示透视网格，如图 10-57 所示。同时，画板左上角还会出现一个平面切换构件，如图 10-58 所示。要在哪个透视平面绘图，需要先单击该构件上的一个网格平面。如果要隐藏透视网格，可以执行"视图 > 透视网格 > 隐藏网格"命令。

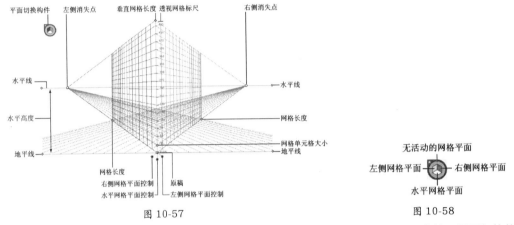

图 10-57

图 10-58

可以使用快捷键 1（左平面）、2（水平面）和 3（右平面）来切换活动平面。此外，平面切换构件可以放在屏幕 4 个角中的任意一角。如果要修改它的位置，可以双击透视网格工具 ⊞ ，在打开的对话框中设定。

Illustrator 提供了预设的一点、两点和三点透视网格，效果如图 10-59 所示，在"视图 > 透视网格"子菜单中可以进行选择。

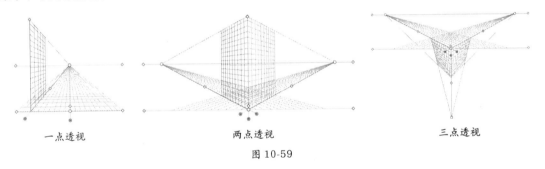

一点透视          两点透视          三点透视

图 10-59

## 10.3.2 在透视中创建对象

选择透视网格工具 ⊞ ，在画板中显示透视网格，如图 10-60 所示。网格中的圆点和菱形方块是控制点，拖曳控制点可以移到网格，如图 10-61 所示。

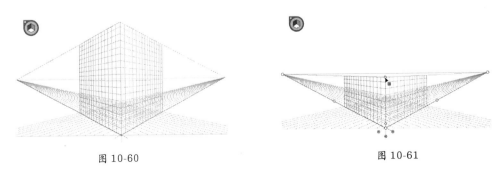

图 10-60          图 10-61

选择矩形工具 ▣，单击左侧的网格平面，然后在画板中创建矩形，即可将其对齐到透视网格的网格线上，如图 10-62 所示。分别单击右侧网格平面和水平网格平面，再创建两个矩形，使它们组成为一个立方体，如图 10-63 和图 10-64 所示。如图 10-65 所示为隐藏网格后的效果。

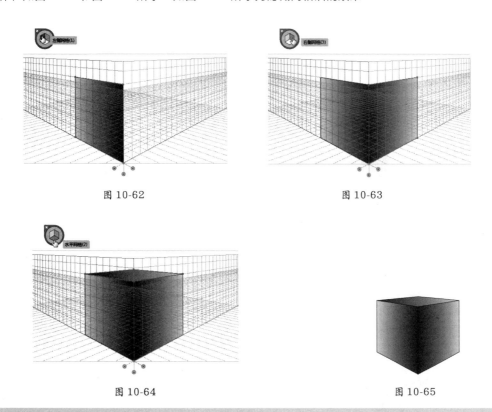

图 10-62

图 10-63

图 10-64

图 10-65

**提示**

在透视中绘制对象时，可以执行"视图 > 智能参考线"命令，启用智能参考线，以便使对象能更好地对齐。

### 10.3.3 在透视中添加文本和符号

显示透视网格后，是不能在透视平面中直接创建文字和符号的。如果要添加这些对象，可以先在正常模式下创建，如图 10-66 所示，然后使用透视选区工具 ▶ 将其拖入透视网格中，如图 10-67 所示。

图 10-66

图 10-67

在默认状态下，透视网格中的文字不能修改内容、字体和大小等文字属性，如果要进行编辑，可以使用透视选区工具 选择文字，然后执行"对象 > 透视 > 编辑文本"命令，使文字处于可编辑状态，如图 10-68 所示，再进行相应的操作，如图 10-69 所示。

图 10-68                                    图 10-69

### 10.3.4　在透视中变换对象

透视选区工具 可以在透视中移动、旋转和缩放对象。打开一个文件，如图 10-70 所示，使用透视选区工具 选择窗子，如图 10-71 所示，拖曳鼠标即可在透视中移动其位置，如图 10-72 所示。按住 Alt 键并拖曳鼠标，则可以复制对象，如图 10-73 所示。

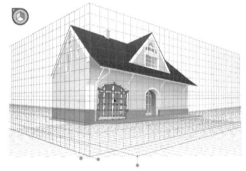

图 10-70                                    图 10-71

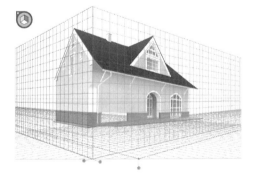
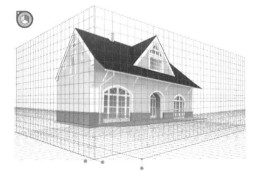

图 10-72                                    图 10-73

按住 Ctrl 键可以显示定界框，如图 10-74 所示，拖曳控制点可以缩放对象（按住 Shift 键可以等比缩放），如图 10-75 所示。

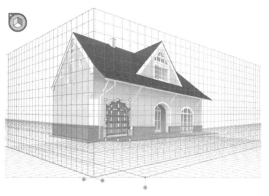

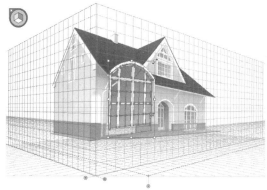

图 10-74 图 10-75

### 10.3.5 释放透视中的对象

如果要释放带透视视图的对象，可以执行"对象 > 透视 > 通过透视释放"命令，所选对象就会从相关的透视平面中释放，并可作为正常图稿使用。该命令不会影响对象外观。

## 10.4 课堂练习：镂空立方体

**01** 使用矩形工具 ▨ 创建画板大小的矩形，填充黑色，无描边。按住 Shift 键并在右下角创建一个正方形，填充绿色，无描边，如图 10-76 所示。执行"效果 >3D> 凸出与斜角"命令，在打开的对话框中设置参数，制作简单的立体效果，如图 10-77 和图 10-78 所示。

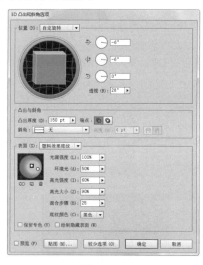

图 10-76 图 10-77 图 10-78

**02** 使用选择工具 ▶，按住 Alt 键并拖曳立方体进行复制，然后修改填充颜色，如图 10-79 所示。使用铅笔工具 ✐ 绘制一个图形，填充渐变，无描边，在"透明度"面板中修改混合模式和不透明度，如图 10-80 所示。执行"效果 > 风格化 > 羽化"命令，在打开的对话框中设置羽化为 26mm，使图形的边缘呈现透明效果，如图 10-81 所示。

图 10-79 　　　　　　　　　　　 图 10-80 　　　　　　　　　　　 图 10-81

**03** 使用矩形工具 ▣ ，按住 Shift 键并创建一个正方形，填充橙色，无描边颜色，如图 10-82 所示。执行"效果 >3D> 凸出与斜角"命令，在打开的对话框中单击 ◉ 按钮，并设置其他参数，如图 10-83 所示，效果如图 10-84 所示。变换填充颜色，可以制作出其他的立方体。

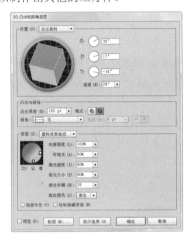

图 10-82 　　　　　　　　　　　 图 10-83 　　　　　　　　　　　 图 10-84

**04** 下面采用另一种方法制作镂空立方体。使用矩形工具 ▣ 创建一个矩形，设置描边颜色为橙色，无填色，如图 10-85 所示。

**05** 执行"效果 >3D> 凸出与斜角"命令，打开"3D 凸出和斜角选项"对话框，设置与前一种方法相同的参数，只是这一次单击 ◉ 按钮，这样也可以制作出镂空立方体，如图 10-86 所示。变换不同的描边颜色可以制作出其他的立方体，如图 10-87 所示。

图 10-85 　　　　　　　　　　　 图 10-86 　　　　　　　　　　　 图 10-87

## 10.5　课堂练习：汽水瓶设计

### 10.5.1　制作汽水瓶表面的贴图

**01** 使用钢笔工具 绘制波浪状图形，分别填充橙色、黄色、绿色和红色，如图 10-88 和图 10-89 所示。

**02** 使用椭圆工具 绘制两个正圆形（绘制时按住 Shift 键），设置不同的填充与描边颜色，在控制面板中设置描边粗细，如图 10-90 所示。

图 10-88　　　　　　　　　图 10-89　　　　　　　　　　　　　　　　　图 10-90

**03** 选取这两个圆形，单击控制面板中的水平居中对齐按钮 和垂直居中对齐按钮 ，将它们对齐，然后移动到波浪图形上，如图 10-91 所示。使用选择工具 按住 Alt 键并拖曳圆形进行复制，如图 10-92 所示。

**04** 选择多边形工具 ，在画面中拖曳鼠标创建一个三角形（在拖曳鼠标的过程中按↓键可以减少边数），如图 10-93 所示。按 Ctrl+U 快捷键，启用智能参考线。使用添加锚点工具 ，将光标放在三角形的底边上，工具图标上方会显示路径字样，当光标移动到底边中点时会显示锚点字样，如图 10-94 所示，此时在该位置单击，添加锚点，如图 10-95 所示。

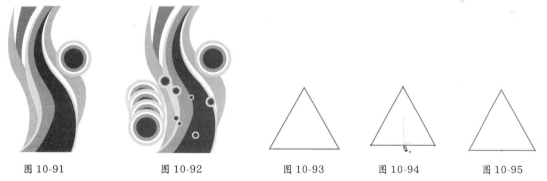

图 10-91　　　　　　　图 10-92　　　　　　　图 10-93　　　　　　　图 10-94　　　　　　　图 10-95

**05** 使用转换锚点工具 ，在左下角的锚点上单击并拖出方向线，如图 10-96 所示，将直线路径调整为弧线；采用相同的方法编辑右下角的锚点，使图形对称，如图 10-97 所示。使用选择工具 拖曳定界框，调整图形的宽度，如图 10-98 所示。

图 10-96　　　　　　　　图 10-97　　　　　　　　图 10-98

**06** 使用旋转工具 ，按住 Alt 键并在图形的尖角处单击，如图 10-99 所示，打开"旋转"对话框，设置角度为 72°，单击"复制"按钮，旋转并复制出一个图形，如图 10-100 和图 10-101 所示。

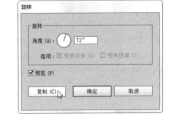

图 10-99                 图 10-100                          图 10-101

**07** 连续按 Ctrl+D 快捷键，继续旋转和复制图形，直到组成一个花朵形状，如图 10-102 所示。将花朵图形全部选取，按 Ctrl+G 快捷键编组，用它来装饰波浪图形，如图 10-103 所示。

**08** 打开"符号"面板，单击面板下方的 按钮，打开"符号选项"对话框，将符号命名为"花纹"，如图 10-104 所示，单击"确定"按钮，将其创建为一个符号，如图 10-105 所示。

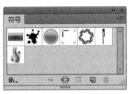

图 10-102              图 10-103                图 10-104                  图 10-105

## 10.5.2 制作汽水瓶

**01** 使用钢笔工具 绘制瓶子的左半边轮廓，描边颜色为白色，无填色，如图 10-106 所示为路径。执行"效果 >3D> 绕转"命令，打开"3D 绕转选项"对话框，在"自"选项中设置为"右边"，其他参数如图 10-107 所示，选择"预览"选项，以便在画面中看到瓶子效果，如图 10-108 所示。

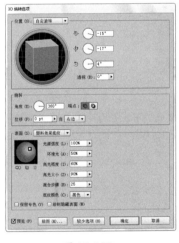

图 10-106                   图 10-107                          图 10-108

**02** 不要关闭对话框，单击"贴图"按钮，打开"贴图"对话框，单击下一个表面按钮 ，切换到 4/10 表面，如图 10-109 所示，在画面中，瓶子与之对应的表面会显示出红色的线框，如图 10-110 所示。

**03** 在"符号"下拉列表中选择"花纹"符号，如图 10-111 所示，观察瓶子，花纹已经贴于瓶子表面，只是位置有点偏，如图 10-112 所示。

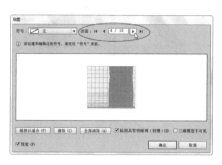

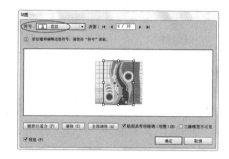

图 10-109 　　　　　　　　　　图 10-110 　　　　　　　　　　图 10-111

**04** 将光标放在花纹符号上，单击并向左移动，同时观察画面中的瓶子贴图，直到花纹布满瓶子，如图 10-113 和图 10-114 所示。

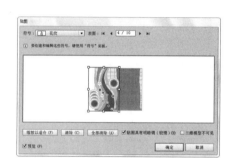

图 10-112 　　　　　　　　　　图 10-113 　　　　　　　　　　图 10-114

### 10.5.3 制作瓶盖和贴图

**01** 使用文字工具 **T** 输入文字，在控制面板中设置字体及大小，如图 10-115 所示。按 Shift+Ctrl+O 快捷键，将文字创建为轮廓，如图 10-116 所示。

图 10-115 　　　　　　　　　　　　　图 10-116

**02** 按 Shift+Ctrl+G 快捷键，取消编组。使用选择工具 **↳** 选取字母 Z，如图 10-117 所示，按住 Shift 键并拖曳文字的左下角，将文字等比放大，如图 10-118 所示。

图 10-117 　　　　　　　　　　　　图 10-118

**03** 使用直接选择工具 ⬚，在如图 10-119 所示的位置单击并拖曳，选取路径上的两个锚点，按住 Shift 键并向右拖曳，使笔画沿水平方向延长，如图 10-120 所示。

**04** 单击工具面板中的渐变填充按钮 ▣，为 Z 字填充线性渐变。选择渐变工具 ▭，将光标放在文字上，显示渐变滑杆及滑块后，将渐变调整为"黑色至红色"，如图 10-121 所示。

图 10-119　　　　　　　图 10-120　　　　　　　图 10-121

**05** 单击"符号"面板下方的 ⬚ 按钮，打开"符号选项"对话框，输入名称为 logo，将文字创建为符号，如图 10-122 和图 10-123 所示。

**06** 使用钢笔工具 ✎ 绘制一个开放式路径，将描边设置为红色，如图 10-124 所示。按 Alt+Shift+Ctrl+E 快捷键，打开"3D 绕转选项"对话框并设置参数，如图 10-125 所示。

图 10-122　　　　　图 10-123　　　　　图 10-124　　　　　　图 10-125

**07** 单击"贴图"按钮，打开"贴图"对话框，切换到 5/5 表面，在"符号"下拉列表中选择 logo 符号，调整位置和大小，如图 10-126 和图 10-127 所示。

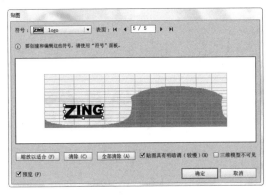

图 10-126　　　　　　　　　　　　　　　图 10-127

### 10.5.4　制作投影和背景

**01** 在瓶子下方绘制一个椭圆形，按 Shift+Ctrl+[ 快捷键，将其移至底层，如图 10-128 所示。执行"效果 > 风格化 > 羽化"命令，在打开的对话框中设置羽化半径为 5mm，如图 10-129 和图 10-130 所示。

图 10-128

图 10-129

图 10-130

**02** 为瓶盖制作投影，设置羽化参数为 2.22mm，如图 10-131 和图 10-132 所示。

**03** 可以使用其他符号作为贴图，让瓶子变得更可爱。为画面加上浅色的背景，在画面右侧绘制波浪图形，并将 logo 符号放置在图形上，完成后的效果如图 10-133 所示。

图 10-131

图 10-132

图 10-133

## 10.6　课堂练习：制作包装盒

### 10.6.1　制作包装盒平面图

**01** 打开相关素材，如图 10-134 所示。单击"图层"面板中的 按钮，新建一个图层。将其拖曳到"结构图"图层下方，如图 10-135 所示。

**02** 使用矩形工具 ，根据结构图创建包装表面的灰色图形，如图 10-136 所示。

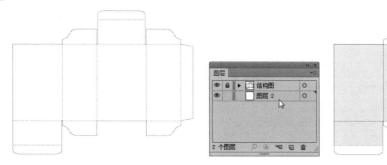

图 10-134　　　　　　　　图 10-135　　　　　　　　图 10-136

**03** 在"图层 2"的名称前方单击，将该图层锁定（显示 🔒 状图标），再新建"图层 3"，如图 10-137 所示。先来制作包装盒的正面图案。创建一个矩形，采用与包装盒正面相同的大小，如图 10-138 所示，单击 🔲 按钮，创建剪切蒙版，如图 10-139 所示。

图 10-137　　　　　　　　　图 10-138　　　　　　　　　图 10-139

**04** 使用极坐标网格工具 ⚙，创建如图 10-140 所示的网格。打开"描边"面板，选择"虚线"选项，设置虚线参数为 3.78pt，间隙为 2.83pt，如图 10-141 所示。将描边颜色设置为绿色，如图 10-142 所示。

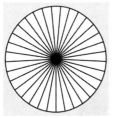

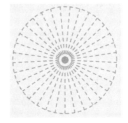

图 10-140　　　　　　　　　图 10-141　　　　　　　　　图 10-142

**05** 选取网格图形，右击，在弹出的快捷菜单中选择"变换 > 缩放"命令，打开"比例缩放"对话框，取消勾选"比例缩放描边和效果"选项，设置等比缩放为 33%，单击"复制"按钮，缩放并复制一个网格图形，如图 10-143 和图 10-144 所示。

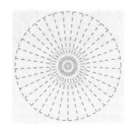

图 10-143　　　　　　　　　　　　　　图 10-144

**06** 使用选择工具 ▸ 将小的网格图形移动到右侧，设置描边颜色为深蓝色，如图 10-145 所示。使用直线工具 ╱，按住 Shift 键并创建垂线，如图 10-146 所示。再制作若干网格图形，效果如图 10-147 所示。

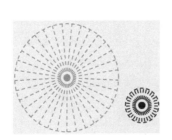

图 10-145　　　　　　　　　图 10-146　　　　　　　　　图 10-147

**07** 使用椭圆工具 在画面下方创建一个椭圆形，设置描边粗细为2pt，如图10-148所示，继续添加椭圆形，形成一种层次感，如图10-149所示。

**08** 再绘制一些填充不同颜色的椭圆形，如图10-150和图10-151所示。

图10-148　　　　　　　图10-149　　　　　　　图10-150　　　　　　　图10-151

**09** 在画面左下角绘制红色的圆形，如图10-152所示。创建一个圆形，设置描边粗细为7pt，如图10-153所示。

**10** 再绘制一个椭圆形，填充线性渐变，如图10-154所示，按Ctrl+C快捷键复制圆形，按Ctrl+F快捷键粘贴到前面，将填充设置为无，在控制面板中设置描边颜色为白色，打开"描边"面板，勾选"虚线"选项，效果如图10-155所示。

图10-152　　　　　　　图10-153　　　　　　　图10-154　　　　　　　图10-155

**11** 选择文字工具 在画面中单击并输入文字，在控制面板中设置字体及大小，如图10-156所示。

**12** 在左上角绘制一些椭圆形和矩形，重叠排列形成层次感，如图10-157所示，再绘制一些填充不同颜色的圆形作为点缀，效果如图10-158所示。

图10-156　　　　　　　　　图10-157　　　　　　　　　图10-158

**13** 将"图层3"拖曳到 按钮上复制，在图层后面单击，选取图层中的所有内容，如图10-159和图10-160所示。

图 10-159

图 10-160

**14** 按住 Shift 键并拖曳图形到包装盒背面进行复制，效果如图 10-161 所示。对文字及装饰的图形进行修改，效果如图 10-162 所示。

图 10-161

图 10-162

**15** 新建"图层 5"，如图 10-163 所示，使用文字工具在包装盒的侧面输入产品规格、特点等文字说明，如图 10-164 所示。

图 10-163

图 10-164

**16** 将包装盒正面的花纹图案复制到盒盖上，效果如图 10-165 所示，包装盒展开图的整体效果如图 10-166 所示。

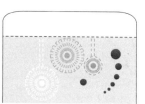

图 10-165　　　　　　　　　　　　　　　　图 10-166

## 10.6.2　制作包装盒立体效果图

**01** 使用选择工具 ，单击并拖出一个矩形框，选中包装盒正面图形，如图 10-167 所示。按住 Shift 键并单击包装盒轮廓图形，取消该图形的选择，只选择正面图案，如图 10-168 所示。

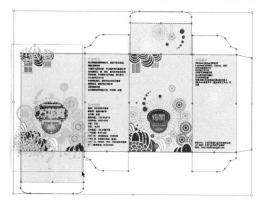

图 10-167　　　　　　　　　　　　　　　　图 10-168

**02** 单击"符号"面板中的 按钮，将所选图形定义为符号，如图 10-169 所示。采用相同的方法，将包装盒侧面的图形和文字也创建为符号，如图 10-170 和图 10-171 所示。

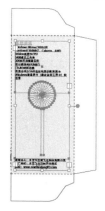

图 10-169　　　　　　　图 10-170　　　　　　　图 10-171

**03** 使用矩形工具 创建一个与包装盒正面相同大小的矩形，如图 10-172 所示。执行"效果 >3D> 凸出和斜角"命令，在打开的对话框中设置参数，如图 10-173 所示。

图 10-172

图 10-173

**04** 单击该对话框底部的"更多选项"按钮，显示隐藏的选项。单击 ▦ 按钮，添加新的光源并稍微向下方移动，如图 10-174 所示，立方体效果如图 10-175 所示。

图 10-174

图 10-175

**05** 单击该对话框底部的"贴图"按钮，打开"贴图"对话框。在"符号"下拉列表中选择自定义的符号，为包装盒正面贴图。选择贴图后，可以按住 Shift 键并拖曳控制点调整贴图的大小，如图 10-176 和图 10-177 所示。

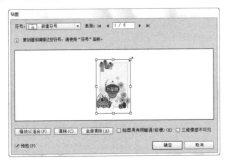

图 10-176

图 10-177

**06** 单击 ▶ 按钮，切换至侧面，为侧面贴图，如图 10-178 所示。将光标放在定界框外，按住 Shift 键并拖曳鼠标旋转贴图，如图 10-179 所示。关闭对话框，最后可以添加一个渐变颜色的背景，效果如图 10-180 所示。

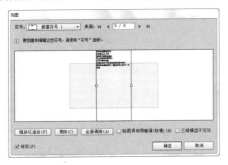

图 10-178

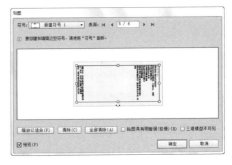

图 10-179

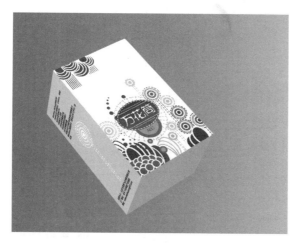

图 10-180

## 10.7 思考与练习

### 一、问答题

1. 使用"绕转"效果创建 3D 对象时，如果原始图形是最终对象的右半部分，应选择从哪边开始绕转？

2. 使用"凸出和斜角"效果和"绕转"效果创建 3D 对象时，哪种表面效果最佳？

3. 哪种对象可以作为 3D 对象的贴图使用？

4. 由多个图形组成的对象，怎样可以同时创建为立体效果？

5. 在默认状态下，透视网格中的文字不能修改内容、字体和大小等文字属性，如果想要进行编辑，应该怎样操作？

### 二、上机练习

#### 1.3D 棒棒糖

使用矩形工具 █ 创建一个矩形，按住 Alt+Shift 键并拖曳鼠标复制出一组图形，为它们填充不同的颜色，如图 10-181 所示。将这组图形拖曳到"符号"面板中，创建为符号，如图 10-182 所示。

使用矩形工具 █ 和椭圆工具 ⬭ 创建一个矩形和一个椭圆形，如图 10-183 所示。将它们选中，单击"路径查找器"面板中的 ▣ 按钮，得到一个半圆形，如图 10-184 所示。为其添加"绕转"效果并贴图，如图 10-185 所示，制作出球形棒棒糖，如图 10-186 所示。

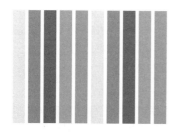

图 10-181

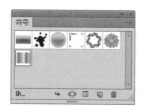

图 10-182

图 10-183

用直线段工具 ╱ 创建一条直线，无填色，描边为 4pt，如图 10-187 所示。为其也添加"绕转"效果，如图 10-188 和图 10-189 所示。将这两个图形放在一处，组成完整的棒棒糖，如图 10-190 所示。

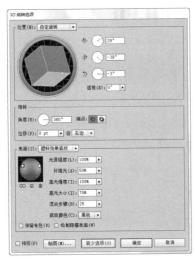

图 10-184

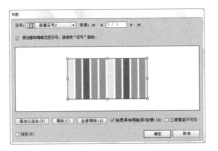

图 10-185

图 10-186

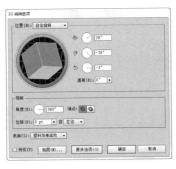

图 10-187　　　　图 10-188

图 10-189

图 10-190

### 2. 在透视中变换对象

使用透视选区工具  在透视中移动、复制、缩放对象，如图 10-191 和图 10-192 所示。

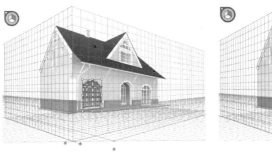

图 10-191　　　　　　　　图 10-192

## 10.8 测试题

1. "凸出和斜角"效果会沿（　　）凸出拉伸 2D 对象，以增加对象的深度，创建 3D 对象。

　　A. 画板的 $Y$ 轴　　　　B. 对象的 $Y$ 轴　　　　C. 对象的 $Z$ 轴　　　　D. 画板的 $Z$ 轴

2. Illustrator 预设的透视网格包括（　　）、（　　）和（　　）。

    A. 一点　　　　　　　　B. 两点　　　　　　　　　　C. 三点　　　　　　　　　　D. 四点

3. 使用"凸出和斜角"和"绕转"命令创建 3D 对象时，如果将对象的表面效果设置为（　　），便可以在 3D 场景中添加光源。

    A. 线框　　　　　　　　B. 无底纹　　　　　　　　　C. 扩散底纹　　　　　　　　D. 塑料效果底纹

4. 使用"凸出和斜角"效果时，用作贴图的符号可以是由以下哪种对象创建的（　　）。

    A. 路径　　　　　　　　B. 复合路径　　　　　　　　C. 文本　　　　　　　　　　D. 栅格图像

5. 用"凸出和斜角"和"绕转"命令创建 3D 对象时，以下哪种表面属性可以创建最佳效果？（　　）

    A. 线框　　　　　　　　B. 无底纹　　　　　　　　　C. 扩散底纹　　　　　　　　D. 塑料效果底纹

6. 用"凸出和斜角"和"绕转"命令创建 3D 对象时，以下哪项参数可以控制全局光照，统一改变所有对象的表面亮度？（　　）

    A. 光源强度　　　　　　B. 环境光　　　　　　　　　C. 高光强度　　　　　　　　D. 高光大小

7. 切换透视网格的左平面、水平面和右平面时，可以使用（　　）快捷键来操作。

    A. 1、2、3　　　　　　B. A、B、C　　　　　　　C. F1、F2、F3　　　　　　D. F

# 第11章

## 特效文字：文字与图表的应用

文字是设计作品的重要组成部分，不仅可以传达信息，还能起到美化版面、强化主题的作用。Illustrator 的文字功能非常强大，它支持 Open Type 字体和特殊字型，可以调整字体大小、间距、控制行和列及文本块等，无论是设计各种字体，还是进行排版，都能应对自如。

## 11.1　关于字体设计

文字是人类文化的重要组成部分，也是信息传达的主要方式。字体设计以其独特的艺术感染力，广泛应用于视觉传达设计中，好的字体设计是增强视觉传达效果、提高审美价值的一种重要表现手段。

### 11.1.1　字体的创意方法

- 外形变化：在原字体的基础上通过拉长或压扁，或根据需要进行弧形、波浪形等变化处理，突出文字特征或以内容为主要表达方式，如图 11-1 所示。

- 笔画变化：笔画的变化灵活多样，如在笔画的长短上变化，或者在笔画的粗细上加以变化等，笔画的变化应以副笔变化为主，主要笔画变化较少，以避免因繁杂而不易识别，如图 11-2 所示。

图 11-1　　　　　　　　　　　　　　　　　　图 11-2

- 结构变化：将文字的部分笔画放大、缩小，或者改变文字的重心、移动笔画的位置，使字形变得更加新颖、独特，如图 11-3 和图 11-4 所示。

图 11-3　　　　　　　　　　　　　　　　　　图 11-4

### 11.1.2　创意字体的类型

- 形象字体：将文字与图画有机结合，充分挖掘文字的含义，再采用图画的形式使字体形象化，如图 11-5 和图 11-6 所示。

图 11-5                                              图 11-6

- 装饰字体：装饰字体通常以基本字体为原型，采用内线、勾边、立体、平行透视等变化方法，使字体更加活泼、浪漫，富于诗情画意，如图 11-7 所示。

- 书法字体：书法字体美观流畅、欢快轻盈，节奏感和韵律感都很强，但易读性较差，因此只适宜在人名、地名等短句上使用，如图 11-8 所示。

图 11-7                                              图 11-8

## 11.2  创建文字

Illustrator 的文字功能非常强大，它支持 Open Type 字体和特殊字型，可以调整字体大小、间距、控制行和列及文本块等，无论是设计各种字体，还是进行排版，Illustrator 都能应对自如。

### 11.2.1  了解文字工具

Illustrator 的工具面板中包含 7 种文字工具，如图 11-9 所示。其中，文字工具 **T** 和直排文字工具 **IT** 可以创建水平或垂直方向排列的点文字和区域文字；区域文字工具 **T** 和垂直区域文字工具 **IT** 可以在任意的图形内输入文字；路径文字工具 **∿** 和垂直路径文字工具 **∿** 可以在路径上输入文字；修饰文字工具 **团** 可以创造性地修饰文字，创建美观而突出的信息。

图 11-9

---

**提示**

其他程序创建的文本可以导入到 Illustrator 中使用。与直接复制其他程序中的文字然后粘贴到 Illustrator 中相比，导入文本可以保留字符和段落的格式。如果要将文本导入新建的文档中，可以执行"文件 > 打开"命令，选择要打开的文本文件，然后单击"打开"按钮；如果要将文本导入当前打开的文档中，可以执行"文件 > 置入"命令，在打开的对话框中选择要导入的文本文件，单击"置入"按钮。

---

## 11.2.2 创建点文字

点文字是指从单击位置开始，随着字符输入而扩展的一行或一列横排或直排文本。每一行的文本都是独立的，在对其进行编辑时，该行会扩展或缩短，但不会换行，如果要换行，需要按 Enter 键。点文字非常适合标题等文字量较少的文本。

选择文字工具 **T**，在画板中单击，设置文字插入点，单击处会出现闪烁的"I"形光标，如图 11-10 所示，此时输入文字即可创建点文字，如图 11-11 所示。按 Esc 键或选择其他工具，可以结束文字的输入。

图 11-10 图 11-11

## 11.2.3 编辑点文字

创建点文字后，使用文字工具 **T** 在文本中单击，可以在单击处设置插入点，此时可继续输入文字，如图 11-12 和图 11-13 所示。在文字上单击并拖曳鼠标可以选择文字，如图 11-14 所示，选择后可以修改文字内容、字体和颜色等属性，如图 11-15 所示，也可以按 Delete 键，删除所选文字。

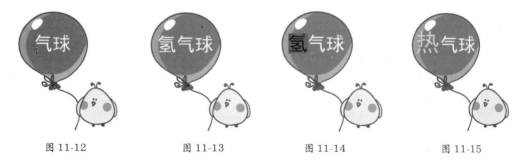

图 11-12 图 11-13 图 11-14 图 11-15

---

**小技巧：文字操作技巧**

- 创建点文字时应尽量避免单击图形，否则会将图形转换为区域文字的文本框或路径文字的路径。如果现有的图形恰好位于要输入文本的地方，可以先将该图形锁定或隐藏。

- 将光标放在文字上，双击可以选择相应的文字，三击可以选择整个段落；选择部分文字后，按住 Shift 键并拖曳鼠标，可以扩展或缩小选取范围；按 Ctrl+A 快捷键，可以选择全部文字。

---

## 11.2.4 创建矩形区域文字

区域文字也称段落文字。它利用对象的边界来控制字符排列，既可以横排，也可以直排，当文本到达边界时会自动换行。如果要创建包含一个或多个段落的文本，如用于宣传册之类的印刷品时，这种输入方式非常方便。

选择文字工具 **T**，在画板中单击并拖出一个矩形框，如图 11-16 所示，释放鼠标后输入文字，文字就会被限定在矩形框的范围内，如图 11-17 所示。

图 11-16 图 11-17

### 11.2.5 创建图形化区域文字

选择区域文字工具 T，将光标放在一个封闭的图形上（光标变为 I 状），如图 11-18 所示，单击，此时会删除对象的填色和描边，如图 11-19 所示，输入文字后，文字会限定在图形区域内，使整个文本呈现图形化的外观，如图 11-20 所示。

图 11-18 图 11-19 图 11-20

### 11.2.6 编辑区域文字

使用选择工具 ▶ 拖曳定界框上的控制点，可以调整文本区域的大小，也可以将其旋转，此时文字会重新排列，但文字的大小和角度不会改变，如图 11-21 所示。如果要将文字连同文本框一起旋转或缩放，可以使用旋转和比例缩放等工具来操作，如图 11-22 所示。使用直接选择工具 ▷ 选择并调整锚点改变图形的形状，文字会基于新图形自动调整位置，如图 11-23 所示。

图 11-21 图 11-22 图 11-23

### 11.2.7 创建路径文字

路径文字是指在开放或封闭的路径上输入的文字，文字会沿着路径的走向排列。

选择路径文字工具 或文字工具 T，将光标放在路径上（光标会变为 状），如图 11-24 所示，单击，设置文字插入点，如图 11-25 所示，输入文字即可创建路径文字，如图 11-26 所示。当水平输入文本时，文字的排列与基线平行；垂直输入文本时，文字的排列与基线垂直。

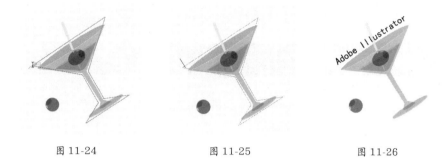

图 11-24            图 11-25            图 11-26

## 11.2.8 编辑路径文字

使用选择工具 选择路径文字，将光标放在文字中间的中点标记上，光标会变为 状，如图 11-27 所示，单击并沿路径拖曳鼠标可以移动文字，如图 11-28 所示；将中点标记拖曳到路径的另一侧，则可以翻转文字，如图 11-29 所示。如果修改路径的形状，文字也会随之变化。

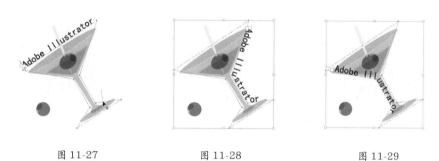

图 11-27            图 11-28            图 11-29

**小技巧：路径文字的 5 种变形样式**

选择路径文本，执行"文字＞路径文字＞路径文字选项"命令，打开"路径文字选项"对话框，"效果"下拉列表中包含 5 种变形样式，可以对路径文字进行变形处理。

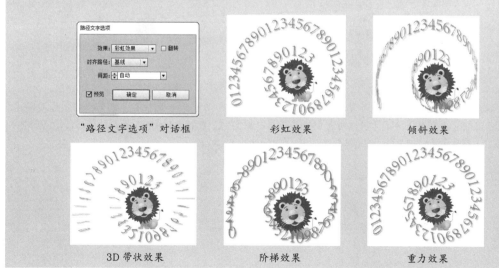

"路径文字选项"对话框      彩虹效果      倾斜效果

3D 带状效果      阶梯效果      重力效果

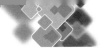

> **提示**
>
> 使用文字工具时，将光标放在画板中，光标会变为$\text{I}$状，单击可以输入点文字；将光标放在封闭的路径上，光标会变为$\text{I}$状，单击可以创建区域文字；将光标放在开放的路径上，光标会变为$\text{I}$状，单击可以创建路径文字。

## 11.3 编辑文字

在 Illustrator 中创建文字后，可以修改字符格式和段落格式，包括字体、颜色、大小、间距、行距和对齐方式等。

### 11.3.1 设置字符格式

字符格式是指文字的字体、大小、间距、行距等属性。创建文字之前，或者创建文字之后，都可以通过"字符"面板或控制面板中的选项来设置字符格式，如图 11-30 和图 11-31 所示。

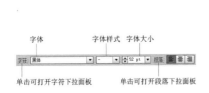

图 11-30

图 11-31

- 设置文字颜色：选择文本后，可以通过"颜色"面板和"色板"面板为文字的填色和描边设置颜色或图案，如图 11-32 所示是为文字和描边应用颜色的效果，如图 11-33 所示是应用图案的效果。如果要为填色或描边应用渐变颜色，则需要先执行"文字 > 创建轮廓"命令，将文字转换为轮廓，然后才能填充渐变。

图 11-32

图 11-33

- 字体系列 / 字体样式：在"设置字体系列"下拉列表中可以选择一种字体。对于一部分英文字体，还可以在"设置字体样式"下拉列表中为其选择一种样式，包括 Regular（规则的）、Italic（斜体）、Bold（粗体）和 Bold Italic（粗斜体）等，如图 11-34 所示。

| Regular | Italic | Bold | Bold Italic |

图 11-34

- 设置字体大小 ↕T：可以设置文字的大小。

- 设置行距 ‹A：可以设置行与行之间的垂直间距。

- 水平缩放 T / 垂直缩放 IT：可以设置文字的水平和垂直缩放比例，将文字水平拉伸或垂直拉伸。

- 字距微调 VA：使用文字工具 T 在两个字符之间单击，如图11-35所示，此时可以在该选项中调整这两个字符的间距，如图11-36所示。

- 字距调整 ⅤⅡ：如果要调整部分字符的间距，可以使用文字工具 T 将它们选取，再调整该参数，如图11-37所示。如果选择的是整个文本对象，则可以调整所有字符的间距，如图11-38所示。

| 图11-35 | 图11-36 | 图11-37 | 图11-38 |

- 调整空格和比例间距：如果要在文字之前或之后添加空格，可以选择要调整的文字，然后在插入空格（左）或插入空格（右）选项中设置要添加的空格数；如果要压缩字符间的空格，可以在比例间距选项中指定百分比。

- 设置基线偏移 A⁀：基线是字符排列于其上的一条不可见的直线，在该选项中可调整基线的位置。当该值为负值时文字下移；为正值时文字上移，如图11-39所示。

- 字符旋转 ⓣ：可以调整文字的旋转角度，如图11-40所示。

- 特殊文字样式："字符"面板下面的一排"T"状按钮用来创建特殊的文字样式，效果如图11-41所示（括号内的a为按各按钮后的文字）。其中全部大写字母 TT 和小型大写字母 Tᴛ 可以对文字应用常规大写字母或小型大写字母；上标 T¹ 和下标 T₁ 可缩小文字，并相对于字体基线升高或降低文字；下画线 T 和删除线 T̶ 可以为文字添加下画线，或者在文字的中央添加删除线。

| 图11-39 | 图11-40 | 图11-41 |

全部大写字母（A）　　　小型大写字母（A）
上标（a）　下标（a）　下画线（a̲）　删除线（a̶）

- 语言：在"语言"下拉列表中选择适当的词典，可以为文本指定一种语言，以方便拼写检查和生成连字符。

- 锐化：可以使文字边缘更加清晰。

**小技巧：文字编辑技巧**

- 选择文本对象，在控制面板的设置字体系列选项内单击，当文字名称处于选中状态时（文字刷蓝色底色），滚动鼠标中间的滚轮，可以快速切换字体。

在选项内单击          滚动滚轮切换字体

- 按 Shift+Ctrl+> 快捷键可以将文字调大；按 Shift+Ctrl+< 快捷键可以将文字调小。
- 使用"文字 > 文字方向"子菜单中的"水平"和"垂直"命令，可以改变文本中所有字符的排列方向。

## 11.3.2 设置段落格式

段落格式是指段落的对齐、缩进、间距和悬挂标点等属性。在"段落"面板中可以设置段落格式，如图 11-42 所示。选择文本对象后，可以设置整个文本的段落格式；如果选择了文本中的一个或多个段落，则可以单独设置所选段落的格式。

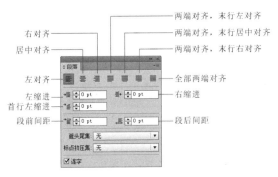

图 11-42

- 对齐：选择文字对象，或者在要修改的段落中单击，插入光标，然后便可以修改段落的对齐方式。
  单击 ■ 按钮，文本左侧边界的字符对齐，右侧边界的字符参差不齐；单击 ■ 按钮，每一行字符的中心都与段落的中心对齐，剩余的空间被均分并置于文本的两端；单击 ■ 按钮，文本右侧边界的字符对齐，左侧边界参差不齐；单击 ■ 按钮，文本中最后一行左对齐，其他行左右两端强制对齐；单击 ■ 按钮，文本中最后一行居中对齐，其他行左右两端强制对齐；单击 ■ 按钮，文本中最后一行右对齐，其他行左右两端强制对齐；单击 ■ 按钮，可在字符间添加额外的间距使其左右两端强制对齐。

- 缩进：缩进是指文本和文字对象边界的间距量，它只影响选取的段落。用文字工具 **T** 单击要缩进的段落，在左缩进 选项中输入数值，可以使文字向文本框的右侧边界移动，如图 11-43 和图 11-44 所示；在右缩进 选项中输入数值，可以使文字向文本框的左侧边界移动，如图 11-45 所示；如果要调整首行文字的缩进，可以在首行左缩进 选项中输入数值。

图 11-43            图 11-44            图 11-45

- 段落间距：在段前间距 ⁺冒 选项中输入数值，可以增加当前选择的段落与上一段落的间距，如图 11-46 所示；在段后间距 ⨿冒 选项中输入数值，则增加当前段落与下一段落之间的间距，如图 11-47 所示。

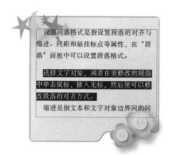

图 11-46　　　　　　　　　　　　　　　图 11-47

- 避头尾集：用于指定中文或日文文本的换行方式。

- 标点挤压集：用于指定亚洲字符和罗马字符等内容之间的间距，确定中文或日文排版方式。

- 连字：可以在断开的单词间显示连字标记。

### 11.3.3　使用特殊字符

在 Illustrator 中，某些字体包含不同的字形，如大写字母 A 包含花饰字和小型大写字母。要在文本中添加这样的字符，可以先使用文字工具 T 选择文字，如图 11-48 所示，然后执行"窗口 > 文字 > 字形"命令，打开"字形"面板，单击面板中的字符，即可替换所选字符，如图 11-49 和图 11-50 所示。

图 11-48　　　　　　　　　　图 11-49　　　　　　　　　　图 11-50

在默认情况下，"字形"面板中显示了所选字体的所有字形，在面板底部选择不同的字体系列和样式可以更改字体。如果选择了 OpenType 字体，如图 11-51 所示，则可执行"窗口 > 文字 >OpenType"命令，打开 OpenType 面板，单击相应的按钮，即可使用连字、标题替代字符和分数字，如图 11-52 和图 11-53 所示。

图 11-51　　　　　　　　　图 11-52　　　　　　　　　图 11-53

**提示**

OpenType 字体是 Windows 和 Mac OS 操作系统都支持的字体文件，因此，使用 OpenType 字体以后，在这两个操作平台之间交换文件时，不会出现字体替换或其他导致文本重新排列的问题。

## 11.3.4　串接文本

创建区域文本和路径文本时，如果输入的文字长度超出区域或路径的容许量，则多出的文字就会被隐藏，定界框右下角或路径边缘会出现一个内含加号的小方块⊞，那些被隐藏的文字称为"溢流文本"。通过串接文本的方法，可以将隐藏的文字导出到另外一个对象中，并使这两个文本之间将保持链接关系（即文字可以在它们之间流动）。

单击⊞状小方块，如图 11-54 所示，然后在空白处单击（光标会变为▐▞状），可以将文字导出到一个与原始对象大小和形状相同的文本框中，如图 11-55 所示；如果单击并拖曳，则可以将文字导出到一个矩形文本框中，如图 11-56 所示；如果单击一个图形，则可以将文字导出到该图形中，如图 11-57 所示。

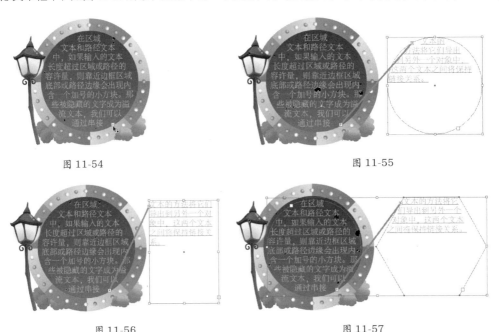

图 11-54

图 11-55

图 11-56

图 11-57

**小技巧：串接两个独立的文本**

选择两个独立的路径文本或区域文本，执行"文字 > 串接文本 > 创建"命令，可以将它们链接成为串接文本。需要注意的是，只有区域文本或路径文本可以创建串接文本，点文本不能进行串接。

## 11.3.5　文本绕排

文本绕排是指让区域文本围绕一个图形、图像或其他文本排列，从而生成精美的图文混排效果。创建文本绕排时，需要先将文字与用于绕排的对象放到同一个图层中，且文字位于下方，如图 11-58 所示，将它们选中，如图 11-59 所示，执行"对象 > 文本绕排 > 建立"命令，即可将文本绕排在对象周围，如图 11-60 所示。移动文字或对象时，文字的排列形状会随之改变，如图 11-61 所示。如果要释放文本绕排，可以执行"对象 > 文本绕排 > 释放"命令。

| 图 11-58 | 图 11-59 | 图 11-60 | 图 11-61 |

**小技巧：调整文字与绕排对象的间距**

选择文本绕排对象，执行"对象 > 文本绕排 > 文本绕排选项"命令，打开"文本绕排选项"对话框，通过设置"位移"值可以调整文本和绕排对象之间的间距。选择"反向绕排"，则可以围绕对象反向绕排文本。

| "文本绕排选项"对话框 | 位移值为 6pt | 位移值为 -6pt | 选择"反向绕排"选项 |

## 11.3.6 修饰文字

创建文本后，使用修饰文字工具[TT]单击一个文字，文字上会出现定界框，如图 11-62 所示，拖曳控制点，可以对文字进行缩放，如图 11-63 所示。

图 11-62

图 11-63

修饰文字工具[TT]可以编辑文本中的任意一个文字，进行创造性修饰，不只是缩放，还可进行旋转、拉伸和移动，从而生成美观而突出的信息，如图 11-64 和图 11-65 所示。

图 11-64

图 11-65

## 11.4 图表

图表可以直观地反映各种统计数据的比较结果，在工作中的应用非常广泛。

### 11.4.1 图表的种类

Illustrator 提供了 9 个图表工具，包括柱形图工具 、堆积柱形图工具 、条形图工具 、堆积条形图工具 、折线图工具 、面积图工具 、散点图工具 、饼图工具 和雷达图工具 ，它们可以创建 9 种类型的图表，如图 11-66 所示。

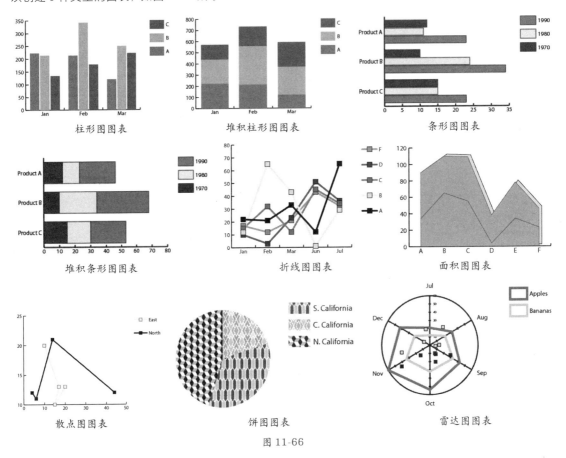

图 11-66

### 11.4.2 创建图表

（1）定义图表大小

选择任意一个图表工具，在画板中单击并拖出一个矩形框，即可创建该矩形框大小的图表。如果按住 Alt 键并拖曳鼠标，可以从中心绘制；按住 Shift 键，则可以将图表限制为一个正方形。如果要创建具有精确的宽度和高度的图表，可以在画板中单击，在打开的"图表"对话框中输入数值，如图 11-67 所示。

（2）输入图表数据

定义好图表的大小后，会弹出图表数据对话框，如图 11-68 所示，单击一个单元格，然后输入数据，它便会出现在所选的单元格中，如图 11-69 所示。

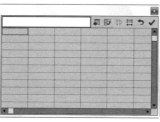

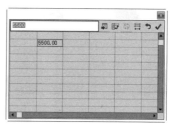

图 11-67　　　　　　　　　　　图 11-68　　　　　　　　　　　图 11-69

单元格的左列用于输入类别标签，如年、月、日。如果要创建只包含数字的标签，则需要使用直式双引号将数字引起来。例如，2012 年应输入 "2012"，如果输入全角引号"2012"，则引号也会显示在年份中。数据输入完成后，单击 ✔ 按钮即可创建图表，如图 11-70 和图 11-71 所示。

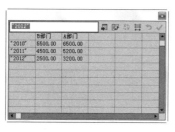

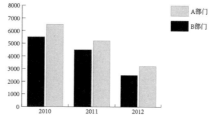

图 11-70　　　　　　　　　　　　　　　　图 11-71

图表数据对话框中还有几个按钮，单击导入数据按钮，可以导入其他应用程序创建的数据；单击换位行 / 列按钮，可以转换行与列中的数据；创建散点图图表时，单击切换 x/y 按钮，可以对调 X 轴和 Y 轴的位置；单击单元格样式按钮，可以打开"单元格样式"对话框定义小数点后面包含几位数字以及调整图表数据对话框中每一列数据间的宽度，以便在对话框中可以查看更多的数字，但不会影响图表；单击恢复按钮，可以将修改的数据恢复到初始状态。

**提示**

选择一个单元格后，按↑、↓、←、→键，可以切换单元格；按 Tab 键，可以输入数据并选择同一行中的下一单元格；按 Enter 键，可以输入数据并选择同一列中的下一单元格。

### 11.4.3　设置图表类型选项

选择一个图表，如图 11-72 所示，双击任意一个图表工具，打开"图表类型"对话框，在"类型"选项中单击一个图表按钮，即可将图表转换为该种类型，如图 11-73 和图 11-74 所示。

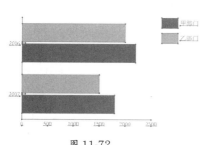

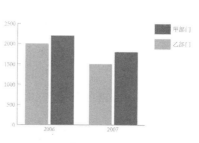

图 11-72　　　　　　　　　　　图 11-73　　　　　　　　　　　图 11-74

- 添加投影：可以在图表中的柱形、条形或线段后面以及对整个饼图图表应用投影，如图 11-75 所示。

- 在顶部添加图例：在默认情况下，图例显示在图表的右侧水平位置。选择该选项后，图例会出现在图表的顶部，如图 11-76 所示。

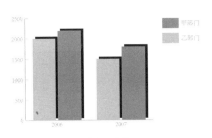

图 11-75

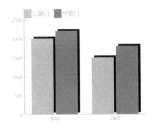

图 11-76

- 第一行在前：当"簇宽度"大于 110% 时，可以控制图表中数据的类别或群集重叠的方式。使用柱形或条形图时此选项最有帮助。如图 11-77 和图 11-78 所示是设置"簇宽度"为 120% 并选中该选项时的图表效果。

图 11-77

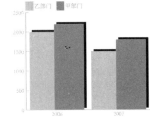

图 11-78

- 第一列在前：可以在顶部的"图表数据"窗口中放置与数据第一列相对应的柱形、条形或线段。该选项还决定"列宽"大于 110% 时，柱形和堆积柱形图中哪一列位于顶部。如图 11-79 和图 11-80 所示是设置"列宽"为 120% 并选择该选项时的图表效果。

图 11-79

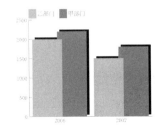

图 11-80

### 11.4.4 修改图表数据

创建图表后，如图 11-81 所示，如果想要修改数据，可以使用选择工具 单击图表，然后执行"对象 > 图表 > 数据"命令，打开"图表数据"对话框，输入新的数据后，如图 11-82 所示，单击对话框右上角的应用按钮 即可更新数据，如图 11-83 所示。

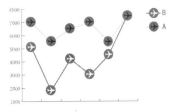

图 11-81

图 11-82

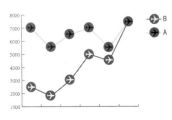

图 11-83

## 11.5 课堂练习：透明变形字

**01** 打开相关素材，如图 11-84 所示。

图 11-84

**02** 使用选择工具 ![] 单击文字，执行"效果 > 风格化 > 内发光"命令，在打开的对话框中设置参数，如图 11-85 所示，效果如图 11-86 所示。

图 11-85

图 11-86

**03** 执行"效果 > 风格化 > 投影"命令，为文字添加投影，如图 11-87 和图 11-88 所示。

图 11-87

图 11-88

**04** 双击缩拢工具 ![]，打开"收缩工具选项"对话框，设置参数，如图 11-89 所示。

**05** 使用缩拢工具 ![] 在文字上单击，对文字进行收缩变形，如图 11-90 和图 11-91 所示。

图 11-89

图 11-90

图 11-91

**06** 在"透明度"面板中设置混合模式为"正片叠底"，使文字产生透明效果，如图 11-92 和图 11-93 所示。

图 11-92

图 11-93

## 11.6　课堂练习：诗集页面设计

**01** 打开相关素材，如图 11-94 所示。背景图形位于"图层 1"中，人物图形位于"图层 2"中，如图 11-95 所示。

**02** 单击 按钮，新建"图层 3"，用于制作文本绕图，如图 11-96 所示。使用钢笔工具 ，基于人物的外形轮廓绘制剪影图形，如图 11-97 所示。

图 11-94

图 11-95

图 11-96

图 11-97

**03** 选择文字工具 T，在"字符"面板中设置字体、大小和行间距，如图 11-98 所示，在画面右侧单击并拖曳创建文本框，如图 11-99 所示。

**04** 释放鼠标后，在文本框中输入文字，按 Esc 键结束文本的输入，效果如图 11-100 所示。使用选择工具 选取文本，按 Ctrl+[ 快捷键，将其移动到人物轮廓图形的后面，按住 Shift 键并单击人物轮廓图形，将文本与人物轮廓图形同时选中，如图 11-101 所示。

图 11-98

图 11-99

图 11-100

图 11-101

**05** 执行"对象 > 文本绕排 > 建立"命令，创建文本绕排，如图 11-102 所示。在空白处单击，取消选择。在文本上单击将其选中，将文本移向人物，文本的排列方式也会随之改变，如图 11-103 所示。如果文本框右下角出现红色的 标记，就表示文本框中有溢出的文字，此时可以拖曳文本框上的控制点，将文本框扩大，让被隐藏的文字显示在画面中，如图 11-104 所示。在空白处单击取消选择。

图 11-102　　　　　　　　　　图 11-103　　　　　　　　　　图 11-104

**06** 选择直排文字工具，在"字符"面板中设置字体、大小及字距，如图 11-105 所示，在画面中输入文字，如图 11-106 所示。

**07** 执行"对象>封套扭曲>用网格建立"命令，在打开的对话框中设置行数为4、列数为1，如图 11-107 所示，此时文本框周围会显示锚点，如图 11-108 所示；使用直接选择工具拖曳右上角的锚点，对文字进行扭曲，如图 11-109 所示；继续编辑锚点，使文字产生波浪状扭曲效果，如图 11-110 所示。完成后的最终效果如图 11-111 所示。

图 11-105　　　　　图 11-106　　　　　　　　图 11-107　　　　　　　图 11-108　　　　　图 11-109

图 11-110　　　　　　　　图 11-111

## 11.7 课堂练习：替换图表图例

**01** 打开相关素材。使用选择工具 ▶ 选取女孩素材，如图 11-112 所示，执行"对象 > 图表 > 设计"命令，打开"图表设计"对话框，单击"新建设计"按钮，将其保存为一个新建的设计图案，如图 11-113 所示，单击"确定"按钮关闭对话框。选择男孩，也将其定义为设计图案，如图 11-114 和图 11-115 所示。

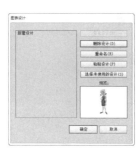

图 11-112 　　　　　图 11-113 　　　　　图 11-114 　　　　　图 11-115

**02** 选择柱形图工具 ▮▮▮，在画板中单击并拖出一个矩形范围框，释放鼠标后，在弹出的对话框中输入数据，如图 11-116 所示（年份使用直式双引号，如 2012 年应输入 "2012"），单击 ✔ 按钮创建图表，如图 11-117 所示。

图 11-116 　　　　　　　　　　图 11-117

**03** 使用编组选择工具 ▶+ 在黑色的图表图例上单击 3 次，选择这组图形，如图 11-118 所示，执行"对象 > 图表 > 柱形图"命令，打开"图表列"对话框，单击新建的设计图案，在"柱形图类型"选项下拉列表中选择"垂直缩放"，如图 11-119 所示，单击"确定"按钮关闭对话框，即可使用女孩替换原有的图形，如图 11-120 所示。

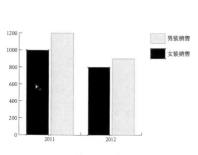
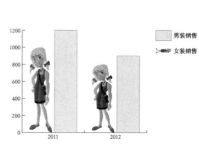

图 11-118 　　　　　　　　图 11-119 　　　　　　　　图 11-120

**04** 使用编组选择工具 ▶+，在灰色的图表图例上单击 3 次，如图 11-121 所示，执行"对象 > 图表 > 柱形图"命令，用男孩替换该组图形，如图 11-122 和图 11-123 所示。

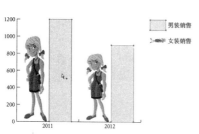
图 11-121

图 11-122

图 11-123

**05** 使用编组选择工具 ，拖出一个选框，选取右上角的图例，如图 11-124 所示，双击旋转工具 ，打开"旋转"对话框，将图形旋转 90°，如图 11-125 和图 11-126 所示。

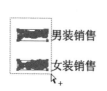
图 11-124

图 11-125

图 11-126

**06** 移动图形位置，如图 11-127 所示。使用编组选择工具 选择文字，修改颜色，如图 11-128 所示。最后，使用矩形工具 在人物后面创建几个矩形，高度与人物相同，如图 11-129 所示。

图 11-127

图 11-128

图 11-129

---

**小技巧：图例替换技巧**

在使用自定义的图形替换图表图形时，可以在"图表列"对话框的"列类型"选项下拉列表中选择如何缩放与排列图案。

- 选择"垂直缩放"选项，可以根据数据的大小在垂直方向伸展或压缩图案，但图案的宽度保持不变；选择"一致缩放"选项，可以根据数据的大小对图案进行等比缩放。

"图表列"对话框

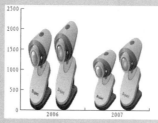
垂直缩放

一致缩放

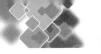
● 选择"重复堆叠"选项，对话框下面的选项被激活。在"每个设计表示"文本框中可以输入每个图案代表几个单位。例如，输入 100，表示每个图案代表 100 个单位，Illustrator 会以该单位为基准自动计算使用的图案数量。单位设置完成后，需要在"对于分数"选项中设置不足一个图案时如何显示图案。选择"截断设计"选项，表示不足一个图案时使用图案的一部分，该图案将被截断；选择"缩放设计"选项，表示不足一个图案时图案将被不等比缩小，以便完整显示。

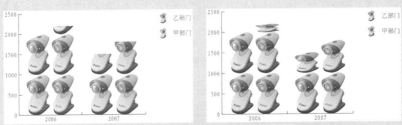

选择"截断设计"选项　　　　　　　　选择"缩放设计"选项

● 选择"局部缩放"选项，可以对局部图案进行缩放。

## 11.8　思考与练习

### 一、问答题

1. 在 Illustrator 中使用其他程序创建的文本时，怎样操作能保留文本的字符和段落格式？怎样操作则不能？

2. 怎样为文字的填色和描边应用渐变颜色？

3. 在"字符"面板中，字距微调与字距调整选项有何区别？

4. 创建文本绕排时，对文字和用于绕排的对象有何要求？

5. Illustrator 的工具面板中有 7 种文字工具，它们分别用于创建哪种文字？

### 二、上机练习

#### 1. 毛边字

如图 11-130 所示为一个有毛边效果的特效字，它用到了图形编辑工具、"描边"面板、色板库等功能。可以使用相关素材中的文字素材进行操作，如图 11-131 所示。

图 11-130　　　　　　　　　　　　　　图 11-131

先用刻刀工具 ✐ 将文字分割开，如图 11-132 所示，然后为它们添加虚线描边，如图 11-133 和图 11-134 所示。使用编组选择工具 ▶+ 选择各个图形，填充不同的颜色，最后创建一个矩形，填充图案，如图 11-135 ～图 11-137 所示。

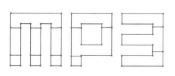

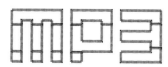

图 11-132　　　　　　　　　图 11-133　　　　　　　　　图 11-134

图 11-135　　　　　　　　　图 11-136　　　　　　　　　图 11-137

**2. 将不同类型的图表组合在一起**

在 Illustrator 中，除了散点图图表之外，可以将任何类型的图表与其他图表组合，创建更具特色的图表。打开相关素材中的图表素材。使用编组选择工具，在蓝色柱形数据上单击 3 次鼠标，选择数据，如图 11-138 所示，双击工具面板中的图表工具，打开"图表类型"对话框，单击折线图按钮，即可将所选数据组改为折线图，如图 11-139 和图 11-140 所示。

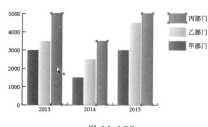

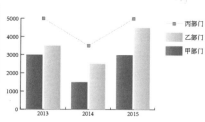

图 11-138　　　　　　　　　图 11-139　　　　　　　　　图 11-140

# 11.9　测试题

1. 使用文字工具 **T** 时，如果在画板中单击，但并未输入文字而又选择其他工具，则会生成一个空的文本框。使用（　　）命令可以自动将其清除。

　　A. 编辑 > 清除　　　　　　　　　　　　B. 编辑 > 剪切

　　C. 对象 > 路径 > 清理　　　　　　　　D. 文字 > 显示隐藏字符

2. 文本绕排是指让（　　）围绕一个图形、图像或其他文本排列，得到精美的图文混排效果。

　　A. 点文本　　　　　B. 区域文本　　　　　C. 路径文本　　　　　D. 变形文字

3. 以下（　　）可以创建串接文本。

　　A. 点文本　　　　　B. 区域文本　　　　　C. 路径文本　　　　　D. 变形文字

4. 在"首选项"对话框中，关于文字的设定，以下描述正确的是（　　）。

　　A. "首选项"对话框中文字选项修改后，需要重新启动 Illustrator 才能看到设置的效果

　　B. "以英文显示字体名称"选项被选中时，"字符"面板字体下拉列表中的中文字体名称以英文显示

　　C. "启用丢失字形保护"选项选中后，如果文档使用了系统上未安装的字体，打开文档时会出现一条警告信息

D. "仅按路径选择文字对象"选项选中后，只有单击文本的基线才能将文本选中

5. 下列关于创建文字的描述，正确的是（ 　　 ）。

A. 文字工具和直排文字工具可以在开放的路径上创建路径文字，但不能在闭合的路径上创建路径文字

B. 点文字可以自动换行

C. 旋转区域文字的定界框时，文字也会同时旋转

D. 在图形上创建区域文字时，会删除图形的填色和描边属性

6. 下列关于字符和段落格式的描述，正确的是（ 　　 ）。

A. 文字的基线是一条路径

B. "字符"面板中的字符旋转选项只能旋转单个字符

C. "段落"面板可以处理整个文本的段落格式，也可以处理所选段落的格式

D. 缩进只影响选中的段落

7. 下列有关创建图表的描述，正确的是（ 　　 ）。

A. 使用图表工具从希望图表开始的角，沿对角线向另一个角拖曳可以创建任意大小的图表

B. 使用图表工具按住 Alt 键拖曳可以从中心绘制图表

C. 使用图表工具按住 Shift 键拖曳可以将图表限制为一个正方形

D. 在要创建图表的位置单击，弹出对话框后，输入图表的宽度和高度，然后单击"确定"按钮，可以定义图表主要部分的尺寸，但不包括图表的标签和图例

8. 对于柱形、堆积柱形、条形、堆积条形、折线、面积和雷达图，可以按（ 　　 ）方式在工作表中输入标签。

A. 如果希望 Illustrator 为图表生成图例，那么删除左上单元格的内容并保留此单元格空白

B. 在单元格的顶行中输入用于不同数据组的标签，这些标签将在图例中显示。如果不希望 Illustrator 生成图例，则不要输入数据组标签

C. 在单元格的左列中输入用于类别的标签，类别通常为时间单位，如日、月或年。这些标签沿图表的水平轴或垂直轴显示，只有雷达图例外，它的每个标签都产生单独的轴

D. 要创建只包含数字的标签，需要使用直式双引号将数字引起来。例如，要将年份 1996 作为标签使用，应输入 "1996"

# 第12章

## 时尚插画：画笔与符号

画笔工具和"画笔"面板是 Illustrator 中可以实现绘画效果的主要工具。我们可以使用画笔工具徒手绘制线条，也可以通过"画笔"面板为路径添加不同样式的画笔描边，从而模拟毛笔、钢笔和油画笔等笔触效果。

符号可以快速生成大量相同的对象，节省绘图时间，减小文件的大小。

## 12.1 插画设计

插画作为一种重要的视觉传达形式，以其直观的形象性、真实的生活感和艺术感染力，在现代设计中占有特殊的地位。在欧美等国家，插画已被广泛地运用于广告、传媒、出版和影视等领域，而且细分为儿童类、体育类、科幻类、食品类、数码类、纯艺术类和幽默类等多种专业类型。不仅如此，插画的风格也丰富多彩。

- 装饰风格插画：注重形式美感的设计。设计者所要传达的含义都是较为隐性的，这类插画中多采用装饰性的纹样，构图精致、色彩协调，如图 12-1 所示。

- 动漫风格插画：在插画中使用动画、漫画和卡通形象，增加插画的趣味性，如图 12-2 所示。

- 矢量风格插画：可以充分体现图形的艺术美感，如图 12-3 和图 12-4 所示。

图 12-1　　　　　　　图 12-2　　　　　　　图 12-3　　　　　　　图 12-4

- Mix & match 风格插画：Mix 意为混合、掺杂，match 意为调和、匹配。Mix & match 风格的插画能够融合许多独立的，甚至互相冲突的艺术表现方式，使之呈现协调的整体风格，如图 12-5 所示。

- 儿童风格插画：多用在儿童杂志或书籍，颜色较为鲜艳，画面生动有趣，造型或简约，或可爱，或怪异，场景也比较 Q，如图 12-6 所示。

- 涂鸦风格插画：具有粗犷的美感，自由、随意且充满个性，如图 12-7 所示。

- 线描风格插画：利用线条和平涂的色彩作为表现形式，具有单纯和简洁的特点，如图 12-8 所示。

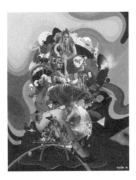   

图 12-5　　　　　　　图 12-6　　　　　　　图 12-7　　　　　　　图 12-8

## 12.2 画笔面板与绘画工具

Illustrator 的绘画工具包括画笔、斑点画笔、实时上色等工具。其中，画笔工具最灵活，它可以使用不同类型的画笔进行绘画，包括书法画笔、散点画笔、艺术画笔、图案画笔和毛刷画笔等。

### 12.2.1 画笔面板

"画笔"面板中保存了预设的画笔样式，可以为路径添加不同风格的外观。选择一个图形，如图 12-9 所示，单击"画笔"面板中的一个画笔，即可对其应用画笔描边，如图 12-10 和图 12-11 所示。

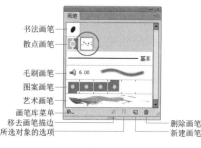

图 12-9　　　　　　　　　　　　图 12-10　　　　　　　　　　　　图 12-11

- 画笔类型：画笔分为 5 类，分别是书法画笔、散点画笔、毛刷画笔、图案画笔和艺术画笔，如图 12-12 所示。书法画笔可以模拟传统的毛笔，创建书法效果的描边；散点画笔可以将一个对象（如一只瓢虫或一片树叶）沿着路径分布；毛刷画笔可以创建具有自然笔触的描边；图案画笔可以将图案沿路径重复拼贴；艺术画笔可以沿着路径的长度均匀拉伸画笔或对象的形状，模拟水彩、毛笔、炭笔等效果。散点画笔和图案画笔效果类似，它们之间的区别在于，散点画笔会沿路径散布，而图案画笔则会完全依循路径，如图 12-13 所示。

书法画笔　　　　　散点画笔　　　　　毛刷画笔　　　　　图案画笔　　　　　艺术画笔

图 12-12

散点画笔　　　　　　　　　　图案画笔

图 12-13

- 画笔库菜单 ：单击该按钮，可在下拉菜单中选择系统预设的画笔库。

- 移去画笔描边 ✖：选择一个对象，单击该按钮可以删除应用于对象的画笔描边。

- 所选对象的选项 ▦：单击该按钮，可以打开"画笔选项"对话框。

- 新建画笔 ▯：单击该按钮，可以打开"新建画笔"对话框，选择新建画笔类型，创建新的画笔。如果将面板中的一个画笔拖曳到该按钮上，则可以复制画笔。

- 删除画笔 🗑：选择面板中的画笔后，单击该按钮可将其删除。

**小技巧：设置"画笔"面板的显示方式**

在默认情况下，"画笔"面板中的画笔以列表视图的形式显示，即只显示画笔的缩览图，不显示名称，只有将光标放在一个画笔样本上，才能显示它的名称。如果选择面板菜单中的"列表视图"选项，则可同时显示画笔的名称和缩览图，并以图标的形式显示画笔的类型。此外，也可以选择面板菜单中的一个选项，单独显示某一类型的画笔。

 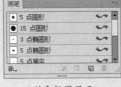 

查看画笔名称　　　　　　以列表视图显示　　　　　　单独显示毛刷画笔

## 12.2.2　画笔工具

画笔工具 ✎ 可以在绘制线条的同时对路径应用画笔描边，生成各种艺术线条和图案。

选择画笔工具 ✎，在"画笔"面板中选择一种画笔，如图12-14所示，单击并拖曳即可绘制路径并同时添加画笔描边，如图12-15所示。如果要绘制闭合式路径，可以在绘制的过程中按住Alt键（光标会变为 ✎。状），再释放鼠标按键。

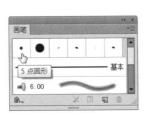 

图12-14　　　　　　　　　　图12-15

绘制路径后，保持路径的选中状态，将光标放在路径的端点上，如图12-16所示，单击并拖曳可以延长路径，如图12-17所示；将光标放在路径段上，单击并拖曳可以修改路径的形状，如图12-18和图12-19所示。

图12-16　　　　　　图12-17　　　　　　图12-18　　　　　　图12-19

**提示**

用画笔工具绘制的线条是路径，可以使用锚点编辑工具对其进行编辑和修改，并可以在"描边"面板中调整画笔描边的粗细。

### 12.2.3 画笔工具选项

双击画笔工具 ，打开"画笔工具选项"对话框，如图 12-20 所示。在该对话框中可以设置画笔工具的各项参数。

- 保真度：用来设置必须将鼠标移动多大距离，Illustrator 才会向路径添加新锚点。例如，保真度值为 2.5，表示小于 2.5 像素的工具移动范围不会生成锚点。保真度的范围可介于 0.5 ～ 20 像素之间，滑块越靠近"精确"一侧，保真度值越高，路径的变化越小；滑块越靠近"平滑"一侧，路径越平滑。

- 填充新画笔描边：选择该选项后，可以在路径围合的区域内填充颜色，即使是开放式路径所形成的区域也会填色，如图 12-21 所示。取消选择时，路径内部无填充，如图 12-22 所示。

图 12-20

图 12-21

图 12-22

- 保持选定：绘制出一条路径后，路径自动处于选中状态。

- 编辑所选路径：可以使用画笔工具对当前选择的路径进行修改，方法是沿路径拖曳鼠标即可。

- 范围：用来设置鼠标与现有路径在多大距离之内，才能使用画笔工具编辑路径。该选项仅在选择了"编辑所选路径"选项时才可用。

### 12.2.4 斑点画笔工具

斑点画笔工具 可以绘制出用颜色或图案填充的、无描边的形状，并且，还能够与具有相同颜色（无描边）的其他形状进行交叉与合并。例如，打开一个便签图稿，如图 12-23 所示，用斑点画笔工具 绘制出一个心形，如图 12-24 所示，然后在其中用白色涂抹，所绘线条只要重合，就会自动合并为一个对象，如图 12-25 所示。

图 12-23

图 12-24

图 12-25

## 12.3 创建与编辑画笔

单击"画笔"面板中的新建画笔按钮 ，打开"新建画笔"对话框，在该对话框中可以选择创建哪种类型的画笔。

### 12.3.1 创建书法画笔

在"新建画笔"对话框中选择"书法画笔"选项，如图 12-26 所示，单击"确定"按钮，打开图 12-27 所示的对话框，设置选项后，单击"确定"按钮，即可创建自定义的画笔，并将其保存在"画笔"面板中。

图 12-26

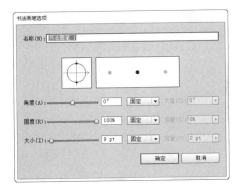

图 12-27

- 名称：可以输入画笔的名称。
- 画笔形状编辑器：单击并拖曳黑色的圆形调杆可以调整画笔的圆度，如图 12-28 所示，单击并拖曳窗口中的箭头可以调整画笔的角度，如图 12-29 所示。

图 12-28

图 12-29

- 画笔效果预览窗：用来观察画笔的调整结果。如果将画笔的角度和圆度的变化方式设置为"随机"，则在画笔效果预览窗会出现 3 个画笔，中间显示的是修改前的画笔，左侧的是随机变化最小范围的画笔，右侧的是随机变化最大范围的画笔。
- 角度/圆度/大小：用来设置画笔的角度、圆度和直径。在这 3 个选项右侧的下拉列表中包含了"固定""随机"和"压力"等选项，它们决定了画笔角度、圆度和直径的变化方式。

---

**提示**

如果要创建散点画笔、艺术画笔和图案画笔，则必须先创建要使用的图形，并且该图形不能包含渐变、混合、画笔描边、网格、位图图像、图表、置入的文件和蒙版。

---

### 12.3.2 创建散点画笔

创建散点画笔前，先要准备好画笔所使用的图形，如图 12-30 所示。选择图形后，单击"画笔"面板中的新建画笔按钮 ，打开"新建画笔"对话框，选择"散点画笔"选项，弹出如图 12-31 所示的对话框。

图 12-30

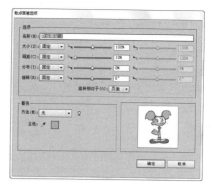

图 12-31

- **大小 / 间距 / 分布**：可以设置散点图形的大小、间距及图形偏离路径的距离。

- **旋转相对于**：在下拉列表中选择 "页面"，图形会以页面的水平方向为基准旋转，如图 12-32 所示；选择 "路径"，则会按照路径的走向旋转，如图 12-33 所示。

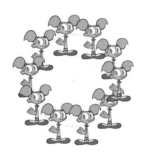

图 12-32

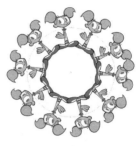

图 12-33

- **方法**：可以设置图形的颜色处理方法，包括 "无" "色调" "淡色和暗色" 和 "色相转换"。如果想要了解各个选项的具体区别，可以单击提示按钮💡进行查看。

- **主色**：用来设置图形中最突出的颜色。如果要修改主色，可以选择对话框中的🖊工具，在下角的预览框中单击样本图形，将单击点的颜色定义为主色。

## 12.3.3　创建毛刷画笔

毛刷画笔可以创建具有自然毛刷画笔所画外观的描边，例如，如图 12-34 所示为使用各种不同毛刷画笔绘制的插图。

在 "新建画笔" 对话框中选择 "毛刷画笔" 选项，打开如图 12-35 所示的对话框，可以创建毛刷类画笔。

图 12-34

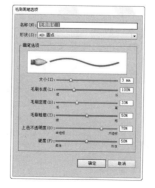

图 12-35

### 12.3.4 创建图案画笔

图案画笔的创建方法与前面几种画笔有所区别，由于要用到图案，因此，在创建画笔前先要创建图案，并将其保存在"色板"面板中，如图 12-36 所示。然后单击"画笔"面板中的新建画笔按钮，在弹出的对话框中选择"图案画笔"选项，打开如图 12-37 所示的对话框。

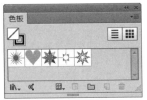

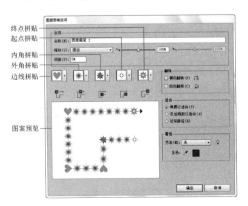

图 12-36                    图 12-37

- 设定拼贴：单击拼贴选项右侧的 按钮，在打开的下拉列表中可以选择图案，如图 12-38 和图 12-39 所示。

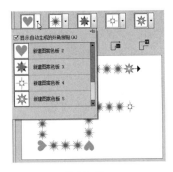

图 12-38                    图 12-39

- 缩放：用来设置图案样本相对于原始图形的缩放程度。

- 间距：用来设置图案之间的间隔距离。

- 翻转选项组：用来设置路径中图案画笔的方向。选择"横向翻转"选项，图案沿路径的水平方向翻转；选择"纵向翻转"选项，图案沿路径的垂直方向翻转。

- 适合选项组：用来设置图案与路径长度的匹配程度。选择"伸展以适合"选项，可以拉长或缩短图案以适合路径的长度，如图 12-40 所示；选择"添加间距以适合"选项，可以在图案之间增加间距，使其适合路径的长度，图案保持不变形，如图 12-41 所示；选择"近似路径"选项，可以在保持图案形状的同时，使其接近路径的中间部分，该选项仅用于矩形路径，如图 12-42 所示。

图 12-40                    图 12-41                    图 12-42

### 12.3.5 创建艺术画笔

创建艺术画笔前，先要准备好作为画笔使用的图形，并且图形中不能包含文字。准备好图形后，将其选中，单击"画笔"面板中的新建画笔按钮 ，在弹出的对话框中选择"艺术画笔"选项，即可打开对话框设置相应的选项。

### 12.3.6 缩放画笔描边

选择使用画笔描边的对象，如图 12-43 所示，双击比例缩放工具 ，打开"比例缩放"对话框，设置缩放参数并勾选"比例缩放描边和效果"选项，可以同时缩放对象和描边，如图 12-44 和图 12-45 所示；如果取消选中该选项，则仅缩放对象，描边比例保持不变，如图 12-46 所示。

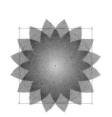

图 12-43          图 12-44          图 12-45          图 12-46

通过拖曳定界框上的控制点缩放对象时，描边的比例保持不变，如图 12-47 所示。如果想要单独缩放描边，不影响对象，可以在选择对象后，单击"画笔"面板中的所选对象的选项按钮 ，在打开的对话框中设置缩放比例，如图 12-48 和图 12-49 所示。

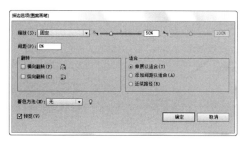

图 12-47               图 12-48               图 12-49

### 12.3.7 修改画笔

如果要修改由散布画笔、艺术画笔和图案画笔绘制的画笔样本，可以将画笔拖曳到画板中，再对图形进行修改，修改完成后，按住 Alt 键并将画笔重新拖回"画笔"面板的原始画笔上，即可更新原始画笔，如图 12-50 和图 12-51 所示。如果文档中有使用该画笔描边的对象，则应用到对象中的画笔描边也会随之更新。

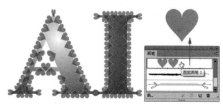

图 12-50                              图 12-51

> **提示**
>
> 如果只想修改使用画笔绘制的线条而不更新原始画笔，可以选择该线条，单击"画笔"面板中的所选对象的选项按钮 ▤ ，在打开的对话框中修改当前对象上的画笔描边选项和参数。

### 12.3.8　移去画笔

在使用画笔工具绘制线条时，Illustrator 会自动将"画笔"面板中的描边应用到绘制的路径上，如果不想添加描边，可以单击面板中的移去画笔描边按钮 ✘ 。如果要取消一个图形的画笔描边，可以选择该图形，再单击移去画笔描边按钮 ✘ 。

### 12.3.9　将画笔描边扩展为轮廓

为对象添加画笔描边后，如果想要编辑描边线条上的各个图形，可以选择对象，执行"对象>扩展外观"命令，将画笔描边转换为轮廓，将描边内容从对象中剥离出来。

> **小技巧：画笔编辑与使用技巧**
>
> ● 将画笔样本创建为图形：在"画笔"面板或者画笔库中，将一个画笔拖曳到画板中，它就会成为一个可编辑的图形。
>
> ● 将画笔描边创建为图形：使用画笔描边路径后，如果要编辑描边线条上的图形，可以选中对象，执行"对象>扩展外观"命令，将描边扩展为图形，再进行编辑操作。
>
> ● 反转描边方向：选择一条画笔描边的路径，使用钢笔工具 ✐ 单击路径的端点，可以翻转画笔描边的方向。
>
>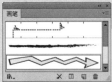
>
> ● 删除多个画笔：如果要删除一个或者几个画笔，可以按住 Ctrl 键并单击这些画笔，将它们选中，然后再将它们拖到删除画笔按钮 🗑 上。
>
> ● 删除所有未使用的画笔：单击画笔库中的一个画笔，它就会自动添加到"画笔"面板中。如果要删除面板中所有未使用的画笔，可以执行面板菜单中的"选择所有未使用的画笔"命令，将这些画笔选中，再单击 🗑 按钮删除。

## 12.4　符号

在平面设计工作中，经常要绘制大量的重复对象，如花草、地图上的标记等，Illustrator 为这样的任务提供了一项简便的功能，它就是符号。将一个对象定义为符号后，可以通过符号工具生成大量相同的对象（它们称为符号实例），所有的符号实例都链接到"符号"面板中的符号样本，修改符号样本时，实例就会自动更新，而且使用符号不仅可以节省绘图时间，还能够显著减小文件的大小。

### 12.4.1　符号面板

打开一个文件，如图 12-52 所示。这幅插画中用到了 9 种符号，它们保存在"符号"面板中，如图

12-53 所示。在该面板中还可以创建、编辑和管理符号。

图 12-52 　　　　　　　　　　　　　　　　图 12-53

- 符号库菜单 ：单击该按钮，可以打开下拉列表选择一个预设的符号库。Illustrator 为用户提供了不同类别的、预设的符号库，包括 3D 符号、图表、地图、花朵和箭头等。选择一个符号库后，可以打开一个单独的面板，它与"符号"面板的相同之处是都可以选择符号、调整符号排序和查看项目，这些操作都与在"符号"面板中的操作一样。但符号库面板不能添加、删除符号或编辑项目。

- 置入符号实例 ：选择面板中的一个符号，单击该按钮，可以在画板中创建该符号的一个实例。

- 断开符号链接 ：选择画板中的符号实例，单击该按钮，可以断开它与面板中符号样本的链接，该符号实例就成为可以单独编辑的对象。

- 符号选项 ：单击该按钮，可以打开"符号选项"对话框。

- 新建符号 ：选择画板中的一个对象，单击该按钮，可将其定义为符号。

- 删除符号 ：选择面板中的符号样本，单击该按钮可将其删除。

## 12.4.2　定义符号样本

选择要创建为符号的对象，如图 12-54 所示，单击"符号"面板中的新建符号按钮 ，打开"符号选项"对话框，如图 12-55 所示，输入名称，单击"确定"按钮，即可将其定义为符号，如图 12-56 所示。

图 12-54 　　　　　　　　　图 12-55 　　　　　　　　　图 12-56

在默认情况下，所选对象会变为新符号的实例。如果不希望它变为实例，可以通过按住 Shift 键并单击新建符号按钮 的方法来创建符号。

**提示**

直接将对象拖曳到"符号"面板中也可以将其创建为符号。如果不想在创建符号时打开"新建符号"对话框，可以按住 Alt 键并单击 █ 按钮。需要注意的是，无法从链接的图稿或一些组（如图表组）中创建符号。

### 12.4.3　创建符号组

Illustrator 的工具面板中包含8种符号工具，如图 12-57 所示。其中，符号喷枪工具 █ 用于创建符号实例，其他工具用于编辑符号实例。

在"符号"面板中选择一个符号样本，如图 12-58 所示，使用符号喷枪工具 █ 在画板中单击，即可创建一个符号实例，如图 12-59 所示；单击按住一点不放，可以创建一个符号组，符号会以单击点为中心向外扩散；单击并拖曳，则符号会沿鼠标运行的轨迹分布，如图 12-60 所示。

图 12-57　　　　　图 12-58　　　　　图 12-59　　　　　图 12-60

如果要在一个符号组中添加新的符号，需要先选择该符号组，然后在"符号"面板中选择另外的符号样本，如图 12-61 所示，之后再使用符号喷枪工具 █ 在组中添加该符号，如图 12-62 所示。如果要删除符号，可以按住 Alt 键并在其上方单击。

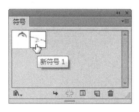 

图 12-61　　　　　　　　图 12-62

**小技巧：符号工具快捷键**

使用任意一个符号工具时，按"]"键，可以增加工具的直径；按"["键，则减小工具的直径；按 Shift+] 快捷键，可以增加符号的创建强度；按 Shift+[ 快捷键，则减小强度。此外，在画板中，符号工具光标外侧的圆圈代表了工具的直径，圆圈的深浅代表了工具的强度，颜色越浅，强度值越低。

### 12.4.4　编辑符号实例

编辑符号前，首先要选择符号组，然后在"符号"面板中选择要编辑的符号所对应的样本。如果一个符号组中包含多种符号，就需要选择不同的符号样本，再分别对它们进行处理。

- 符号位移器工具 ✧：在符号上单击并拖曳可以移动符号，如图12-63和图12-64所示；按住 Shift键并单击一个符号，可以将其调整到其他符号的上面；按住Shift+Alt键并单击，可以将其 调整到其他符号的下面。

- 符号紧缩器工具 ✧：在符号组上单击或拖曳鼠标，可以聚拢符号，如图12-65所示；按住Alt键 操作，可以使符号扩散开，如图12-66所示。

图12-63      图12-64      图12-65      图12-66

- 符号缩放器工具 ✧：在符号上单击可以放大符号，如图12-67所示；按住Alt键并单击则缩小符 号，如图12-68所示。

- 符号旋转器工具 ✧：在符号上单击或拖曳鼠标可以旋转符号，如图12-69所示。在旋转时，符号 上会出现一个带有箭头的方向标志，通过它可以观察符号的旋转方向和旋转角度。

图12-67      图12-68      图12-69

- 符号着色器工具 ✧：在"色板"或"颜色"面板中设置一种填充颜色，如图12-70所示，选择符号组， 使用该工具在符号上单击可以为符号着色；连续单击，可以增加颜色的浓度，如图12-71所示。 如果要还原符号的颜色，可以按住Alt键并单击符号。

- 符号滤色器工具 ✧：在符号上单击可以使符号呈现透明效果，如图12-72所示；按住Alt键并单 击，则可以还原符号的不透明度。

图12-70      图12-71      图12-72

- 符号样式器工具 ✧：在"图形样式"面板中选择一种样式，如图12-73所示，然后选择符号组， 使用该工具在符号上单击，可以将所选样式应用到符号中，如图12-74所示；按住Alt键并单击， 可以清除符号中添加的样式。

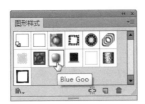

图 12-73    图 12-74

### 12.4.5　同时编辑多种符号

　　如果在一个符号组中包含多种符号，则使用符号工具编辑符号时，仅影响"符号"面板中选择的符号样本所创建的实例，如图 12-75 所示。如果要同时编辑符号组中的多种实例或者所有实例，可以先在"符号"面板中按住 Ctrl 键并单击各个符号样本，将它们同时选中，再进行处理，如图 12-76 所示。

选择一个样本的着色结果

图 12-75

选择两个样本的着色结果

图 12-76

### 12.4.6　一次替换同类的所有符号

　　使用选择工具 选择符号实例，如图 12-77 所示，在"符号"面板中选择另外一个符号样本，如图 12-78 所示，执行面板菜单中的"替换符号"命令，可以使用该符号替换当前符号组中所有的符号实例，如图 12-79 所示。

图 12-77    图 12-78    图 12-79

### 12.4.7　重新定义符号

　　如果符号组中使用了不同的符号，但只想替换其中的一种符号，可以通过重新定义符号的方式来进行操作。

　　首先将符号样本从"符号"面板拖曳到画板中，如图 12-80 所示；单击 按钮，断开符号实例与符号样本的链接，此时可以对符号实例进行编辑和修改，如图 12-81 所示。修改完成后，执行面板菜单中的"重新定义符号"命令，将其重新定义为符号，文档中所有使用该样本创建的符号实例都会更新，其他符号实例则保持不变，如图 12-82 所示。

图 12-80             图 12-81             图 12-82

## 12.4.8 扩展符号实例

修改"符号"面板中的符号样本时（即重新定义符号），会影响文档中使用该样本创建的所有符号实例。如果只想单独修改符号实例，而不影响符号样本，可以将符号实例扩展。

选择符号实例，如图 12-83 所示，单击"符号"面板底部的断开符号链接按钮 ⏏，或执行"对象 > 扩展"命令，即可扩展符号实例，如图 12-84 所示。此时可以单独对它们进行修改，如图 12-85 所示。

图 12-83             图 12-84             图 12-85

## 12.5 课堂练习：磁带

**01** 打开相关素材，如图 12-86 所示。在"图层"面板中如图 12-87 所示的位置单击，将磁带最外侧的边框选中，如图 12-88 所示，按 Ctrl+C 快捷键复制，按 Ctrl+B 快捷键粘贴到后方。

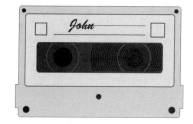

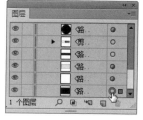

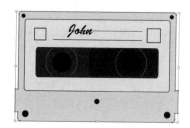

图 12-86             图 12-87             图 12-88

**02** 拖曳控制点，将图形放大，再向左下角移动，如图 12-89 所示。执行"效果 > 风格化 > 羽化"命令，设置参数，如图 12-90 所示，将图形的不透明度设置为 40%，如图 12-91 和图 12-92 所示。

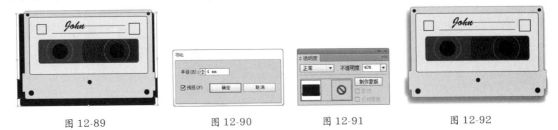

图 12-89          图 12-90          图 12-91          图 12-92

**03** 使用选择工具 ▶，按住 Shift 键并单击磁带中间的两个圆形滚轴，如图 12-93 所示。将描边设置为当前编辑状态。执行"窗口 > 画笔库 > 边框 > 边框_新奇"命令，打开该面板，单击"铁轨"样式，如图 12-94 所示，用它来描边路径，如图 12-95 所示。

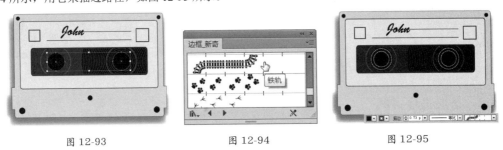

图 12-93          图 12-94          图 12-95

**04** 选择磁带上方的 5 个黑色小圆点，如图 12-96 所示，为它们也添加"铁轨"描边，描边宽度设置为 0.25pt，如图 12-97 所示。

图 12-96                    图 12-97

**05** 为中间的椭圆边框添加"铁轨"描边，宽度设置为 0.6pt，如图 12-98 所示。外侧椭圆和磁带边框描边宽度为 0.5pt，如图 12-99 和图 12-100 所示。

图 12-98          图 12-99          图 12-100

**06** 按 X 键，将填色切换为当前编辑状态，为外侧边框填充图案，如图 12-101 和图 12-102 所示。如图 12-103 为修改填充内容得到的另一种效果。

图 12-101

图 12-102

图 12-103

## 12.6 课堂练习：彩虹字

**01** 新建一个 210mm×297mm、CMYK 模式的文档。双击矩形工具 ▣，打开"矩形"对话框，创建一个 2mm×1mm 大小的矩形，如图 12-104 所示。

**02** 保持矩形的选中状态，右击，在弹出的菜单中选择"变换 > 移动"命令，设置参数，如图 12-105 所示，单击"复制"按钮，向下移动鼠标并复制一个矩形，这两个图形的间距正好可以再容纳两个矩形，以便为后面制作混合打下基础，如图 12-106 所示。

图 12-104　　　　　　　　　　　　图 12-105　　　　　　　　　图 12-106

**03** 连按两次 Ctrl+D 快捷键，得到如图 12-107 所示的 4 个矩形，修改矩形的颜色，如图 12-108 所示。按 Ctrl+A 快捷键全选，按 Alt+Ctrl+B 快捷键建立混合。双击混合工具 ▣，在打开的对话框中设置混合步数为 2，如图 12-109 和图 12-110 所示。当前的图形之间紧密排列，没有重叠也没有空隙。

图 12-107　　　图 12-108　　　　　　　图 12-109　　　　　　图 12-110

**04** 单击"画笔"面板中的 ▫ 按钮，在打开的对话框中选择"图案画笔"选项，如图 12-111 所示，单击"确定"按钮，弹出"图案画笔选项"对话框，如图 12-112 所示，单击"确定"按钮，将当前图形定义为画笔，如图 12-113 所示。

图 12-111

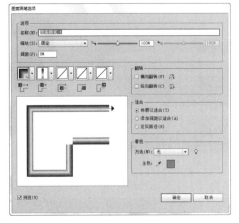

图 12-112

图 12-113

**05** 使用钢笔工具 ✐ 绘制文字状的路径，如图 12-114 所示。选择路径，单击"画笔"面板中的"图案画笔 1"，将图案画笔应用于路径，如图 12-115 所示。

图 12-114

图 12-15

**06** 按 Ctrl+A 快捷键全选，按 Ctrl+G 快捷键编组。双击镜像工具 ⬚，打开"镜像"对话框，勾选"水平"选项，单击"复制"按钮，复制并翻转文字，将其作为倒影，如图 12-116 和图 12-117 所示。

图 12-116

图 12-117

**07** 使用矩形工具 ⬚ 创建一个矩形，填充黑白线性渐变，如图 12-118 和图 12-119 所示。

图 12-118

图 12-119

**08** 选择渐变图形和下方的文字，如图 12-120 所示，单击"透明度"面板中的"制作蒙版"按钮，创建不透明度蒙版，再将不透明度设置为 60%，如图 12-121 和图 12-122 所示。

| 图 12-120 | 图 12-121 | 图 12-122 |

**09** 使用光晕工具 ⚙，在文字 "m" 上方单击并拖曳，创建一个光晕图形，使用选择工具 ▸，按住 Alt 键并拖曳它，将其复制到文字 "i" 上方，如图 12-123 所示。最后，创建一个矩形，填充渐变颜色，作为背景，如图 12-124 所示。

| 图 12-123 | 图 12-124 |

## 12.7 课堂练习：花花的笔记本

**01** 按 Ctrl+N 快捷键，新建一个文档。执行"窗口 > 符号库 >Web 按钮和条形"命令，打开该面板，分别单击"项目符号 1- 橙色""按钮 2- 绿色""按钮 2- 粉色""按钮 2- 蓝色"和"按钮 2- 橙色"符号，如图 12-125 所示，将它们添加到"符号"面板中，如图 12-126 所示。

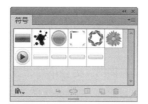

| 图 12-125 | 图 12-126 |

**02** 将"按钮 2- 绿色"符号从面板中拖曳到画板上，如图 12-127 所示。选择旋转工具 ↻，将光标放在如图 12-128 所示的位置，按住 Alt 键并单击，弹出"旋转"对话框，设置旋转角度，如图 12-129 所示，单击"复制"按钮，复制图形，如图 12-130 所示。

| 图 12-127 | 图 12-128 | 图 12-129 | 图 12-130 |

**03** 连续按 Ctrl+D 快捷键复制图形，如图 12-131 所示。按 Ctrl+A 快捷键，选中所有图形，如图 12-132 所示，按 Ctrl+G 快捷键编组。

图 12-131　　　　　　　　　　　　　　　图 12-132

**04** 按 Ctrl+C 快捷键复制，按 Ctrl+F 快捷键，将其粘贴到前方。将光标放在定界框右上角的控制点上，按住 Shift+Alt 键并拖曳鼠标，基于中心点向内缩小图形，如图 12-133 所示。选择"按钮 2- 粉色"符号，打开面板菜单，选择"替换符号"命令，用所选符号替换原有的符号，如图 12-134 和图 12-135 所示。

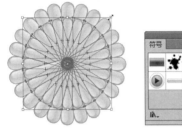

图 12-133　　　　　　　　　　图 12-134　　　　　　　　　　图 12-135

**05** 采用相同的方法粘贴符号并将其缩小，然后用其他符号将其替换，效果如图 12-136 所示。将"项目符号 1-橙色"符号从面板中拖曳到花朵图形上，如图 12-137 所示。

图 12-136　　　　　　　　　　　　　　　图 12-137

**06** 按 Ctrl+A 快捷键选中所有图形，按 Ctrl+G 快捷键编组，如图 12-138 所示。执行"效果 > 风格化 > 投影"命令，为图形添加"投影"效果，如图 12-139 和图 12-140 所示。

图 12-138　　　　　　　　　　图 12-139　　　　　　　　　　图 12-140

**07** 执行"窗口 > 符号库 > 花朵"命令，打开该面板，将"雏菊"符号拖曳到画板中，如图 12-141 所示。保持图形的选中状态，选择旋转工具 ，将光标放在如图 12-142 所示的位置，按住 Alt 键并单击，弹出"旋转"对话框，设置旋转角度，单击"复制"按钮复制图形，如图 12-143 和图 12-144 所示。连续按 Ctrl+D 快捷键复制图形，如图 12-145 所示。

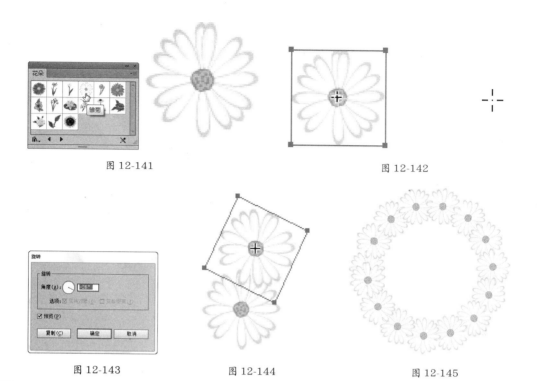

图 12-141　　　　　　　　　　　　　　　　　图 12-142

图 12-143　　　　　　图 12-144　　　　　　　图 12-145

**08** 选择"花朵"面板中的其他符号，将它们拖曳到画板中，并装饰在花环上，如图 12-146 所示。选择组成花环的所有图形，如图 12-147 所示，按 Ctrl+G 快捷键编组。执行"效果 > 风格化 > 投影"命令，添加"投影"效果，如图 12-148 和图 12-149 所示。

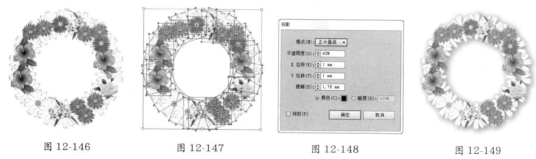

图 12-146　　　　　图 12-147　　　　　　图 12-148　　　　　　图 12-149

**09** 使用符号库中的其他符号可以制作出更多的花朵图形，如图 12-150 ～图 12-152 所示。打开相关素材中的笔记本素材，将制作好的花朵和花环拖曳到该文档中，如图 12-153 所示。

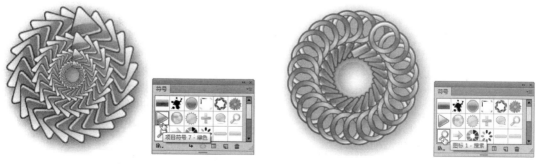

图 12-150　　　　　　　　　　　　　　　　图 12-151

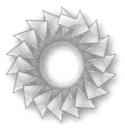

图 12-152

图 12-153

## 12.8 思考与练习

### 一、问答题

1. 散点画笔与图案画笔有何区别？

2. 哪些图形不能用于创建散点画笔、艺术画笔和图案画笔？

3. 在缩放添加了画笔描边的对象时，怎样操作可以只缩放对象，而描边比例保持不变？

4. 怎样将文字创建为艺术画笔？

5. 如果要编辑一个符号组，或在其中添加新的符号，该怎样操作？

### 二、上机练习

**1. 使用画笔库制作涂鸦字**

画笔库是 Illustrator 提供的预设画笔集合。在"窗口 > 画笔库"命令子菜单中，选择一个画笔库，可以打开单独的面板。使用画笔工具 ✎ 书写文字、绘制线条，然后用"艺术效果 _ 粉笔炭笔铅笔"和"艺术效果 _ 油墨"画笔库中的画笔制作涂鸦效果，如图 12-154 ～图 12-156 所示。

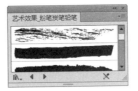
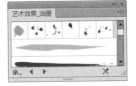

图 12-154 　　　　　　图 12-155 　　　　　　图 12-156

**2. 符号透明度调整练习**

使用符号滤色器工具 ⊙ 调整符号的透明度，如图 12-157 ～图 12-159 所示。

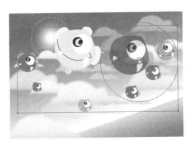

图 12-157 　　　　　　图 12-158 　　　　　　图 12-159

## 12.9　测试题

1. 使用画笔工具时，如果要绘制出闭合式路径，可以在拖曳鼠标的过程中按住（　　）键。

　　A. Alt　　　　　　　　　B. Ctr　　　　　　　C. Shift　　　　　　　　D.Ctrl+Shift

2. （　　）画笔可以将一个对象（如一只瓢虫或一片树叶）沿着路径分布。

　　A. 书法　　　　　　　　B. 艺术　　　　　　　C. 图案　　　　　　　　D. 散点

3. 下列有关画笔的描述，不正确的是（　　）。

　　A. Illustrator 中有 4 种画笔，即书法画笔、散点画笔、艺术画笔和图案画笔

　　B. 艺术画笔可以创建带拐角的尖绘制的描边以及沿路径中心绘制的描边

　　C. 图案画笔最多可以包括 4 种拼贴

　　D. 当打开一个画笔库时，该库中的所有画笔都出现在"画笔"面板中

4. 下列有关编辑画笔的描述，不正确的是（　　）。

　　A. 执行"对象 > 扩展外观"命令，可以将画笔描边转换为轮廓

　　B. 在使用画笔描边路径时，如果当前路径已经应用了画笔描边，则新画笔会替换旧画笔

　　C. 画笔工具不能绘制闭合式路径

　　D. "画笔工具首选项"对话框中的"保真度"用于控制必须将鼠标移动多大距离，Illustrator 才会向路径添加新锚点

5. 下列有关创建画笔的描述，不正确的是（　　）。

　　A. 新建散点画笔、艺术画笔和图案画笔前，需要先创建要使用的图形

　　B. 用于创建画笔的图稿不能包含渐变、混合、其他画笔描边、网格对象、位图图像、图表、置入文件和蒙版

　　C. 用于创建艺术画笔和图案画笔的图稿可以包含文字

　　D. 创建图案画笔时，需要使用"色板"面板中的图案

6. 下列有关符号的描述，正确的是（　　）。

　　A. 同一个符号组中可以包含不同的符号

　　B. 处理符号组时，符号工具仅影响"符号"面板中选定的符号样本所对应的符号实例

　　C. 使用符号缩放器工具单击符号实例，可以放大符号实例，按住 Shift 键单击可以缩小符号实例

　　D. Illustrator 中的图形、复合路径、文本、位图图像、网格对象或是包含以上对象的编组对象都可以创建为符号

7. 在默认情况下，创建符号时，所选对象会变为新符号的实例。如果不希望其变为实例，可以通过按住（　　）键并单击新建符号按钮 🔲 的方法来创建符号。

　　A. Ctrl　　　　　　　　B. Alt　　　　　　　C. Shift　　　　　　　D. Ctrl+ Shift

# 第13章

## 炫酷动漫：图像描摹与高级上色

图像描摹是从位图中生成矢量图的一种快捷方法，它可以将照片、图片等瞬间变成矢量插画，也可以基于一幅位图快速绘制出矢量图。

实时上色是一种为图形上色的特殊方法，上色和描边过程就犹如在涂色簿上填色，或是用水彩为铅笔素描上色。

# 13.1 关于卡通和动漫

卡通是英语 Cartoon 的汉语音译。卡通作为一种艺术形式最早起源于欧洲。17 世纪的荷兰，画家的笔下首次出现了含卡通夸张意味的素描图轴。17 世纪末，英国的报刊上出现了许多类似卡通的幽默插图。随着报刊出版业的繁荣，到了 18 世纪初，出现了专职卡通画家。20 世纪是卡通发展的黄金时代，这一时期美国卡通艺术的发展水平居于世界的领先地位，期间诞生了超人、蝙蝠侠、闪电侠和潜水侠等超级英雄形象。第二次世界大战后，日本卡通正式如火如荼地展开，从手冢治虫的漫画发展出来的日本风格的卡通，再到宫崎骏的崛起，在全世界范围内造成了一股日本旋风。如图 13-1 所示为各种版本的多啦 A 梦趣味卡通形象。

图 13-1

动漫属于 CG（Computer Graphics 简写）行业，主要是指通过漫画、动画结合故事情节，以平面二维、三维动画、动画特效等表现手法，形成特有的视觉艺术创作模式。它包括前期策划、原画设计、道具与场景设计、动漫角色设计等环节。动漫及其衍生品有着非常广阔的市场，而且现在动漫也已经从平面媒体和电视媒体扩展到游戏机、网络、玩具等众多领域，如图 13-2 和图 13-3 所示。

动画《海贼王》

图 13-2

精美的动漫手办

图 13-3

**13.2** 图像描摹

图像描摹是从位图中生成矢量图的一种快捷方法。使用这项功能，可以让照片、图片等瞬间变为矢量插画，也可以基于一幅位图快速绘制出矢量图。

### 13.2.1 描摹位图图像

在 Illustrator 中打开或置入一个位图图像，如图 13-4 所示，将其选中，在控制面板中单击"图像描摹"右侧的▼按钮，打开下拉列表选择一个选项，如图 13-5 所示，即可按照预设的要求自动描摹图像，如图 13-6 所示。保持描摹对象的选中状态，单击控制面板中的▼按钮，在打开的下拉列表中可以选择其他描摹样式，从而修改描摹结果，如图 13-7 和图 13-8 所示。

| 图 13-4 | 图 13-5 | 图 13-6 | 图 13-7 | 图 13-8 |

**提示**

如果要使用默认的描摹选项描摹图像，可以单击控制面板中的"图像描摹"按钮，或者执行"对象>图像描摹>建立"命令。

### 13.2.2 调整对象的显示状态

图像描摹对象由原始图像（位图）和描摹结果（矢量图稿）两部分组成。默认状态下，只显示描摹结果，如图 13-9 所示。如果想要查看矢量轮廓，可以选择对象，在控制面板中单击"视图"选项右侧的▼按钮，打开下拉列表选择一个显示选项，如图 13-10 ～图 13-12 所示。

| 描摹结果 | 视图选项 | 轮廓 | 源图像 |
| 图 13-9 | 图 13-10 | 图 13-11 | 图 13-12 |

### 13.2.3 扩展描摹对象

选择图像描摹对象，如图 13-13 所示，单击控制面板中的"扩展"按钮，可以将其转换为矢量图形。如图 13-14 所示为扩展后选择的部分路径段。如果想要在描摹对象的同时自动扩展对象，可以执行"对象 > 图像描摹 > 建立并扩展"命令。

图 13-13　　　　　　　　　　图 13-14

### 13.2.4 释放描摹对象

描摹图像后，如果希望放弃描摹但保留置入的原始图像，可以选择描摹的对象，执行"对象 > 图像描摹 > 释放"命令即可。

## 13.3 实时上色

实时上色是一种为图形上色的高级方法。它的基本原理是通过路径将图稿分割成多个区域，每个区域都可以上色，而不论论的边界是由单条路径还是多条路径段确定的。上色过程就犹如在涂色簿上填色，或是用水彩为铅笔素描上色。

### 13.3.1 创建实时上色组

选择图形及用于分割它的路径，如图 13-15 所示，执行"对象 > 实时上色 > 建立"命令，即可将它们创建为一个实时上色组。实时上色组中有两种对象，一种是表面，另一种是边缘。表面是一条边缘或多条边缘围成的区域，边缘则是一条路径与其他路径交叉后处于交点之间的路径。表面可以填色，边缘可以描边，如图 13-16 所示。实时上色组中每一条路径都可以单独编辑，当移动或调整路径的形状时，填色和描边也会随之更改，如图 13-17 和图 13-18 所示。

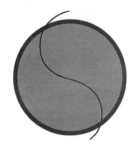  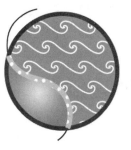 

图 13-15　　　　图 13-16　　　　图 13-17　　　　图 13-18

---

**小技巧：不能转换为实时上色组该怎么办？**

有些对象不能直接转换为实时上色组。如果是文字对象，可以执行"文字 > 创建轮廓"命令，将文字创建为轮廓，再将生成的路径转换为实时上色组。对于其他对象，可以执行"对象 > 扩展"命令，将对象扩展，再转换为实时上色组。

### 13.3.2　为表面上色

在"颜色""色板"或"渐变"面板中设置颜色后，如图 13-19 所示，选择实时上色工具 ，将光标放在对象上，当检测到表面时会显示红色的边框，如图 13-20 所示，同时，工具上方会出现当前设定的颜色（如果是图案或颜色色板，可以按←或→键切换到相邻的颜色），单击即可填充颜色，如图 13-21和图 13-22 所示。

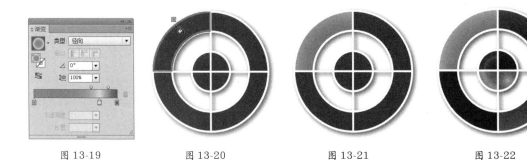

图 13-19　　　　　　　图 13-20　　　　　　　　图 13-21　　　　　　　　图 13-22

**提示**

对单个图形表面进行填色时不必选择对象，如果要对多个表面填色，可以使用实时上色选择工具 按住 Shift 键并单击这些表面，将它们选取，然后再进行处理。

### 13.3.3　为边缘上色

如果要为边缘着色，可以使用实时上色选择工具 单击边缘，将其选中（按住 Shift 键并单击，可以选择多个边缘），如图 13-23 所示，此时可以在"色板"面板或其他颜色面板中修改边缘的颜色，如图13-24 ～图 13-26 所示。

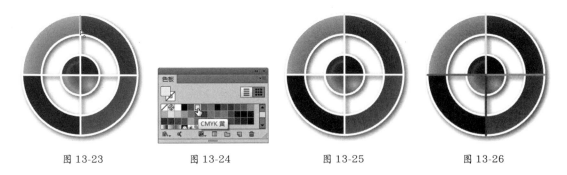

图 13-23　　　　　　　图 13-24　　　　　　　　图 13-25　　　　　　　　图 13-26

### 13.3.4　向实时上色组中添加路径

创建实时上色组后，可以向其中添加新的路径，从而生成新的表面和边缘。选择实时上色组和要添加到组中的路径，如图 13-27 所示，单击控制面板中的"合并实时上色"按钮。合并路径后，可以对生成的表面和边缘填色和描边，如图 13-28 所示。也可以修改实时上色组中的路径，同时，实时上色区域也会随之改变，如图 13-29 和图 13-30 所示。

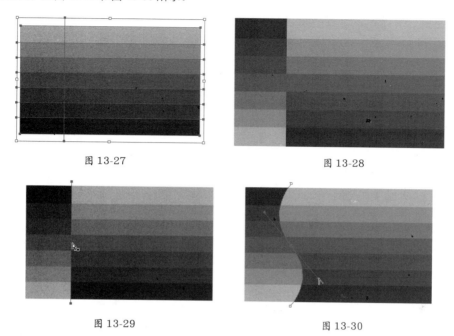

图 13-27　　　　　　　　　　　　　　　图 13-28

图 13-29　　　　　　　　　　　　　　　图 13-30

**小技巧：实时上色对象的选择方法**

使用实时上色选择工具 █ 可以选择实时上色组中的各个表面和边缘；使用选择工具 ▶ 可以选择整个实时上色组；使用直接选择工具 ▷ 可以选择实时上色组内的路径。

### 13.3.5　封闭实时上色组中的间隙

在进行实时上色时，如果颜色出现渗透，或者不应该上色的表面涂上了颜色，则可能是由于图稿中存在间隙，即路径之间有空隙，并没有封闭成完整的图形。例如，如图 13-31 所示为一个实时上色组，如图 13-32 所示为填色效果。可以看到，由于顶部出现缺口，为其中的一个图形填色时，颜色也渗透到了另一侧的图形中。

选择实时上色对象，执行"对象 > 实时上色 > 间隙选项"命令，打开"间隙选项"对话框，在"上色停止在"下拉列表中选择"大间隙"，即可封闭路径间的空隙，如图 13-33 所示。如图 13-34 所示为重新填色的效果，此时空隙虽然存在，但颜色没有出现渗漏。

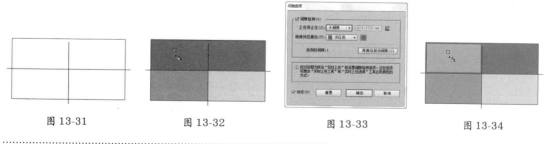

图 13-31　　　　　　　图 13-32　　　　　　　　　图 13-33　　　　　　　　图 13-34

### 13.3.6　释放实时上色组

选择实时上色组，如图 13-35 所示，执行"对象 > 实时上色 > 释放"命令，可以释放实时上色组，对象会变为 0.5pt 黑色描边、无填色的普通路径，如图 13-36 所示。

图 13-35

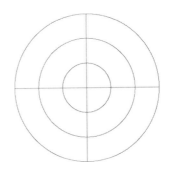

图 13-36

### 13.3.7　扩展实时上色组

选择实时上色组，执行"对象 > 实时上色 > 扩展"命令，可以将其扩展为由多个图形组成的对象。使用编组选择工具 可以选择其中的路径并进行编辑。如图 13-37 所示为删除部分路径后的效果。

图 13-37

## 13.4　全局色

Illustrator 中有一种叫作"全局色"的色板，这是一种非常特别的颜色，修改这种颜色时，文档中所有使用该颜色的对象都会与之同步更新。

双击"色板"中的一个色板，如图 13-38 所示，打开"色板选项"对话框，选择"全局色"选项，即可将当前颜色设置为全局色，如图 13-39 所示。当图形填充了全局色后，如图 13-40 所示，双击"色板"中的全局色，打开"色板选项"对话框，调整颜色数值，文档中所有使用该色板的对象都会改变颜色，如图 13-41 ～图 13-43 所示。

图 13-38

图 13-39

图 13-40

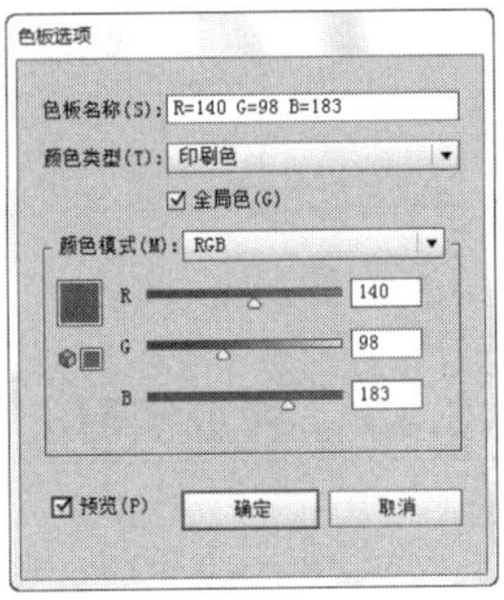

图 13-41

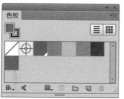

图 13-42　　　　　　　　　　　　　　　　　图 13-43

## 13.5　专色

印刷色由C（青色）、M（洋红色）、Y（黄色）和K（黑色）按照不同的百分比混合而成。专色是指在印刷时，不是通过印刷C、M、Y、K 4色合成某种颜色，而是专门用一种特定的油墨来印刷该颜色。印刷时会有专门的色版对应。使用专色可以降低成本，例如，一个文件只需要印刷橙色，如果用4色来印，就需要两种油墨，黄色和红色混合成橙色。如果用专色，只需橙色一种油墨即可。此外，专色还可以表现特殊的颜色，如金属色、荧光色、霓虹色等。

Illustrator 提供了大量的色板库，包括专色、印刷4色油墨等。单击"色板"面板底部的 按钮，打开"色标簿"下拉菜单，即可找到它们，如图 13-44 ～图 13-46 所示。

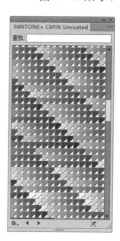
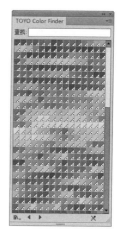

图 13-44　　　　　　　　　　图 13-45　　　　　　　　　　图 13-46

在 Illustrator 和其他绘图软件中，常用的颜色系统有 PANTONE、TRUMATCH、 FOCOLTONE、TOYO Color Finder、ANPA Color、DIC Color Guide 等，其中 TRUMATCH、FOCOLTONE 和 ANPA Color 是以印刷4色为基础发展而来的系统，其他的则属于专色系统。

使用专色可以使颜色更准确，但在计算机的显示器上无法精准显示颜色，设计师一般通过标准颜色匹配系统的预印色卡来判断颜色在纸张上的准确效果，如 PANTONE 彩色匹配系统就创建了很详细的色卡。

---

**提示**

PANTONE 的英文全名是 Pantone Matching System，简称为 PMS。1953 年，Pantone 公司的创始人 Lawrence Herbert 开发了一种革新性的色彩系统，可以进行色彩的识别、配比和交流，从而解决了在制图、印刷行业无法精确配比色彩的问题。

## 13.6 Illustrator 网页设计工具

网页包含许多元素，如 HTML 文本、位图图像和矢量图形等。在 Illustrator 中，可以使用切片来定义图稿中不同 Web 元素的边界。例如，如果图稿包含需要以 JPEG 格式进行优化的位图图像，而图像其他部分更适合作为 GIF 文件进行优化，则可以使用切片工具 ✂ 划分出切片以隔离图像，再执行"文件 > 存储为 Web 和设备所用格式"命令，打开"存储为 Web 和设备所用格式"对话框，对不同的切片进行优化，如图 13-47 所示，使文件变小。创建较小的文件非常重要，一方面 Web 服务器能够更高效地存储和传输图像，另一方面用户也能够更快地下载图像。

图 13-47

在"属性"面板中，还可以指定图像的 URL 链接地址，设置图像映射区域，如图 13-48 所示。创建图像映射后，在浏览器中将光标移至该区域时，光标会变为 🖑 状，浏览器下方会显示链接地址。

### 小技巧：如何选择文件格式

不同类型的图像应使用不同的格式存储才能利于使用。通常位图使用 JPEG 格式；如果图像中含有大面积的单色、文字和图形等，选择 GIF 格式可获得理想的压缩效果，这两种格式都可以将图像压缩成为较小的文件，比较适合在网上传输；文本和矢量图形可以使用 SVG 格式，简单的动画则可以保存为 SWF 格式。

进行网页设计时，应使用 Web 安全色，因为不同的计算机平台（Mac、PC 等）以及浏览器有着不同的调色板，这意味着在 Illustrator 画板上看到的颜色在其他系统上的 Web 浏览器中有可能会出现差别。为了使颜色能够在所有的显示器上看起来一模一样，在制作网页时，就需要使用 Web 安全色。在"颜色"面板菜单中选择"Web 安全 RGB（W）"命令，可以让面板中只显示 Web 安全色，如图 13-49 所示。

图 13-48

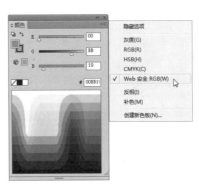

图 13-49

## 13.7 Illustrator 动画制作工具

Illustrator 强大的绘图功能为动画制作提供了非常便利的条件，画笔、符号、混合等都可以简化动画的制作流程。Illustrator 本身也可以制作简单的图层动画。

使用图层创建动画是将每一个图层作为动画的一帧或一个动画文件，再将图层导出为 Flash 帧或文件，就可以使之动起来了。此外，也可以执行"文件 > 导出"命令，打开"导出"对话框，在"保存类型"下拉列表中选择 *.SWF 格式，将文件导出为 SWF 格式，以便在 Flash 中制作动画。

## 13.8 课堂练习：为文字实时上色

**01** 打开相关素材，如图 13-50 所示。选择直线段工具 ✐，按住 Shift 键并创建两条直线，无填色、无描边，如图 13-51 所示。

图 13-50　　　　　　　　　　　　　　　　　　　图 13-51

**02** 使用选择工具 ▶，单击并拖出一个选框，将这两条直线和实时上色组（"NBA"文字图形）同时选取，如图 13-52 所示，单击控制面板中的"合并实时上色"按钮，或执行"对象 > 实时上色 > 合并"命令，将这两条路径合并到实时上色组中，如图 13-53 所示。

图 13-52　　　　　　　　　　　　　　　　　　　图 13-53

**03** 执行"选择 > 取消选择"命令，取消选择。使用吸管工具 ✐ 单击蓝色图形，拾取它的颜色，如图 13-54 所示。用实时上色工具 ✎ 为实时上色组中新分割出的表面上色，如图 13-55 所示。

图 13-54　　　　　　　　　　　　　　　　　　　图 13-55

**04** 将填充颜色设置为黄色，继续为实时上色组填色，如图 13-56 和图 13-57 所示。

图 13-56

图 13-57

**05** 向实时上色组中添加路径后，使用编组选择工具 ⚲ 移动路径，或使用锚点工具 ⚲ 修改路径形状都可以改变上色区域，如图 13-58 和图 13-59 所示。

图 13-58

图 13-59

**13.9 课堂练习：飘逸的女孩**

**01** 选择椭圆工具 ⬭，按住 Shift 键并创建一个正圆形。使用钢笔工具 ⚲ 在它下面绘制一个图形，如图 13-60 所示。继续绘制人物的衣服，如图 13-61 所示。

图 13-60

图 13-61

**02** 绘制胳膊和头发，如图 13-62 和图 13-63 所示。绘制人物的五官、绘制两个椭圆形作为人物的耳环，如图 13-64 和图 13-65 所示。

图 13-62

图 13-63

图 13-64

图 13-65

**03** 单击"图层"面板中的 ⬜ 按钮，新建一个图层，如图 13-66 所示。使用钢笔工具 ⚲ 绘制 3 个相互重叠的树叶状图形，作为女孩的裙子，如图 13-67 ～图 13-69 所示。

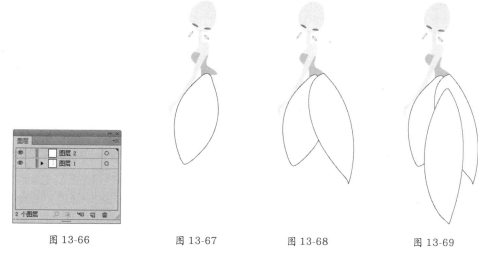

图 13-66　　　　　　　图 13-67　　　　　　　图 13-68　　　　　　　图 13-69

**04** 使用选择工具 ▶ 将裙子选中，如图 13-70 所示。选择实时上色工具 ⬚，调整填充颜色，如图 13-71 所示，将光标放在如图 13-72 所示的图形上，单击填充颜色，如图 13-73 所示。

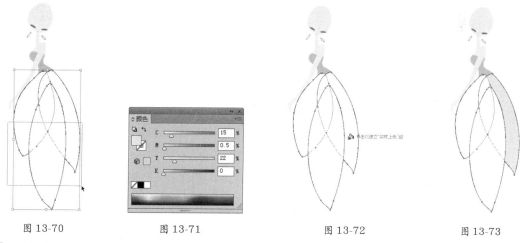

图 13-70　　　　　　　图 13-71　　　　　　　图 13-72　　　　　　　图 13-73

**05** 修改颜色，如图 13-74 所示，为裙子填充该颜色，如图 13-75 所示。采用相同的方法为裙子的其他部分填充颜色，如图 13-76 所示。在控制面板中设置图形为无描边颜色，如图 13-77 所示。

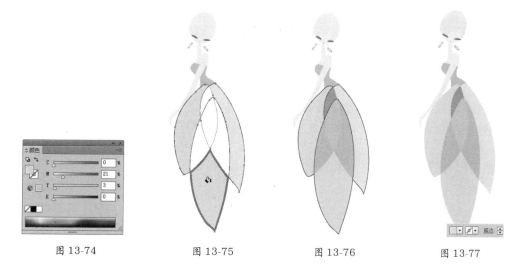

图 13-74　　　　　　　图 13-75　　　　　　　图 13-76　　　　　　　图 13-77

275

**06** 使用钢笔工具 ✑ 绘制一条闭合式路径，作为飘带，如图 13-78 所示。使用实时上色工具 🖋 为飘带填充颜色，然后取消它的描边，如图 13-79 所示。单击"图层"面板中的按钮 🔲，新建一个图层。使用椭圆工具 ⬤ 绘制一组圆形，填充不同的颜色，如图 13-80 所示。

图 13-78          图 13-79          图 13-80

**07** 选择"图层 1"，如图 13-81 所示，使用椭圆工具 ⬤ 绘制几个椭圆形，如图 13-82 所示。选择这几个椭圆形，按 Ctrl+G 快捷键编组，图形效果如图 13-83 所示。

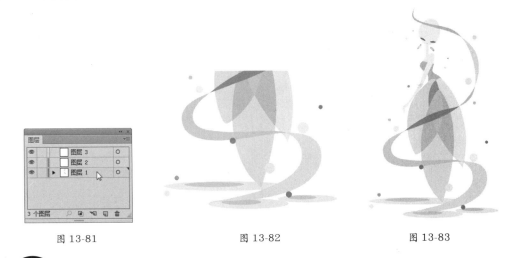

图 13-81          图 13-82          图 13-83

## 13.10  课堂练习：绘制卡通形象

**01** 使用椭圆工具 ⬤ 绘制一个椭圆形，填充皮肤色，如图 13-84 所示。绘制一个小一点的椭圆形，填充白色，如图 13-85 所示。选择删除锚点工具 ✐，将光标放在图形上方的锚点上，如图 13-86 所示，单击删除锚点。选择直线段工具 ╱，按住 Shift 线并绘制 3 条竖线，以皮肤色作为描边颜色，如图 13-87 所示。

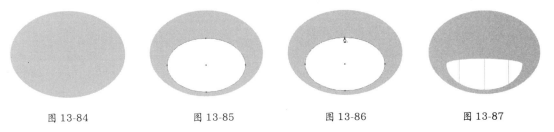

图 13-84          图 13-85          图 13-86          图 13-87

**02** 使用钢笔工具绘制眼睛，填充粉红色，如图 13-88 所示。使用椭圆工具，按住 Shift 键并绘制一个正圆形，如图 13-89 所示。

**03** 在脸颊左侧绘制一个圆形，填充径向渐变，如图 13-90 和图 13-91 所示。

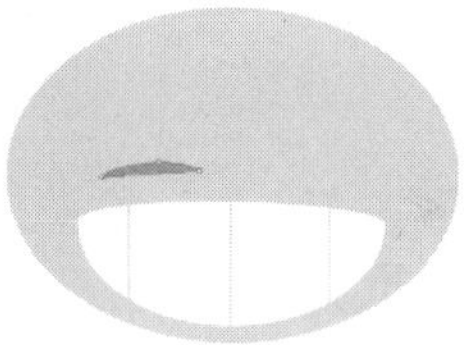
图 13-88

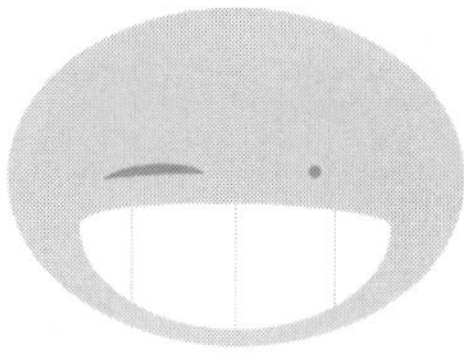
图 13-89

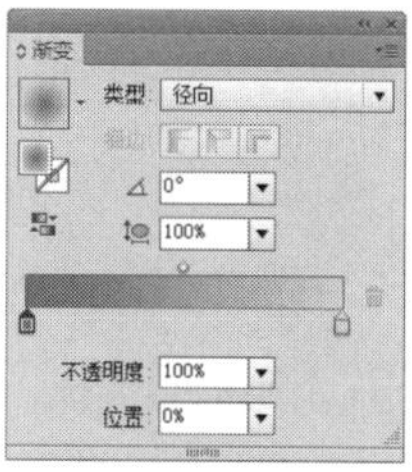

图 13-90

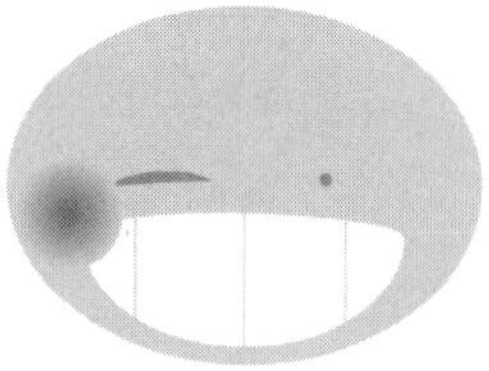
图 13-91

**04** 单击浅粉色的渐变滑块，将它的不透明度设置为 0%，如图 13-92 和图 13-93 所示。使用选择工具，按住 Shift+Alt 键并向右拖曳图形，进行复制，如图 13-94 所示。

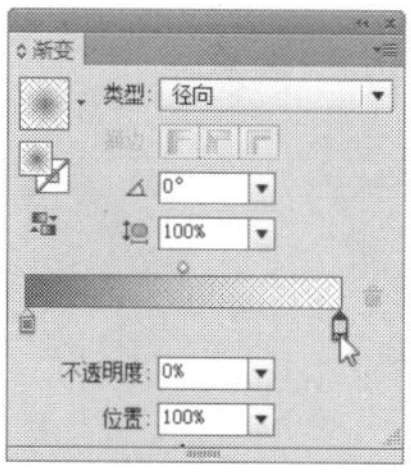

图 13-92

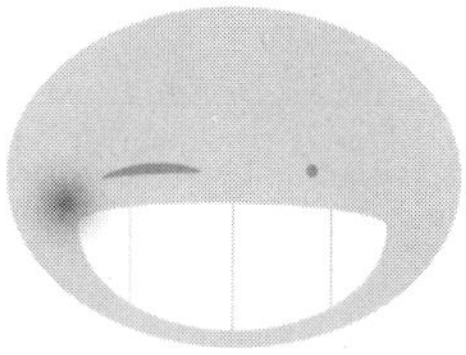
图 13-93

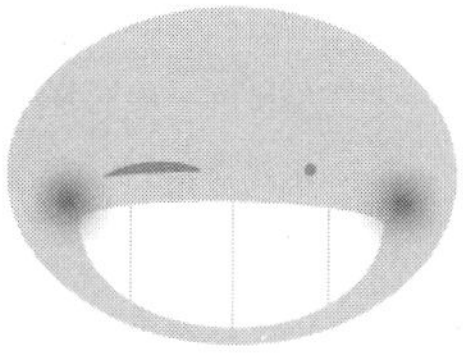
图 13-94

**05** 使用钢笔工具绘制耳朵，如图 13-95 所示。再绘制一个小一点的耳朵图形，填充线性渐变，如图 13-96 和图 13-97 所示。

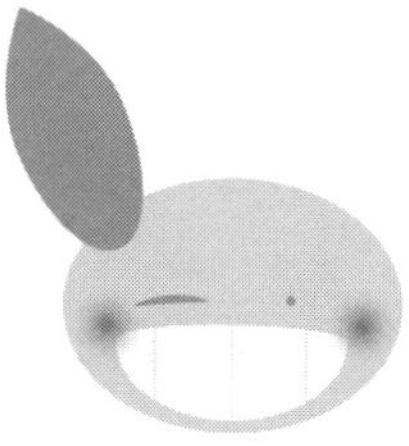
图 13-95

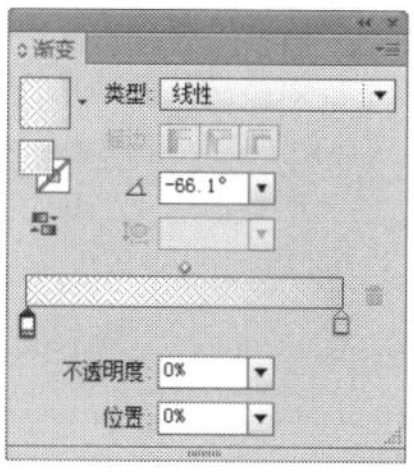

图 13-96

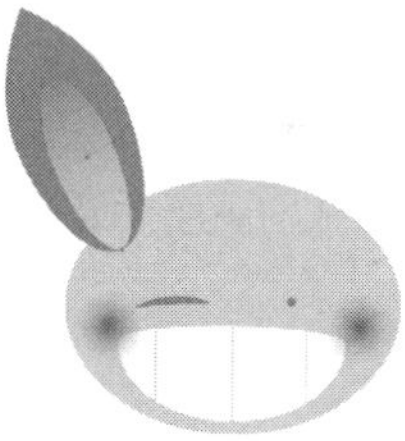
图 13-97

**06** 选取这两个耳朵图形，选择镜像工具，按住 Alt 键并在面部的中心单击，以该点为镜像中心，同时弹出“镜像”对话框，选择“垂直”选项，单击“复制”按钮，如图 13-98 所示，复制出的耳朵图形正好位于画面右侧，如图 13-99 所示。选取耳朵图形，按 Shift+Ctrl+[ 快捷键，将其移至底层，如图 13-100 所示。

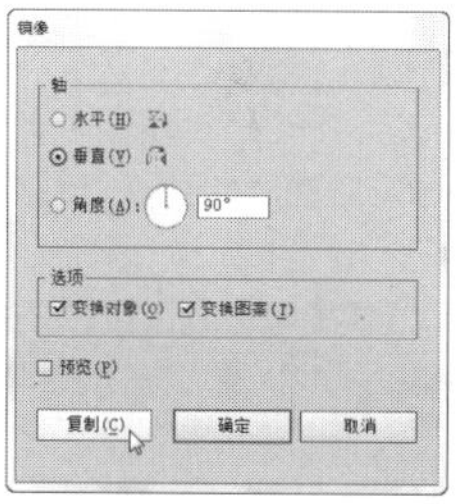

图 13-98

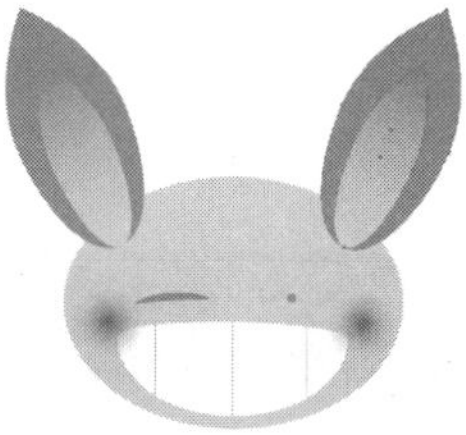
图 13-99

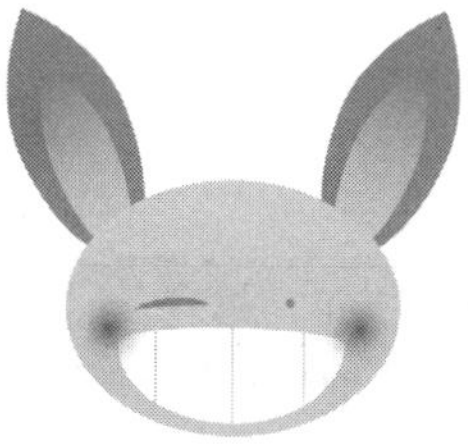
图 13-100

**07** 使用钢笔工具绘制身体，如图 13-101 所示。按住 Ctrl 键切换为选择工具，选取整条路径，选择镜像工具，将光标放在路径的起始点，如图 13-102 所示，按住 Alt 键并单击，弹出“镜像”对话框，选择“垂直”选项，单击“复制”按钮，复制并镜像路径，如图 13-103 所示。

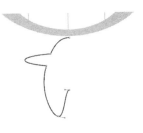

图 13-101

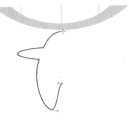

图 13-102

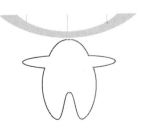

图 13-103

**08** 使用直接选择工具 ▶，绘制一个小的矩形框，选取两条路径上方的锚点，单击控制面板中的连接所选终点按钮 ，再选取两条路径结束点的锚点进行连接，形成一个完全对称的图形，如图 13-104 所示，填充粉红色，无描边颜色，如图 13-105 所示。

**09** 使用选择工具 ▶，按住 Shift 键并单击面部椭圆形、两个耳朵和身体图形，将其选中，按住 Alt 键并拖曳到画面空白处，复制这几个图形，如图 13-106 所示。单击"路径查找器"面板中的 按钮，将图形合并在一起，如图 13-107 所示。

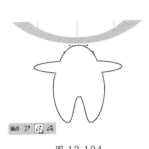

图 13-104

图 13-105

图 13-106

图 13-107

**10** 按 Shift+X 快捷键，将填充颜色转换为描边颜色。将图形缩小并复制，将复制后的图形的描边颜色设置为粉红色。使用矩形工具 绘制一个矩形，无填充与描边颜色，如图 13-108 所示。选取这 3 个图形，将其拖曳到"色板"中，创建为图案，如图 13-109 所示。创建一个矩形，填充该图案。如图 13-110 所示为用卡通形象和图案组合成的画面效果。

图 13-108

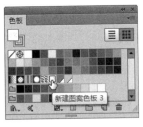

图 13-109

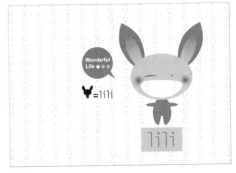

图 13-110

**13.11** **课堂练习：制作线条变幻动画**

**01** 新建一个文档。使用矩形工具 创建一个矩形，填充洋红色，如图 13-111 所示。单击"图层"面板底部的 按钮，新建一个图层，如图 13-112 所示。使用椭圆工具 创建一个椭圆形，设置描边为白色，宽度为 1pt，如图 13-113 所示。

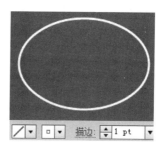

图 13-111        图 13-112        图 13-113

**02** 选择转换锚点工具 ，将光标放在椭圆上方的锚点上，如图 13-114 所示，单击，将其转换为角点，如图 13-115 所示。在下方锚点上也单击 1 次，如图 13-116 所示。

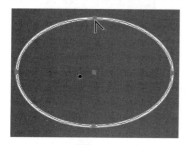
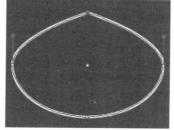
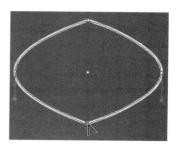

图 13-114        图 13-115        图 13-116

**03** 选择旋转工具 。将光标放在图形正下方，与其间隔大概一个图形的距离，如图 13-117 所示，按住 Alt 键并单击，弹出"旋转"对话框，设置角度为 60°，单击"复制"按钮，复制图形，如图 13-118 和图 13-119 所示。

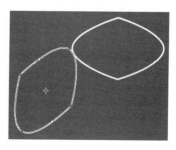

图 13-117        图 13-118        图 13-119

**04** 按 4 次 Ctrl+D 快捷键，复制出一组图形，如图 13-120 所示。使用选择工具 ，按住 Ctrl 键并单击这几个图形（不包括背景的矩形），将它们选中，按 Ctrl+G 快捷键编组。双击旋转工具 ，在弹出的对话框中设置角度为 90°，单击"复制"按钮，复制图形，如图 13-121 和图 13-122 所示。

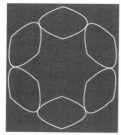

图 13-120        图 13-121        图 13-122

**05** 选择这两组图形，按 Ctrl+G 快捷键编组。按 Ctrl+C 快捷键复制，按 Ctrl+F 快捷键粘贴到前面。执行"效果 > 扭曲和变换 > 收缩和膨胀"命令，设置参数，如图 13-123 所示，效果如图 13-124 所示。

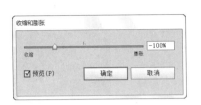

图 13-123　　　　　　　　　图 13-124

**06** 按 Ctrl+C 快捷键，复制这组添加了效果的图形，按 Ctrl+F 快捷键，粘贴到前面。打开"外观"面板，双击"收缩和膨胀"效果，如图 13-125 所示，在弹出的对话框中修改效果参数，如图 13-126 和图 13-127 所示。

图 13-125　　　　　　图 13-126　　　　　　图 13-127

**07** 采用相同的方法，再复制出 3 组图形，每复制出一组，便修改它的"收缩和膨胀"效果参数，如图 13-128 ～图 13-133 所示。最后两组图形可按住 Shift 键并拖曳定界框上的控制点，将图形适当缩小。

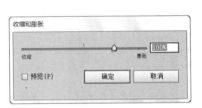

图 13-128　　　　　　图 13-129　　　　　　图 13-130

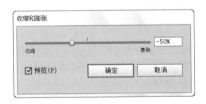

图 13-131　　　　　　图 13-132　　　　　　图 13-133

**08** 打开"图层"面板菜单，选择"释放到图层（顺序）"命令，将它们释放到单独的图层上，如图 13-134 和图 13-135 所示。

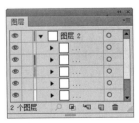

图 13-134　　　　　　　　图 13-135

**09** 执行"文件 > 导出"命令，打开"导出"对话框，在"保存类型"下拉列表中选择 Flash（*.SWF）选项，如图 13-136 所示；单击"导出"按钮，弹出"SWF 选项"对话框，在"导出为"下拉列表中选择"AI 图层到 SWF 帧"，如图 13-137 所示；单击"高级"按钮，显示高级选项，设置帧速率为 8 帧 / 秒，勾选"循环"选项，使导出的动画能够循环播放；勾选"导出静态图层"选项，并选择"图层 1"，使其作为背景出现，如图 13-138 所示；单击"确定"按钮导出文件。按照导出的路径，找到该文件，双击它即可播放该动画，可以看到画面中的线条不断变化，效果生动、有趣。

图 13-136

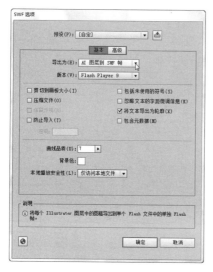

图 13-137

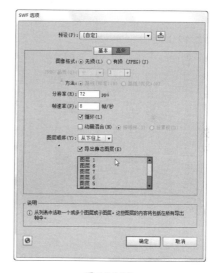

图 13-138

## 13.12 思考与练习

### 一、问答题

1. 图像描摹对象由哪些对象组成？

2. 如果对象不能直接转换为实时上色组，该怎样操作？

3. 当实时上色组中的表面或边缘不够用时，该怎样处理？

4. 当很多个图形都使用了一种或几种颜色，并且经常要修改这些图形的颜色时，有什么简便的方法？

5. 如果在一个动画文件中需要大量地使用一种图形，怎样操作可以减小文件占用的存储空间？

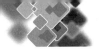

### 二、上机练习

#### 1. 制作名片和三折页

新建一个大小为 55mm×90mm、CMYK 模式的文档，如图 13-139 所示。将"13.9 课堂练习：飘逸的女孩"一节中的人物复制并粘贴到当前文件中，按 Ctrl+G 快捷键编组。在名片上输入姓名、职务、公司名称、地址、邮编、电话等信息。使用矩形工具 ▓ ，在画板左上角单击，打开"矩形"对话框，设置矩形的大小为 55mm×90mm，如图 13-140 所示，创建一个与画板大小相同的矩形。按 Shift+Ctrl+[ 快捷键，将矩形移动到底层。按 Ctrl+A 快捷键全选，单击控制面板中的水平居中对齐按钮 ♣ ，将人物和文字对齐到画面的中心，如图 13-141 所示。

图 13-139

图 13-140

图 13-141

制作好名片后，可以用它作为主要图形元素制作出三折页广告，如图 13-142 所示。

图 13-142

#### 2. 用符号制作滑雪动画

用如图 13-143 所示的素材制作滑雪者从山上向下滑行的动画。该图稿中包含两个图层，"图层 1"是雪山背景，"图层 2"中有 3 个不同的滑雪者，首先对这 3 个滑雪者进行混合（用"对象 > 混合 > 建立"命令操作），生成多个滑雪者，如图 13-144 所示。再执行"对象 > 混合 > 扩展"命令，扩展混合对象。然后执行"图层"面板菜单中的"释放到图层（顺序）"命令，将对象释放到单独的图层中，如图 13-145 所示，再用这些图形制作动画。为了减小文件大小，滑雪者已创建为符号了。

图 13-143

图 13-144

图 13-145

## 13.13　测试题

1. 在实时上色组中，可以上色的部分包括（　　）。

   A. 边缘　　　　　　B. 表面　　　　　　C. 锚点　　　　　　D. 路径

2. 创建实时上色组后，可以在（　　）面板中设置颜色，再用实时上色工具为对象填色。

   A. 颜色　　　　　　B. 色板　　　　　　C. 渐变　　　　　　D. 图案选项

3. 如果要同时对多个表面上色，可以使用实时上色选择工具按住（　　）键单击这些表面，将它们选中，再单击进行填色。

   A. Ctrl　　　　　　B. Alt　　　　　　　C. Shift　　　　　　D. Ctrl+ Shift

4. 使用（　　）可以选择实时上色组内的路径。

   A. 实时上色选择工具　　　　　　　　　B. 直接选择工具

   C. 编组选择工具　　　　　　　　　　　D. 选择工具

5. 使用"对象 > 实时上色 > 释放"命令释放实时上色组时，对象会变为（　　）黑色描边、无填色的普通路径。

   A. 0.25 pt　　　　　B. 0.5pt　　　　　　C. 0.75 pt　　　　　D. 1 pt

6. 印刷色由（　　）按照不同的百分比混合而成。

   A. 青色　　　　　　B. 洋红色　　　　　C. 黄色　　　　　　D. 黑色

# 第14章

## 经典解码：综合实例

**14.1 折叠彩条字**

**01** 选择文字工具 **T**，按 Ctrl+T 快捷键，打开"字符"面板，设置字体和大小，如图 14-1 所示，在画板中输入文字，如图 14-2 所示。

图 14-1　　　　　　　　　　　　　　　　图 14-2

**02** 双击工具面板中的倾斜工具 **ㄆ**，打开"倾斜"对话框，设置倾斜角度为 38°，如图 14-3 和图 14-4 所示。

图 14-3　　　　　　　　　　　　　　　　图 14-4

**03** 按 Shift+Ctrl+O 快捷键，将文字转化为轮廓，再按 Shift+Ctrl+G 快捷键取消编组，如图 14-5 所示。使用选择工具 **ʞ** 选取字母，分别填充橙黄色、蓝色和绿色，如图 14-6 所示。

图 14-5　　　　　　　　　　　　　　　　图 14-6

**04** 按住 Alt 键并向右拖曳字母"P"进行复制，如图 14-7 所示；按住 Shift 键并拖曳定界框的一角，将文字等比缩小，再适当调整位置，如图 14-8 所示。

**05** 使用直接选择工具 **ʞ** 单击文字下方的路径段，如图 14-9 所示，向左下方拖曳鼠标，直到与另一字母的底边对齐，如图 14-10 所示；将填充颜色设置为黄色，如图 14-11 所示。

图 14-7　　　　图 14-8　　　　图 14-9　　　　图 14-10　　　　图 14-11

**06** 使用矩形工具 **▬** 创建两个矩形，宽度与字母的笔画一致，双击渐变工具 **▬**，打开"渐变"面板并调整颜色，分别以橙色和黄色渐变填充矩形，如图 14-12 ～图 14-14 所示。

图 14-12      图 14-13      图 14-14

**07** 再来制作字母"L"的折叠效果。绘制 3 个矩形，填充蓝色渐变，如图 14-15 和图 14-16 所示。选取第 2 和第 3 个矩形，连续按 Ctrl+[ 快捷键，将其向下移动，直到移至字母"L"下方，如图 14-17 所示。

**08** 使用选择工具 ，单击选取字母"L"，按住 Alt 键并向右拖曳鼠标，进行复制。将字母填充黄色，按住 Shift 键并拖曳定界框的右下角，将字母等比放大，如图 14-18 所示。绘制矩形表现折叠效果，并填充略深一些的黄色渐变，如图 14-19 所示。

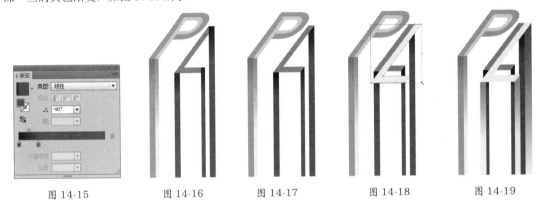

图 14-15    图 14-16    图 14-17    图 14-18    图 14-19

**09** 采用相同的方法制作字母"A"的折叠效果，如图 14-20 所示。使用直接选择工具 ，选取矩形左下角的锚点，如图 14-21 所示，将锚点向上拖曳（按住 Shift 键可以保持垂直方向），如图 14-22 和图 14-23 所示。

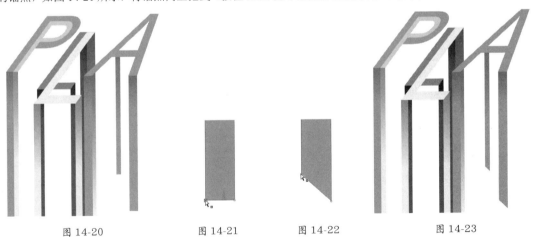

图 14-20    图 14-21    图 14-22    图 14-23

**10** 绘制水平方向的矩形，用同样的方法调整锚点，效果如图 14-24 所示。

**11** 选取字母"A"，按住 Shift+Alt 键并向右拖曳鼠标进行复制，如图 14-25 所示。使用直接选择工具 调整锚点的位置，效果如图 14-26 所示。

图 14-24　　　　　　　　　　　图 14-25　　　　　　　　图 14-26

**12** 绘制字母下方的折叠图形，如图 14-27 所示。制作字母"Y"的折叠效果时，要将第 2 和第 3 个绿色矩形移至底层（按 Shift+Ctrl+[ 快捷键），如图 14-28 所示。

图 14-27　　　　　　　　　　　　　　　图 14-28

**13** 复制字母"Y"，制作折叠字效果，如图 14-29 所示。

图 14-29

**14** 使用钢笔工具 ，在字母笔画的交叠处绘制图形，如图 14-30 所示。填充黑色到透明渐变，在设置该渐变时，将两个滑块都设置为黑色，单击右侧滑块，设置不透明度为 0%，如图 14-31 所示，效果如图 14-32 所示。

图 14-30　　　　　　　　图 14-31　　　　　　　　图 14-32

**15** 在其他字母上也制作出笔画交叠的效果。绘制一个与画面大小相同的矩形作为背景，填充浅灰色，并在画面右下方输入文字，效果如图 14-33 所示。

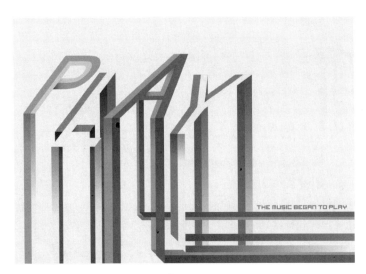

图 14-33

## 14.2 圆环特效

**01** 新建一个大小为297mm×210mm、CMYK 模式的文件。使用椭圆工具 ⬭ 创建两个椭圆形。将它们选中，单击"对齐"面板中的 ⬕ 按钮和 ⬕ 按钮，进行中心对齐，如图 14-34 所示。将小一点的圆形向上移动，如图 14-35 所示，以便制作成圆环后可以产生近大远小的透视效果。

**02** 单击"路径查找器"面板中的 ⬚ 按钮，两个圆形相减后可以得到一个圆环，为其填充径向渐变和白色描边，如图 14-36 和图 14-37 所示。

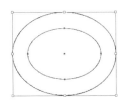

图 14-34

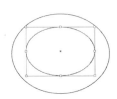

图 14-35

图 14-36

图 14-37

**03** 按住 Alt 键并向上拖曳环形进行复制，选择位于下面的图形，将填充颜色改为土黄色，无描边颜色，如图 14-38 所示。选择位于上面的环形，执行"效果 > 风格化 > 投影"命令，设置参数，如图 14-39 所示，效果如图 14-40 所示。按 Ctrl+A 快捷键全选，按 Ctrl+G 快捷键编组。

图 14-38

图 14-39

图 14-40

**04** 复制编组后的圆环，使用直接选择工具 ⬚ 选择填充了黄色渐变的圆环，调整其颜色，如图 14-41 和图 14-42 所示。

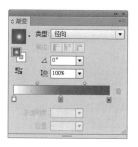

图 14-41　　　　　　　　　　　　　　　　图 14-42

**05** 选择黄色圆环，单击"符号"面板中的 ![] 按钮，在打开的对话框中设置名称为"黄色环形"，如图 14-43 所示，单击"确定"按钮，创建符号。用同样的方法将红色环形也创建为符号，如图 14-44 所示。

**06** 创建一个与画板大小相同的矩形，填充线性渐变，如图 14-45 所示。使用极坐标网格工具 ![] 创建网格图形，如图 14-46 所示。

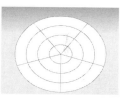

图 14-43　　　　　　图 14-44　　　　　　图 14-45　　　　　　图 14-46

**07** 单击"路径查找器"面板中的 ![] 按钮，将网格图形分割成块。使用直接选择工具 ![]，选取图形并重新填色，设置描边颜色为灰色，粗细为 1pt，如图 14-47 所示。

**08** 执行"效果 >3D> 旋转"命令，设置参数，如图 14-48 所示，将图形放大，如图 14-49 所示。创建一个与画板大小相同的矩形，单击"图层"面板中的 ![] 按钮，创建剪切蒙版，将画板外的图形隐藏，如图 14-50 所示。

图 14-47　　　　　　图 14-48　　　　　　图 14-49　　　　　　图 14-50

**09** 创建一个椭圆形，填充径向渐变，如图 14-51 所示，设置其混合模式为"正片叠底"，如图 14-52 和图 14-53 所示。

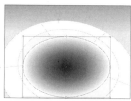

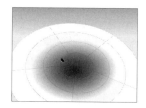

图 14-51　　　　　　　图 14-52　　　　　　　图 14-53

**10** 按住 Ctrl+Alt 键，拖曳网格图形进行复制，将其适当放大，无填充颜色，如图 14-54 所示。再次复制网格图形并放大，设置描边粗细为 50pt，不透明度为 25%，如图 14-55 所示。

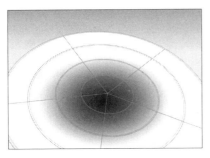
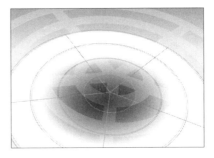

图 14-54　　　　　　　　　　　　　　　　　图 14-55

**11** 锁定"图层 1"，新建"图层 2"，如图 14-56 所示。单击"符号"面板中的"黄色环形"符号，使用符号喷枪工具，由下至上拖曳鼠标创建一组符号，如图 14-57 所示。

**12** 使用符号紧缩器工具，在符号组上拖曳鼠标，将符号聚拢在一条垂线上，如图 14-58 所示。使用符号移位器工具，移动符号的位置，按 [ 键，将工具的直径调小，再对个别符号的位置做出调整，如图 14-59 所示。

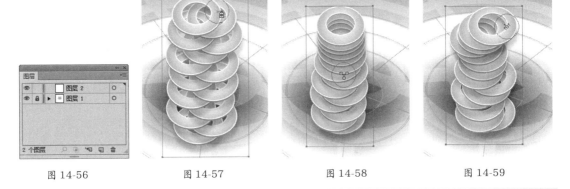

图 14-56　　　　　　　图 14-57　　　　　　　图 14-58　　　　　　　图 14-59

**提示**

使用符号紧缩器工具时，按住 Alt 键并拖曳符号，可以增加符号间距，使其远离光标所在的位置。

**13** 使用符号缩放器工具，按住 Alt 键并在符号上单击，将符号缩小，如图 14-60 所示。将前景色设置为棕红色，使用符号着色器工具，在符号上单击，改变符号的颜色，如图 14-61 所示。进一步调整符号的大小、位置和颜色，再将符号组缩小，如图 14-62 所示。

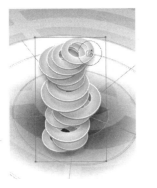

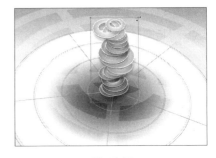

图 14-60　　　　　　　　　图 14-61　　　　　　　　　图 14-62

**14** 再创建一组符号，注意符号的大小和摆放位置，应体现出空间感与层次感，如图 14-63 所示。复制符号组，使用符号着色器工具修改符号的颜色，按 Shift+Ctrl+[ 快捷键将其移至底层，将符号组缩小，如图 14-64 所示。

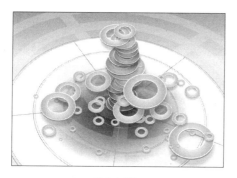 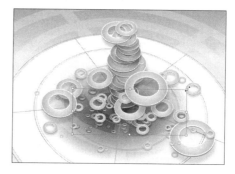

图 14-63　　　　　　　　　　　　　　　图 14-64

**15** 选择"符号"面板中的"红色环形"符号，在画面中创建一组符号，如图 14-65 所示。继续在画面中添加符号，将符号改为绿色，如图 14-66 所示。

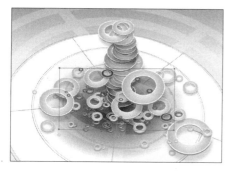 

图 14-65　　　　　　　　　　　　　　　图 14-66

**16** 新建一个图层。创建一个椭圆形，填充径向渐变，如图 14-67 所示。设置其混合模式为"颜色加深"，不透明度为 60%，如图 14-68 和图 14-69 所示。

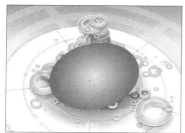  

图 14-67　　　　　　　　图 14-68　　　　　　　　图 14-69

**17** 复制圆形，由于其设置了"颜色加深"模式，符号的颜色也会变得更加鲜亮，呈现玻璃镜面一样的光洁质感，如图 14-70 所示。使用文字工具 **T** 输入文字，完成后的效果如图 14-71 所示。

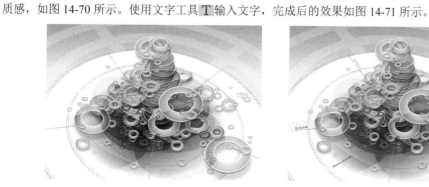

图 14-70　　　　　　　　　　　　　　　图 14-71

## 14.3　幻想艺术插画

### 14.3.1　制作蒙版

**01** 打开相关素材，如图 14-72 所示。使用钢笔工具 🖊，沿人物轮廓绘制图形，如图 14-73 所示。

**02** 按 Ctrl+A 快捷键全选，打开"透明度"面板，单击"制作蒙版"按钮，创建不透明度蒙版，如图 14-74 所示。设置对象的混合模式为"明度"，如图 14-75 所示。

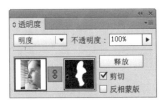

图 14-72　　　　　　图 14-73　　　　　　图 14-74　　　　　　　图 14-75

### 14.3.2　制作飘带

**01** 在"图层 1"下面新建一个图层，如图 14-76 所示。使用钢笔工具 🖊 绘制两条飘带，如图 14-77 所示。

**02** 在人物的额头上绘制一组图形，如图 14-78 ～图 14-80 所示。将这组图形选取，按 Ctrl+G 快捷键编组。

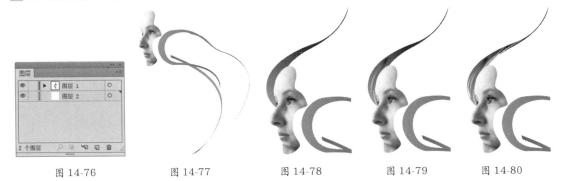

图 14-76　　　　　　图 14-77　　　　　　图 14-78　　　　　　图 14-79　　　　　　图 14-80

**03** 使用选择工具 ▶，按住 Alt 键并拖曳图形进行复制，如图 14-81 所示。保持图形的选中状态，使用变形工具 🔧 涂抹，对其进行扭曲处理，如图 14-82 所示。采用相同的方法复制并扭曲图形，如图 14-83 所示。

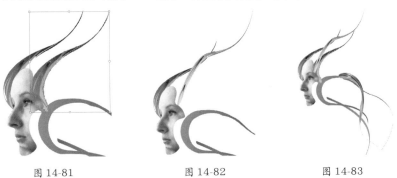

图 14-81　　　　　　　图 14-82　　　　　　　图 14-83

**04** 使用钢笔工具 ✍ 绘制一个图形，填充线性渐变，如图 14-84 所示。在其上面再绘制一个图形，如图 14-85 所示。将这两个图形选中，按 Ctrl+G 快捷键编组。

<table>
<tr><td>图 14-84</td><td>图 14-85</td></tr>
</table>

**提示**

在前面的操作中，已经将蒙版对象的混合模式设置为"明度"，在该模式下，飘带图形与人物重叠的部分会改变人物的色相和饱和度，但不会遮盖人物。

**05** 选择旋转工具 ↻，将光标放在图形的左侧，如图 14-86 所示，按住 Alt 键并单击，打开"旋转"对话框，设置角度为 10°，单击"复制"按钮复制图形，如图 14-87 所示。保存选中状态，连续按 Ctrl+D 快捷键复制出多个图形，如图 14-88 所示。

图 14-86              图 14-87              图 14-88

**06** 使用钢笔工具 ✍ 绘制一些飘带，如图 14-89 ～图 14-92 所示。

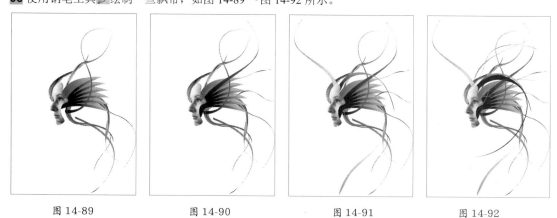

图 14-89              图 14-90              图 14-91              图 14-92

**07** 在"图层 1"上面新建一个图层，将"图层 2"隐藏，如图 14-93 所示。使用钢笔工具 ✍ 绘制一组图形，如图 14-94 ～图 14-96 所示。将这些图形选中，按 Ctrl+G 快捷键编组。

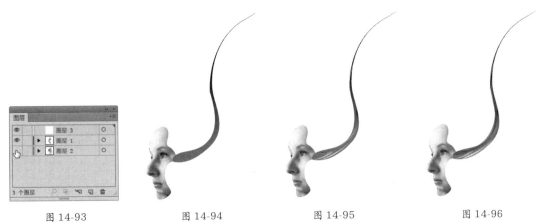

图 14-93　　　　　　　图 14-94　　　　　　　图 14-95　　　　　　　图 14-96

**08** 使用选择工具 ▶，按住 Alt 键并拖曳图形进行复制。保持图形的选中状态，使用变形工具 ✍ 进行扭曲，如图 14-97 所示。采用相同的方法复制并扭曲图形，如图 14-98 所示。使用钢笔工具 ✍ 绘制一条蓝色的飘带，如图 14-99 所示。

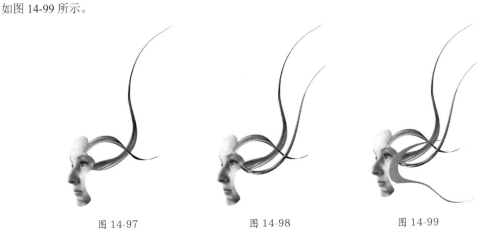

图 14-97　　　　　　　　　图 14-98　　　　　　　　　图 14-99

**09** 复制几组飘带图形，使用变形工具 ✍ 扭曲，如图 14-100 所示。绘制一条蓝色的飘带，如图 14-101 所示，在其上面复制一组飘带并适当扭曲，如图 14-102 所示。

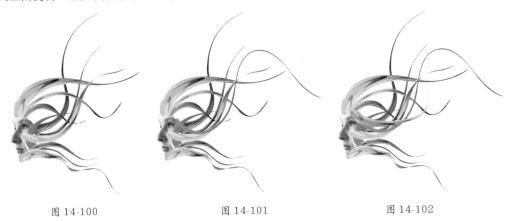

图 14-100　　　　　　　　图 14-101　　　　　　　　图 14-102

### 14.3.3　制作背景

**01** 将"图层 2"显示出来，如图 14-103 和图 14-104 所示。新建一个图层，如图 14-105 所示，创建一个与画板大小相同的矩形，填充线性渐变，如图 14-106 所示。

图 14-103　　　　　　　　图 14-04　　　　　　　图 14-105　　　　　　　图 14-106

**02** 在"图层"面板顶部新建一个图层。用文字工具 T 输入两行文字，如图 14-107 和图 14-108 所示。

图 14-107　　　　　　　　　　　　图 14-108

## 14.4　设计扁平化 UI 图标

**01** 打开相关素材，如图 14-109 所示。手机所在图层处于锁定状态，如图 14-110 所示。下面将在"图层 2"中绘制图标。

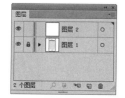

图 14-109　　　　　　　　　　图 14-110

**提示**

图标的设计要以恰当的元素将词语转换为图形，让用户容易理解，体现出要表达的功能信息或操作提示。同时图标还应兼顾美观与功能性，带给用户成功的操作体验。

**02** 先绘制一个拟人化的音符图标。使用铅笔工具 🖉 绘制一个图形，填充深红色，无描边颜色，如图 14-111 所示。使用椭圆工具 ⬭ ，按住 Shift 键并绘制一大一小两个正圆形，作为眼睛，如图 14-112 所示，绘制眼珠，如图 14-113 所示。

图 14-111　　　　　　　图 14-112　　　　　　　图 14-113

**03** 使用铅笔工具 🖉 绘制嘴巴，如图 14-114 所示。使用钢笔工具 🖋 绘制牙齿及头上的图形，组成一个卡通音符，如图 14-115 和图 14-116 所示。再绘制几条波浪线作为乐谱。使用矩形工具 ▦ 创建一个矩形，按 Shift+Ctrl+[ 快捷键，将矩形移至底层，如图 14-117 所示。

图 14-114　　　　　　图 14-115　　　　　　图 14-116　　　　　　图 14-117

**04** 使用选择工具 ▸ 选择矩形，按住 Alt 键并拖曳进行复制，使用圆角矩形工具 ▢ 在其上面分别绘制 3 个圆角矩形（绘制过程中按住 ↑ 键增加圆角半径），如图 14-118 和图 14-119 所示。使用矩形工具 ▦ 绘制一个矩形，组成一个麦克风，如图 14-120 所示。

图 14-118　　　　　　　图 14-119　　　　　　　图 14-120

**05** 使用铅笔工具 🖉 绘制两条手臂，如图 14-121 所示；使用钢笔工具 🖋 绘制麦克风上的纹路，如图 14-122 所示。使用选择工具 ▸ 选取音乐符号上的眼睛和嘴巴图形，复制到麦克风上，调整大小和位置，如图 14-123 所示。选取组成麦克风的所有图形，包括作为背景的矩形，按 Ctrl+G 快捷键编组。

图 14-121　　　　　　　图 14-122　　　　　　　图 14-123

**06** 用同样的方法绘制影片、邮件、日历、记事本、照明、天气及旅游等图标，并将它们逐一编组，如图 14-124 所示。将图形全选，通过控制面板中的对齐与分布按钮将图标排列整齐，然后移动到手机屏幕上，如图 14-125 所示。

**07** 绘制一个矩形，如图 14-126 所示。使用选择工具 ![]，按住 Shift+Alt 键并向下拖曳鼠标进行复制，调整图形高度，填充深红色，如图 14-127 所示。继续复制矩形，分别填充橙色、土黄色、绿色等，如图 14-128 所示。

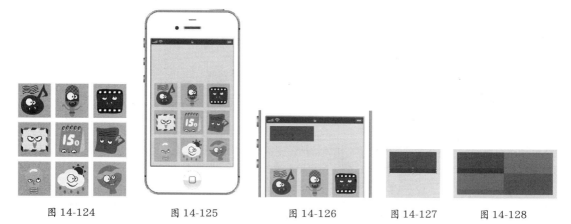

| 图 14-124 | 图 14-125 | 图 14-126 | 图 14-127 | 图 14-128 |

**08** 使用文字工具 **T** 输入文字，在控制面板中设置字体及大小。温度和时间为主要显示的文字，字体大小分别为 40 和 30pt，"℃"为 16pt，右侧的文字为 12pt，如图 14-129 所示。绘制出其他图标，如图 14-130 所示，完成后的效果如图 14-131 所示。解除"图层 1"的锁定，使用编组选择工具 ![] 选取手机面板图形，尝试填充不同的渐变颜色，如图 14-132 和图 14-133 所示。

| 图 14-129 | 图 14-130 |

| 图 14-131 | 图 14-132 | 图 14-133 |

## 14.5　设计纽扣风格 UI 图标

### 14.5.1　制作图标

**01** 选择椭圆工具 ![]，在画板中单击，弹出"椭圆"对话框，设置圆形的大小，如图 14-134 所示，单击"确定"按钮，创建一个圆形，设置描边颜色为深绿色，无填充颜色，如图 14-135 所示。

**02** 执行"效果>扭曲和变换>波纹效果"命令,设置参数,如图14-136所示,使平滑的路径产生有规律的波纹,如图14-137所示。

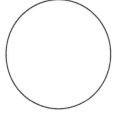

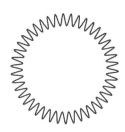

图 14-134　　　　　　图 14-135　　　　　　图 14-136　　　　　　图 14-137

**03** 按Ctrl+C快捷键复制该图形,按Ctrl+F快捷键粘贴到前面,将描边颜色设置为浅绿色,如图14-138所示。使用选择工具 ▶,将光标放在定界框的一角,拖曳鼠标将图形旋转,如图14-139所示,两个波纹图形错开后,一深一浅的搭配使图形产生厚度感。

**04** 使用椭圆工具 ◯,按住Shift键并创建一个圆形,填充线性渐变,如图14-140和图14-141所示。

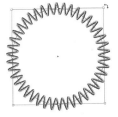

图 14-138　　　　　　图 14-139　　　　　　图 14-140　　　　　　图 14-141

**05** 执行"效果>风格化>投影"命令,设置参数,如图14-142所示,为图形添加投影效果,产生立体感,如图14-143所示。

图 14-142　　　　　　　　　　图 14-143

**06** 再创建一个圆形,如图14-144所示。执行"窗口>图形样式库>纹理"命令,打开该面板,选择"RGB石头3"纹理,如图14-145和图14-146所示。

图 14-144　　　　　　图 14-145　　　　　　图 14-146

**07** 设置该图形的混合模式为"柔光",使纹理图形与绿色渐变图形融合到一起,如图14-147和图14-148所示。

**08** 在画面空白处分别创建一大、一小两个圆形，如图 14-149 所示。选取这两个圆形，分别单击 "对齐" 面板中的▥按钮和▥按钮，将图形对齐，再单击 "路径查找器" 中的▥按钮，让大圆与小圆相减，形成一个环形，填充深绿色，如图 14-150 所示。

  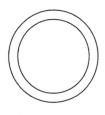 

图 14-147 　　　　图 14-148 　　　　图 14-149 　　　　图 14-150

**09** 执行 "效果 > 风格化 > 投影" 命令，为图形添加投影效果，如图 14-151 和图 14-152 所示。

图 14-151 　　　　　　　　图 14-152

**10** 选择一开始制作的波纹图形，复制后粘贴到最前面，设置描边颜色为浅绿色，描边粗细为 0.75pt，如图 14-153 所示。打开 "外观" 面板，双击 "波纹效果"，如图 14-154 所示，弹出 "波纹效果" 对话框，修改参数，使波纹变得细密，如图 14-155 和图 14-156 所示。

图 14-153 　　　　图 14-154 　　　　图 14-155 　　　　图 14-156

---

**提示**

当大小相近的图形重叠排列时，要选取位于最下方的图形似乎不太容易，尤其是某个图形设置了投影或外发光等效果，那么它就比其他图形大了许多，无论你需要与否，在选取图形时总会将这样的图形选中。遇到这种情况时，可以单击 "图层" 面板中的▶按钮，将图层展开显示出子图层，要选择哪个图形，在其子图层的最后面单击即可。

---

**11** 按 Ctrl+F 快捷键，再次粘贴波纹图形，设置描边颜色为嫩绿色，描边粗细为 0.4pt，再调整其波纹效果参数，如图 14-157 和图 14-158 所示。

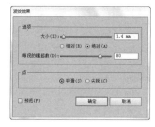 

图 14-157 　　　　　　　　图 14-158

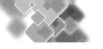
**12** 再创建一个小一点的圆形，设置描边颜色为浅绿色，如图 14-159 所示。单击"描边"面板中的圆头端点按钮 ⊑ 和圆角连接按钮 ⌐，勾选"虚线"选项，设置虚线参数为 3pt，间隙参数为 4pt，如图 14-160 和图 14-161 所示，制作出缝纫线的效果。

图 14-159                    图 14-160                    图 14-161

**13** 执行"效果>风格化>外发光"命令，设置参数如图 14-162 所示，使缝纫线产生立体感，如图 14-163 所示。

图 14-162                    图 14-163

**提示**

制作到这里，需要将图形全部选中，在"对齐"面板中将它们进行垂直与水平方向的居中对齐。

## 14.5.2　制作立体高光图形

**01** 打开"符号"面板，单击右上角的 按钮，打开面板菜单，选择"打开符号库>网页图标"命令，加载该符号库，选择"短信"符号，如图 14-164 所示，将其拖曳到画板中，如图 14-165 所示。

**02** 单击"符号"面板底部的 按钮，断开符号的链接，使符号成为单独的图形，如图 14-166 和图 14-167 所示。符号断开链接变成图形后，还需要按 Ctrl+G 快捷键将图形编组。

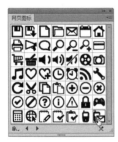

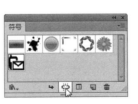

图 14-164                    图 14-165                    图 14-166                    图 14-167

**03** 按 Ctrl+C 快捷键复制该图形。设置图形的混合模式为"柔光"，如图 14-168 和图 14-169 所示。

**04** 按 Ctrl+F 快捷键粘贴图形，设置描边颜色为白色，描边粗细为 1.5pt，无填充颜色。设置混合模式为"叠加"，如图 14-170 和图 14-171 所示。

图 14-168　　　　　　图 14-169　　　　　　图 14-170　　　　　　图 14-171

**05** 执行"效果＞风格化＞投影"命令，设置参数，如图 14-172 所示，使图形产生立体感，如图 14-173 所示。打开相关素材，拖入图标文档中，放在底层作为背景。用相同的方法，为图标填充不同的颜色，制作出更多的彩色图标，如图 14-174 所示。

图 14-172　　　　　　　图 14-173　　　　　　　　　图 14-174

## 14.6　超写实肖像

### 14.6.1　绘制面部

**01** 新建一个大小为 203mm×260mm、RGB 模式的文件。创建一个与画板大小相同的矩形，填充黑色作为背景。使用钢笔工具 ✍ 绘制人物的轮廓，如图 14-175 所示。在"图层"面板中将人物分为"皮肤""五官"和"头发"3 部分，每部分放在一个单独的图层中，并使图层名称与内容相对应，如图 14-176 所示。

图 14-175　　　　　　　　　　图 14-176

**02** 先进行皮肤颜色的设置，为了不影响其他图层，可以将它们锁定。另外，头发图形遮挡了脸颊，先将其隐藏。皮肤部分由 3 个图形组成，分别是面部、颈部和肩部，如图 14-177 所示。为皮肤着色，无描边颜色，面部和肩部用不同颜色进行填充，颈部则使用渐变颜色填充，如图 14-178 和图 14-179 所示。

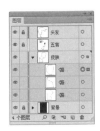

图 14-177

图 14-178

图 14-179

**03** 在制作面部明暗效果之前，将颈部和肩部所在的子图层锁定，先从面部的暗部区域着手。选择网格工具 [图]，在眼窝处单击添加网格点，设置为棕黑色，如图 14-180 所示。该网格点使脸上的大部分区域变暗，而我们只是要将眼窝的凹陷效果表现出来即可，因此，在这个网格点周围再添加 4 个网格点，使用接近皮肤的颜色进行着色，如图 14-181 所示，其中眉骨处的网格点颜色最浅。

**提示**

如果已经选择了网格点，但是无法设置网格点的颜色，可以按 X 键，将当前的编辑状态切换到填充模式。

**04** 再来表现另一处眼窝，同样先添加一个深色网格点，如图 14-182 所示，在其旁边也就是鼻梁处添加一个浅色网格点，如图 14-183 所示。继续添加网格点，表现出嘴部和颧骨的效果，可以移动网格点的位置，使颜色的表现更加准确到位，如图 14-184 所示。

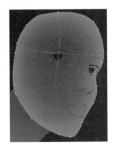

图 14-180

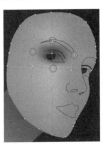

图 14-181

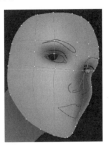

图 14-182

图 14-183

图 14-184

**05** 选择套索工具 [图]，通过绘制选区的方式选择面部边缘的网格点，使用赭石颜色进行着色，如图 14-185 所示。进一步刻画面部细节，表现颧骨、鼻梁和眼窝等处的明暗效果，通过移动网格点的位置来改变明暗区域的形状，如图 14-186 所示。

**06** 鼻子的塑造比较复杂，网格点也较为密集，如图 14-187 所示，要恰当地安排网格点的位置以体现出鼻子的结构，网格点的颜色设置也很重要，以能够更好地表现鼻子的明暗与虚实变化为准。完成面部的网格效果，如图 14-188 所示。为了使网格图形不至于太复杂，鼻孔部分可以使用图形来单独表现。选择颈部图形，执行"效果 > 风格化 > 羽化"命令，设置参数，如图 14-189 所示，使图形边缘变得柔和。

图 14-185

图 14-186

图 14-187

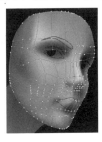

图 14-188

图 14-189

**07** 执行"效果 > 风格化 > 内发光"命令，设置发光颜色和参数，如图 14-190 所示，使颈部图形的颜色有所变化，如图 14-191 所示。使用网格工具  编辑肩部图形，效果如图 14-192 所示。

图 14-190        图 14-191        图 14-192

## 14.6.2 绘制眼睛

**01** 选择"五官"图层，将"皮肤"图层锁定，如图 14-193 所示。选择眼睛图形，调整渐变颜色，如图 14-194 所示。执行"效果 > 风格化 > 羽化"命令，设置参数，如图 14-195 所示，效果如图 14-196 所示。

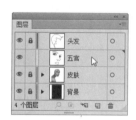

图 14-193      图 14-194      图 14-195      图 14-196

**02** 将眼白图形填充为灰色，如图 14-197 所示。使用网格工具  表现颜色的变化，如图 14-198 所示。

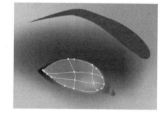

图 14-197          图 14-198

**03** 基于眼白图形绘制一个位置略靠下的图形，填充线性渐变，如图 14-199 和图 14-200 所示，按 Ctrl+[ 快捷键，将该图形后移一层，仅在眼白下面露出一圈较亮的部分，效果如图 14-201 所示。

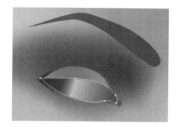
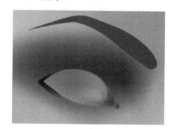

图 14-199        图 14-200        图 14-201

**04** 画出上眼睑，填充黑色，按 Alt+Shift+Ctrl+E 快捷键打开"羽化"对话框，设置羽化半径为 0.53mm，效果如图 14-202 所示。制作眼球时使用了网格工具 ，在黑色的眼球图形中间单击，设置网格点为灰绿色，如图 14-203 所示。创建一个黑色的圆形，添加羽化效果，设置羽化半径为 1.15mm，如图 14-204 所示。

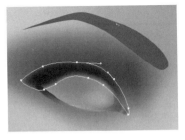
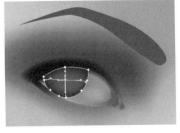
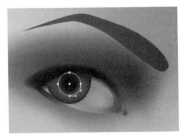

图 14-202　　　　　　图 14-203　　　　　　图 14-204

**05** 用极坐标网格工具 ⊛ 创建一个网格图形，描边颜色为白色，粗细为 0.1pt，无填充颜色，如图 14-205 所示。使用直接选择工具 ▷ 选择最外面的椭圆形路径，如图 14-206 所示，按 Delete 键删除，将该图形选中，在"透明度"面板中设置混合模式为"叠加"，如图 14-207 所示。

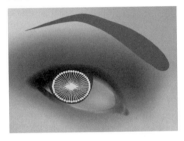

图 14-205　　　　　　图 14-206　　　　　　图 14-207

**06** 绘制一个白色的圆形作为眼球的高光，添加"羽化"效果（参数为 0.3mm）。绘制睫毛形成的暗部区域（羽化半径为 0.5mm），效果如图 14-208 所示。将双眼皮部分用渐变颜色填充，如图 14-209 和图 14-210 所示。

图 14-208　　　　　　图 14-209　　　　　　图 14-210

**07** 再绘制一个图形来表现双眼皮的高光，填充线性渐变，如图 14-211 和图 14-212 所示。

图 14-211　　　　　　图 14-212

**08** 使用钢笔工具 ✍ 绘制眼睫毛，如图 14-213 所示。在眼睛下面绘制一个图形（羽化半径为 1.67mm），填充线性渐变，以加深这部分皮肤的颜色，如图 14-214 和图 14-215 所示。

图 14-213　　　　　　　　　图 14-214　　　　　　　　　图 14-215

**09** 采用相同的方法绘制右眼，如图 14-216 和图 14-217 所示。

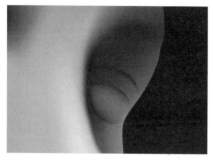 

图 14-216　　　　　　　　　　　　　　　图 14-217

## 14.6.3　绘制眉毛

**01** 执行"窗口＞符号库＞毛发和毛皮"命令，打开该面板，选择"黑色头发 3"符号，如图 14-218 所示。使用符号喷枪工具 创建一组符号，如图 14-219 所示。

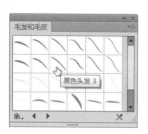 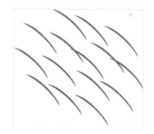

图 14-218　　　　　　　　　　　　　图 14-219

**02** 使用符号紧缩器工具 在符号组上单击，使符号聚集在一起；使用符号缩放器工具 按住 Alt 键并在符号上单击，将符号缩小；使用符号移位器工具 移动符号，用符号旋转器工具 旋转符号，效果如图 14-220 所示。使用符号喷枪工具 在符号组上单击，增加符号数量，如图 14-221 所示。调整符号的大小和密度，将填充颜色设置为棕色，使用符号着色器工具 改变符号的颜色，使用符号滤色器工具 将眉梢一端的符号减淡，效果如图 14-222 所示。

图 14-220　　　　　　　　图 14-221　　　　　　　　图 14-222

**03** 再制作出如图 14-223 所示的 4 组眉毛，将它们重叠排列，组成一条完整的眉毛，为了使衔接部分更加自然，每一组眉毛都设置了不透明度（50% ～ 70%），效果如图 14-224 所示。

**04** 在眉头处创建一个图形（羽化半径为 3mm），填充棕黑色渐变，设置混合模式为"正片叠底"，如图 14-225 所示。在眼眉末端创建一个白色图形表现眉骨的高光，设置不透明度为 40%，如图 14-226 所示。

图 14-223　　　　　　图 14-224　　　　　　图 14-225　　　　　　图 14-226

**05** 下面来制作鼻孔。为左侧的鼻孔图形填充线性渐变，如图 14-227 所示，右侧则使用黑色填充，再添加羽化效果使边缘柔和，大一点的图形的羽化半径为 1mm，小图形为 0.59mm，效果如图 14-228 所示。

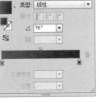 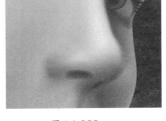

图 14-227　　　　　　　　　　　　图 14-228

## 14.6.4　绘制嘴唇

**01** 使用网格工具  表现嘴唇的颜色和结构，如图 14-229 所示，效果如图 14-230 所示。

**02** 绘制唇缝图形（羽化半径为 0.7mm），填充黑色，如图 14-231 所示。绘制嘴角图形（羽化半径为 1mm），填充深棕色，将该图形移动到嘴唇图形的最后面，如图 14-232 所示。

 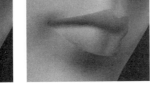 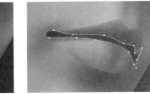 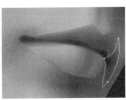

图 14-229　　　　　　图 14-230　　　　　　图 14-231　　　　　　图 14-232

**03** 为了使嘴唇的边线更加柔和，可在边缘位置绘制如图 14-233 所示的图形，上面图形的混合模式设置为"混色"，不透明度为 40%，下面的图形为"柔光"模式，两个图形均需添加"羽化"效果，如图 14-234 所示。完成五官的制作，效果如图 14-235 所示。

 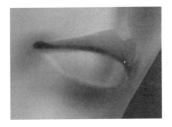 

图 14-233　　　　　　　图 14-234　　　　　　　图 14-235

## 14.6.5 绘制头发

**01** 将"五官"图层锁定。选择"头发"图层，如图 14-236 所示，为头发图形填充径向渐变，如图 14-237 所示。为该图形添加"羽化"效果（羽化半径为 8mm），如图 14-238 所示。

图 14-236                  图 14-237                  图 14-238

**02** 单击"画笔"面板底部的 按钮，选择"艺术效果 > 艺术效果_油墨"命令，打开该面板。选择"干油墨2"，如图 14-239 所示，将其加载到"画笔"面板中，双击"画笔"面板中的"干油墨2"样本，打开"艺术画笔选项"对话框，在"方法"下拉列表中选择"淡色和暗色"，如图 14-240 所示，关闭对话框。用画笔工具 绘制头发，将描边颜色设置为土黄色，粗细为 0.5pt，如图 14-241 所示。

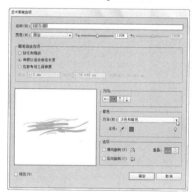

图 14-239                  图 14-240                  图 14-241

**03** 也可以使用钢笔工具 绘制头发，调整描边粗细和不透明度，从而体现发丝的变化，如图 14-242 和图 14-243 所示。

**04** 根据头发的走势继续绘制发丝，如图 14-244 所示。逐渐添加更多浅色的发丝，如图 14-245 和图 14-246 所示。

图 14-242        图 14-243        图 14-244        图 14-245        图 14-246

**05** 选择"书法1"样本，如图 14-247 所示，将描边粗细设置为 0.25pt，绘制纤细轻柔的发丝，如图 14-248 和图 14-249 所示。

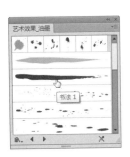

图 14-247

图 14-248

图 14-249

**06** 深入刻画靠近肩膀和面部的发丝，如图 14-250 和图 14-251 所示。

**07** 在头发上添加一些不同颜色的图形来表现头发的层次感。绘制一个如图 14-252 所示的图形，添加"羽化"效果（参数为 5mm），混合模式为"正片叠底"，不透明度为 55%，效果如图 14-253 所示。再进一步刻画头发。

图 14-250

图 14-251

图 14-252

图 14-253

**08** 在人物眼睛上面添加眼影，在高光位置添加"白色 - 透明"的径向渐变。创建一个与画板大小相同的矩形，单击"图层"面板中的 按钮，将画面以外的头发隐藏，如图 14-254 和图 14-255 所示。解除所有图层的锁定。打开相关素材，将图像复制粘贴到人物文档中，作为人物的背景，效果如图 14-256 所示。

图 14-254

图 14-255

图 14-256